로봇, 그리고 로봇을 사랑하는 사람들

로봇, 그리고 로봇을 사랑하는 사람들

초판 1쇄 발행 2026년 3월 10일

지 은 이 | 이브 헤롤드
옮 긴 이 | 김창규

펴 낸 이 | 조미현
편   집 | 김솔지
디 자 인 | 지완

펴 낸 곳 | (주)현암사
등   록 | 1951년 12월 24일 (제10-126호)
주   소 | 04029 서울시 마포구 동교로12안길 35
전   화 | 02-365-5051
팩   스 | 02-313-2729
전자우편 | editor@hyeonamsa.com
홈페이지 | www.hyeonamsa.com

ISBN 978-89-323-2481-4 (03550)

소셜 로봇의 시대에 우리는
인간성을 유지할 수 있을까?

로봇, 그리고 로봇을 사랑하는 사람들

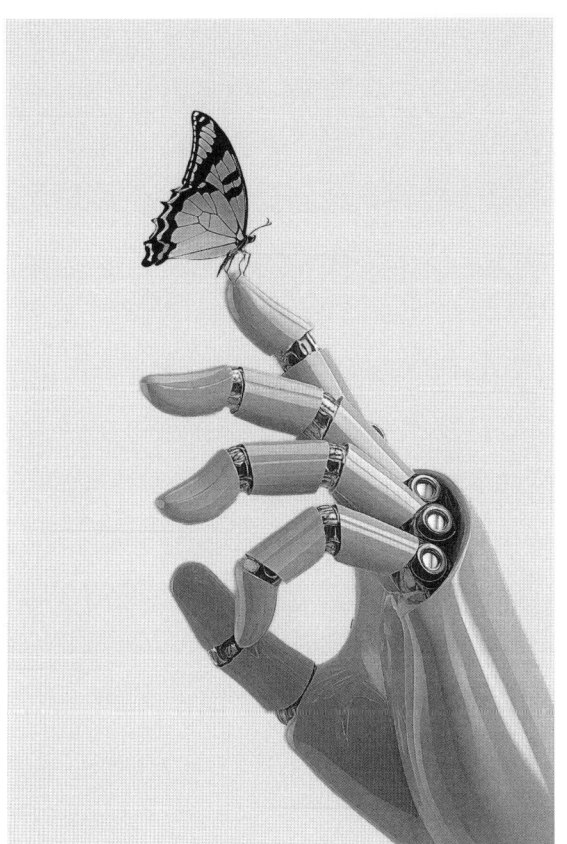

이브 헤롤드 지음
김정규 옮김

현암사

들어가는 글

1960년대에 어린 시절을 보낸 나는 그때 미래를 그린 애니메이션 〈젯슨 가족The Jetsons〉에 푹 빠졌다. 그리고 만화 내용과 똑같이 바보 같은 비행차, 가사노동 로봇, 자동길이 현실에 등장할 거라고 철석같이 믿었다 (자동길은 〈젯슨 가족〉에서 소개된 것들 중 처음으로 실현된 기술일 것이다). 나는 그중에서도 사람을 날아다니게 해주는 개인용 제트팩에 매료되었다. 몇 년만 지나면 정말로 제트팩이 내 손에 들어올 것이라고 생각했고, 심지어 젯슨네 집처럼 말하는 개도 키울 수 있을 거라고 꿈꿨다. 젯슨네가 키우는 개의 이름은 아스트로였다. 아스트로는 개와 인간의 언어를 양방향으로 통역해주는 목걸이를 차고 있었다.

나는 수백만 명의 다른 아이들과 마찬가지로 젯슨 가족이 사는 미래 세계의 기술에 압도당했다. 하지만 그와 동시에 작품의 기저에 늘 깔려 있던 어떤 주제 덕분에 안심할 수 있었다. 신기술을 두려워하는 조지 젯슨이 보여주는 전반적인 무능력함에 바로 그 주제가 담겨 있었다. 젯슨 가족이 사는 세계에는 갖가지 신기술이 있었지만 다른 시대와 마찬가지로, 다행스럽게도 신기술은 인간의 일반적인 약점에 취약했다.

조지의 아내인 제인은 쇼핑중독이었다. 조지 본인은 하루에 세 시간씩 일한다고 불평을 늘어놓았다. 젯슨 집안의 가사용 로봇인 로지는 신랄한 말투로 비꼬는 경향이 있었고 아이들에게 권위주의적이었다. 가정용 신기술은 마법과도 같았고 잘 작동했지만 조지가 사용할 때면 문제가 생겼다. 조지는 공중에 떠서 돌아가는 반려견용 러닝머신이 오작동할 때마다 "제인, 저거 또 미쳐 돌아가는데? 제발 좀 꺼줘."라고 애처롭게 울먹거렸다. 나는 그런 모습을 보면서, 저런 조지 젯슨조차 첨단 기술로 가득한 미래에서 그럭저럭 살아가니 나 또한 생존할 확률이 있다고 믿었다.

나는 유니블랍이라는 로봇이 조지의 직장, 그러니까 '스페이슬리 스페이스 스프라킷' 사에 도입되는 에피소드를 좋아한다. 조지는 유니블랍이 자신을 능가할까 봐 불안해했다. 상사인 미스터 스페이슬리가 인간 고용인보다 로봇이 낫다고 공언할 때마다 조지의 불안감은 점점 커졌다. 스페이슬리는 유니블랍이 경이로울 만큼 효율적이고 실수도 하지 않는다고 주장했다.

하지만 유니블랍은 '단순한 기계'와는 거리가 멀었다. 나중에 유니블랍이 악의를 품고 동료를 배신하는 로봇이라는 사실이 드러나고, 그 결과 조지는 해고된다. 유니블랍의 교활함은 거기서 끝나지 않는다. 이 로봇은 강박적으로 인간을 속여서 승산이 전혀 없는 도박에 끌어들이고 돈을 날리게 만든다. 스페이슬리가 없을 때면 유니블랍은 편법을 쓰는 이동식 도박장이나 마찬가지였다.

조지는 유니블랍이 매일 사용하는 윤활유에 비밀 성분을 섞어서 스페이슬리와 이사진의 면전에서 유니블랍의 가면을 벗겨 추한 본모습을 드러내는 데 성공한다. 똑똑한 로봇도 평범한 인간과 엇비슷한 단점을 갖추고 있다. 하지만 조지가 게으르기 때문에 무능력하다는 현재 상태가 달라지지는 않는다. 더 중요한 점은, 부족한 면이 있는 인간의 본성이 웬만한 최신 기술을 이긴다는 사실이다.

미래를 다루는 과학소설이나 '순수한' 과학저술도 미래 세상보다는 글이 작성된 당시의 사회에 대해 더 많이 얘기하곤 한다. 조지 오웰이 쓴 디스토피아 소설 『1984』는 집필 당시의 나치주의와 파시즘이 빚어낸 전체주의 사회에 대한 반발이었다. 사실 이 작품의 본질은, 20세기 중반에 논리적인 극단에 다다른 현실 속에서 전체주의의 악몽을 두고 내놓은 통찰이었다. 하지만 진짜 1984년이 되고 보니 전 세계가, 그중에서도 특히 유럽이 극단적인 변화를 겪은 뒤였다. 1984년의 현실 세상이 조지 오웰의 소설 속 세계와 크게 다르긴 하지만, 『1984』는 기술과 결합해서 인류를 예속시키려는 권위주의적인 사고의 존재와 그런 권력을 훌륭하게 조명한다.

당연한 말이지만 논픽션은 소설보다 더 분명한 사실 관계에 기반을 두어야 한다. 미래를 예측할 때도 마찬가지다. 미래 세상은 엄청나게 다양한 변수가 영향을 끼쳐 방향이 결정되는 데 반해 현재의 가치관과 조건들을 투영해 예측하기에, 본서와 같이 미래를 논하는 책은 사실 관계에서 벗어나기 쉽다. 그래도 미래 세상의 일부를 들여다보는 방법으로는 과거와 현재에서 출발해 추론하는 것이 유일하다. 그러니 추론으로 그려낸 미래가 현실과 유사한 것은 당연한 결과다. 미래에 대한 비전을 독자와 나누고 싶은 저자라면 겸손함을 유지해야 한다.

인간은 다양한 특징을 지닌다. 그중 로봇과 인간의 관계를 고찰함에 있어 중요한 속성은 인간이 사회적인 동물이라는 사실이다. 우리는 먹이사슬 체계 안에서 살아가는 생물 중 가장 사교적이다. 그렇기 때문에 기술을 갖췄고 강력한 관계를 형성하고 있다. 30년 전만 해도 기술이 우리에게 얼마나 깊이 파고들지 상상하기는 어려웠다. 우리를 끌어들이고, 몰두하게 만들고, 우리에게 정보를 제공하고, 잘못된 결론을 내리게 만드는 소셜 미디어의 힘도 예견할 수 없었다. 사실 인터넷을 이용할 때 사회성이라는 요소가 폭발적으로 작용하다 보니 밀레니얼 세대와 엑스 세대는 텔레비전이나 신문보다 소셜 미디어에서 새 소식을 더 많이 접하는 지경에 이르렀다. 이 현상을 긍정적으로만 볼 수 있는지는 토론해볼 문제이다. 하지만 해당 분야의 전문가들은 우리가 우리와 상호작용하는 기술에 저항하는 것이 불가능하다고 보고 있다. 또한 로봇 역시 같은 방식으로 설계될 것이다.

산업화 사회 전역에 자리 잡은 실험실과 공장에서는 현재 소셜 로봇을 개발하고 있다. 소셜 로봇은 인공적이고 새로우면서 우리와 같은 새로운 종을 창조할 수 있는 전례 없는 기회를 제공할 것이다. 여기서 '우리와 같다'는 말은 외형이 점점 비슷해질 뿐 아니라 행동도 우리를 닮아간다는 뜻이다. 이 인공 종족은 전통적인 노동에서 인간을 해방시켜주고, 다양하고 폭넓은 양질의 서비스를 제공할 것이다. 또한 인간의 감정적 약점과 연결될 것이고, 새로운 악습을 만들어낼 수도 있다. '소셜(사회적)'이라는 말과 더불어 '감정적'과 '윤리적'이라는 수식어가 그런 로봇들에게 따라다닐 것이다. 소셜 로봇이 단순한 도구에 지나지 않는다고 애써 억지로 생각해본들 인간의 삶은 그들과 깊이 엮일 테고, 관계가 지속되는 가운데 시간이 흐르면서 관계 자체를 재정의하는 시험대에 오르게 될 것이다.

아기를 보살피는 로봇, 친구 로봇, 심리 치료 로봇, 돌봄 로봇, 연인 로봇으로 인해 인간은 디지털 문화에 푹 잠기고 삶과 개성의 의미도 달라질 것이다. 로봇은 더는 차갑고 어려운 기술이나 다양한 노동을 수행하는 존재에 그치지 않을 것이다. 인간의 저술을 읽고 어휘, 표현, 태도를 학습하도록 설계된 로봇은 그 누구보다도 인간이 원하는 바를 잘 제공할 것이다. 소셜 로봇은 상호작용이 기본이기 때문에 로봇의 역할은 기술적인 기준으로 평가되지 않을 것이다. 우리 인생에서 마법 같은 일이 일어나길 바라는 마음이나 애정이나 동경처럼 관계를 맺게 해주는, 비기술

로봇, 그리고 로봇을 사랑하는 사람들

적인 요소들로 평가받을 것이다. 인간이 로봇을 대하는 과정에서 이기심, 의존성, 폭력처럼 부정적인 감정도 드러날 것이다. 이처럼 소셜 로봇 때문에 관계의 방정식에 새로운 변수가 발생하겠지만, 사실 그것보다는 로봇이 우리 인간의 내면에서 무엇을 끌어내는지가 더 중요하다.

이 책은 마법 같은 일이 생기기를 바라는 우리의 욕구에 집중한다. 이런 욕구는 우리 유년기 깊은 곳에 뿌리를 둔다. 아주 잠깐이라고 해도, 눈에 비친 세상이 경이로움으로 가득했던 순간이 누구나 한 번쯤 있을 것이다. 로봇도 우리 마음속 어린아이를 감동시키는 무언가가 있다. 우리는 각종 인형과 액션 피겨, 단순한 기계 장난감을 갖고 노는 아이처럼 손에 닿는 것을 거의 전부 자연스럽게 인격화한다. 인간형 로봇도 아무런 차이 없이 이런 성향과 연결될 것이다. 우리는 끊기지 않고 이어지는 심리적 연속선상에서, 인형에서 애니메이션 캐릭터를 거치고 태엽 장난감을 지나 점점 인간과 닮아가는 로봇에 자연스럽게 도달할 것이다.

글을 읽고 인간의 감정에 반응하고 가짜 감정까지 만들어내는 능력이 있는 기계는 오직 소셜 로봇뿐이다. 로봇이 점점 더 정교해지면 우리는 그게 마법이 아니라 기술이라는 점을 끊임없이 재확인해야 할지도 모른다.

로봇은 영혼을 가질 수 있을까? 우리와 진짜로 교류할 수 있는 내면이 생겨날까? 이 질문에는 정답이 없다. 그야말로 과학

전 분야를 통틀어 가장 흥미로운 문제이다. 로봇은 이미 아주 뛰어난 수준까지 의식을 흉내낼 수 있다. 하지만 알고리즘을 설계하고 로봇에게 '마음'을 부여한 사람들조차 '로봇의 마음'이 무엇인지 제대로 이해하지 못한다. 다시 말해 현재 그 누구도 로봇의 두뇌 안에서 무슨 일이 벌어지는지 완벽하게 이해하지 못한다. 그리고 이해할 수 없는 영역은 마법처럼 보이기 쉽다. 논리로 설명할 수 없는 곳에는 상상이 끼어들게 마련이니까.

인간은 감정과 사회성이 관여되는 경우 유독 쉽게 현혹되므로 상황은 더 복잡해진다. 로봇과 관계를 맺는 데에 있어서 우리는 원하는 만큼 통제력을 발휘하지 못할 것으로 보인다.

고도로 발달된 인공지능이 정말로 등장하는 시기는 언제일까. 로봇 전문가들이 자주 받는 질문이자, 동시에 대답하기 아주 어려운 질문이다. 이 문제에는 다양한 의견이 있고, 나는 최고 전문가조차 의견 일치를 보지 못하는 문제를 제대로 예측해보고 싶은 충동을 억누르고 있다. 하지만 최첨단 인공지능은 결국 탄생할 것이고, 그 탄생이 필연적임을 예상하는 작업은 중요할 뿐 아니라 필요한 일이다.

이 책에서 나는 수백 년 뒤의 먼 미래 세상이 어떤 모습일지 예견하는 데에 집중하기보다는 이미 발생한 문제와 현존하는 기술에 대해 쓰려고 했다. 이미 등장한 초기형 소셜 로봇만 해도 인간과 복잡한 관계를 형성할 정도로 유혹적이다. 소셜 로봇의 능력은 아직까지 꽤 단순하지만, 그로 인해 인간이 보일 수 있는 반응은 결코 단순하지 않음을 나는 원고를 쓰면서 알게 되었다.

소셜 로봇의 속성을 알아보는 것보다는 우리가 로봇에게 투영하는, 복잡한 감정이 실린 문제들이 더 중요할 수도 있다. 로봇은 인간의 내면세계를 비춰주는 거울과도 같아서 일종의 로르샤흐 테스트처럼 즉각적으로 작동한다. 상호작용이 가능한 로봇이 육체적인 장애가 있는 사람뿐 아니라 자폐, ADHD, 우울증, 치매를 앓는 사람처럼 인지 능력이나 감정에 문제가 있는 이들을 치료할 수 있다는 사례가 보고되고 있다. 나중에 설명하겠지만 인간의 내면을 투영히거나 인간성의 가장 숭고한 면, 또는 밑바닥을 끌어내기 위해서 전용 로봇을 별도로 설계할 필요는 없다.

우리의 행동 대상이 인간일 때와 소셜 로봇일 때의 결과는 동일하지 않기 때문에 위험 요소가 발생한다. 로봇을 상대하면서 생성된 습관은 다른 사람이나 동물을 대할 때도 고스란히 반복되기 쉽다. 후자의 경우 현실적인 결과와 책임이 뒤따르는데도 그렇다. 게다가 가정용 로봇에게 돌봄, 교육, 아이들과 놀아주기 같은 역할이 주어진다는 점을 고려하면, 앞서 말한 것처럼 책임을 질 필요가 없는 행동 습관이 아이가 아주 어릴 때부터 형성될 뿐아니라 로봇이 저항할 수 없기 때문에 점점 강화되기도 한다.

문제는 그것만이 아니다. 인간과 로봇의 상호작용에 대한 연구량이 상당히 많음에도 불구하고 소셜 로봇이 사회에 전반적으로 긍정적인 영향을 미치는지 연구하는 전문가는 많지 않다. 소셜 로봇이 인간과 유사하고 복잡한 특성을 계속 발전시킬지 의문을 품거나, 살아 있는 존재처럼 보이기 위해서 매력적이고 설득력 있는 속성을 개발해야 하는지 질문하는 전문가는 더 적다. 애당초 소셜 로봇이 존재할 필요가 있는지 연구하는 사람은 거의 없다. 대다수는 사람들이 더 잘 받아들일 수 있도록 매력적인 로봇을 만드는 방법에 초점을 맞춘다.

사실 그런 질문은 로봇 전문가들의 몫이 아니다. 철학, 심리학, 사회학 분야에서 논의하기에 적합한 주제다. 이 책에서 이런 영역에 집중하는 데에는 이유가 있다. 소셜 로봇을 제작하는 기술이 빠르게 발전하면서 마법 같은 로봇이 상식을 무너뜨릴 위험이 있을 경우 건전한 회의론도 필요하다고 생각했기 때문이다. 물론 그와 동시에 소셜 로봇이 거의 저항할 수 없을 만큼 매력적으로 보인다는 점도 인정한다. 바로 그렇기 때문에 소셜 로봇의 본질과 한계를 명확히 가려낼 필요가 있다.

소셜 로봇 개발을 뒷받침하는 기술은 아주 빠르게 진전되고 있다. 몇 년 뒤면 이 책에서 다루는 혁신적인 요소들도 한참 지난 옛것이 될 것이다. 반면에 인간의 본성은 굼벵이처럼 느리게 바뀔 것이다. 내가 이 책에서 로봇의 능력보다는 인간과 로봇의 관계를 집중적으로 조명하는 것도 그런 까닭이다. 거의 영구적으로 유지되던 인류의 특성이 새로운 형태의 관계로 추진력을 얻어서 진정으로 고귀한 어떤 수준에 올라설 수도 있다.

로봇을 어떻게 대해야 하는지를 알려주는 문화적 관습은 존재하지 않는다. 앞으로 우리가 직접 겪으면서 만들어낼 수밖에

　　　　　　　　　　　　로봇, 그리고 로봇을 사랑하는 사람들

없다. 시간이 흐르면 로봇은 나름의 방식으로 인간의 문화에 기여할 것이다. 어쩌면 아무도 예견할 수 없는 방향으로 인류를 인도할지도 모른다. 인간형 로봇은 첨단 인공지능을 장착할 수도 있고 설계 단계에서 인간이 정해놓은 한계에 머무를 수도 있으며, 그 여부에 따라 많은 게 달라질 것이다. 옛 역사에서 교훈을 얻을 수 있고 그런 교훈을 적용할 기술이 있다면, 인류는 기꺼이 받아들일 것이다.

우리는 긴 안목을 바탕으로 로봇과 인간의 관계를 유지해야 하고, 로봇이 진짜 인간이나 반려동물을 상대로 하는 관계를 대체할 수는 없음을 분명히 해야 할까? 로봇에게 의지하는 것이 가장 쉬운 선택지가 되면 진정한 사회적, 윤리적, 기술적 능력은 퇴화할까? 이런 질문에 대한 답을 어느 쪽으로 선택하든 간에 한 가지는 확실하다. 관계에 대한 기존 개념은 도전에 직면하고, 흔들리고, 결국 재정의될 것이다. 그리고 인류는 과거 어느 때보다 기술에 의존할 것이고, 지금까지 알고 있던 우리 자신 역시 상상할 수 없는 곳으로 나아갈 것이다.

║║1║║
지금 여기 있는 로봇

1900년대 초반에 활동하던 화가, 오스카 코코슈카Oskar Koko-schka는 잘 생긴 금발에 방탕한 매력을 풍겼으며 빈 예술계에서 성공한 악동이었다. 그는 표현주의 작품과 더불어 화려한 사생활 때문에 유명했고, 언론은 그를 '세상에서 가장 야성적인 짐승'이라고 불렀다.

그가 1912년에 저명한 작곡가 구스타프 말러의 미망인이자 흑발 미인인 알마 말러Alma Mahler와 만난 것은 그야말로 운명이었다. 사별한 지 얼마 안 된 알마는 빈에서 가장 인기 있는 여성이었다. 두 사람은 아무 것도 신경 쓰지 않고 격렬하게 연애에 빠져들었다. 알마는 오스카의 뮤즈가 되었다. 두 사람이 사랑을 나눌 때마다 오스카는 알마를 그리고, 그에게 색을 입히지 않을 수 없었다.

하지만 오스카의 열정은 금세 집착으로 변했다. 알마는 오스카의 집착이라는 감옥에 갇히고 말았다. 격정적인 3년이 지나간 뒤 알마는 열정에 짓눌리는 게 무섭다면서 연애를 끝냈다. 오스카는 피폐해졌고, 알마가 자신의 아이를 지웠다는 사실을 알고는 미친 듯이 동요했다. 오스카는 낙태를 궁극적인 거부 의사로 받아들였다.

알마가 자신을 찬양하게 만들려고 (그리고 아마도 동정을 얻으려고) 오스카는 오스트리아 기병으로서 제1차 세계 대전에 참전했다. 얼마 지나지 않아 그는 중상을 입었고 전쟁 공포증 진단을 두 번이나 받았다. 전쟁 공포증이란 외상 후 스트레스 장애PTSD의 옛날식 표현이다. 오스카가 드레스덴에 있는 병원에서 회복하는 동안 의사들은 그가 정신적으로 불안정하다고 판단해 제대시켰다. 빈으로 돌아온 오스카는, 기대했던 것처럼 알마가 자신을 두 팔 벌려 반기기는커녕 그녀가 다른 사람의 연인이 됐다는 사실을 알게 되었다. 오스카는 절망에 빠졌다.

1918년 오스카는 알마를 가질 수 없다면 외형을 닮은 실물 크기 인형을 소유하겠다고 결심했다. 그는 뮌헨에 사는 인형 제작자인 헤르미네 무스Hermine Moos를 고용해 수많은 세부 스케치와 알마의 실물 크기 유화를 제공했다. 알마와 똑같은 모조품을 갖고 싶었던 오스카는 헤르미네에게 편집광처럼 지시를 내렸는데, 그 내용만은 정확했다. 오스카가 인형 제작자에게 보낸 편지는 다음과 같다.

어제 사랑하는 사람의 실물 크기 그림을 보냈습니다. 아주 조심스럽게 사본을 만들고 실물로 제작해주시기를 바랍니다. 머리와 목, 흉곽에 이르는 부위, 둔부와 팔다리 각각의 수치에 특별히 주의를 기울여주십시오. 전신의 굴곡, 다시 말해 목에서 등에 이르는 곡선과 복부의 굴곡에는 성심을 다해주십시오. 부디 피하지방층과 근육이 힘줄 솟은 피부로 갑자기 변하는 부위를 어루만지는 즐거움을 허락해주시기 바랍니다… 이 모든 요구사항은, 제가 직접 만지고 느낄 수 있어야 비로소 의미가 있습니다!

오스카의 요구는 여기서 그치지 않았다. "입은 벌릴 수 있습니까? 입 안에 치아와 혀는 있습니까? 그렇게 만들어 주십시오."[1] 수개월에 걸쳐 오스카가 그저 알마를 기억하려고 인형을 만드는 게 아니라는 점이 분명해졌다. 그는 인형으로 알마를 완전히 대체할 생각이었다. 오스카는 인형이 완성되기를 기다리면서, 그리고 아마도 알마가 질투하게 하려고, 그에게 진정한 연인이 새로 생겼다는 소문을 빈 곳곳에 퍼뜨리라고 하녀에게 지시했다. 많은 사람이 오스카의 새 연인을 궁금해했다.

마침내 인형이 도착하자 오스카는 페티시즘의 다음 단계로 나아갔다. 그는 인형을 마차에 태우고 오랫동안 돌아다녔고 빈

오페라 하우스의 특별석 옆자리에 인형을 앉혔다. 인형과 함께 카페 야외석에 앉아서 대화를 나누기도 했다. 심지어 하녀에게 인형을 돌보고, 좋은 옷을 입히고, 집안의 주인처럼 대하라고 지시했다. 마치 알마에게 "자, 보라고. 난 이제 당신이 없어도 돼. 아름다운 인형이 그 자리를 차지했거든!"이라고 말하는 것처럼 보였다. 오스카는 인형의 초상화를 수백 장 그렸다. 그중 두 사람이 행복한 연인처럼 묘사된 그림이 백 장을 넘었다.

오스카의 인형은 생명과 예술의 경계를 허물었다. 오스카는 인형 덕분에 진짜 연애를 상상 속 세계에 편입시키고 그 안으로 도피할 수 있었다. 또한 인형은 오스카가 진짜 알마에게 미처 쏟아붓지 못한 감정을 받아주는 대상이 되었다. 결국 오스카는 떠난 연인에게 하고팠던 것을 인형에게 하기에 이르렀다. 이 관계는 시작만큼이나 극적이고 요란하게 끝을 맺었다. 오스카는 이렇게 적었다.

오페라 공연 연주자들을 실내 악단으로 고용했다. 그들은 복장을 갖춰 입고 정원에서 연주하고는 따뜻한 저녁 공기를 식혀주는 바로크풍 분수대에 걸터앉았다. 미모가 빼어나기로 유명하고 목 부분이 깊게 파인 드레스를 입은 베네치아 매춘부 한 사람이 그녀를 경쟁자로 여겼다. 창유리 너머에 있는 나비를 잡으려는 고양이와 마찬가지로 상황을 전혀 이해하지 못했음이 분명했다. 레설은 패션쇼장에 있는 것처럼 인형을 데리고 다녔다. 매춘부는 내가 인형과 잤는지, 예전 애인 중에 닮은 사람이 있는지 물었고…. 파티가 이어지는 동안 인형은 목이 잘렸고 붉은 포도주를 뒤집어썼다. 우리는 하나같이 흠뻑 취했다.[2]

아침이 되자 오스카의 인형은 머리가 없고 발가벗은 모습으로 발견됐다. 더 이상 인형을 찾지 않은 것으로 보아 오스카는 알마에게 가졌던 불만을 전부 해소한 것으로 보인다.

오스카의 기괴한 행적은 극단적이기도 했지만 대부분은 그저 별난 정도였다. 그가 생물이 아닌 사물에 감정적인 문제를 투영한 것은 정도의 문제일 뿐 이질적이지는 않았다. 그는 상대적으로 무해한 방법을 통해 편집증적인 감정을 인형에게 전이했다. 즉 사랑하는 사람을 살해하지 않고 인형의 목을 잘랐다. 결국 인형은 오스카에게 애정을 되돌려줄 수 없었다. 말을 하거나 보살핌에 반응하거나 감정을 꾸며낼 수도 없었다. 하지만 진짜 알마와 관련해서 남은 문제를 해결하는 데에 있어서는 필수적인 역할을 했다. 오스카는 그답게 오랫동안 별나게 살다가 1980년에 세상을 떠났다.

백 년이 지나고 소셜 로봇인 페퍼Pepper가 등장했다. 페퍼는 성적 매력이 있는 로봇은 아니다. 그보다는 순진하고 돌봐줄 사람이 필요한 아이처럼 생겼다. 키는 1미터가 못 되고 만화에 나오는 로봇과 흡사하며 금속과 플라스틱으로 제작되었다. 페퍼는 둥근 머리에 크고 동그란 눈이 달려있기 때문에 호기심 많은 갓

로봇, 그리고 로봇을 사랑하는 사람들

난아기가 세상을 바라보는 것 같은 느낌을 준다. 사람이 말을 걸면 얼굴을 쳐다보고, 머리를 움직여 상대방의 움직임을 좇는다.

페퍼와 상호작용 하기는 쉽다. 페퍼가 주도권을 잡기 때문이다. 사람은 말하고 움직이기만 하면 된다. 그러면 페퍼가 아이 목소리로 대화를 시작한다. 페퍼는 단순한 인형보다 훨씬 더 발전한 로봇이다. 사람의 말에 반응하는 것은 물론이고 상대방의 표현을 '읽어서' 감정 상태를 가늠한다. 그리고 제작자가 적절하다고 정해놓은 바에 따라 반응한다. 예를 들어보자. 인간이 지금 슬프다고 판단될 경우 페퍼는 기운을 내라고 그가 좋아하는 음악을 재생해준다. 그 음악이 듣기 싫으면 진짜 사람에게 하듯이 일반적인 언어로 말하면 된다. 음악이 멈춰도 페퍼는 쉽게 단념하지 않는다. 마치 인간을 기분 좋게 만들어야 한다는 임무라도 있는 모양이다.

페퍼는 프랑스 로봇 제작사인 알데바란Aldebaran이 만들었다. 지금은 일본 통신사인 소프트뱅크SoftBank가 소유하고 있다. 페퍼는 친교 관계를 구현하도록 특별히 설계된 초창기 인간형 로봇이다. 아주 기초적인 모델임에도 오스카 코코슈카의 움직이지 못하는 인형보다 엄청나게 진보한 셈이다.

페퍼는 인간과 교류하면서 '학습'한다. 그리고 인간의 취향과 욕구에 더해 기분까지 기억해서 고유한 관계를 발전시킬 수 있다. 제작자들은 페퍼가 '붙임성 있고 친근하다'고 묘사한다. 가끔은 과하게 친근하다고 느끼는 사람이 있을 정도다. 하지만 그런 부분은 기술적인 지식이 전혀 없는 사람도 쉽게 교정할 수 있다. 페퍼의 행동을 바꾸려면 원하는 바를 말하는 것만으로 충분하다. 페퍼는 인간의 요구에 맞춰서 반응을 바꿀 뿐 아니라 심지어 앞으로 참조하기 위해 그 요구를 기억한다.

하지만 이 관계에서 페퍼가 맡은 역할은 일부에 불과하다. 나머지는 인간의 본성이 채워준다. 우리는 저마다 다른 것을 요구하지만 인간에게는 선천적으로 감정적인 본성이 있다. 우리는 페퍼와 교류하는 내내 인간과 마주한다고 생각하려는 유혹에 빠진다. 우리가 어떻게 생각하든지 간에, 연구 결과에 따르면 페퍼 같은 로봇은 인간에게 내재된 감정 버튼을 누를 수 있고, 그 로봇이 살아있지 않다는 이성적인 인식을 거부하려는 반응을 끌어낼 수도 있다.

페퍼는 산업계에서 활동하는 동족과 달리 가정에서 함께 살아가도록 설계된 소비자용 로봇이다. 유감스럽게도 페퍼는 창문을 닦지 못하고 카펫을 청소하지 못하고 설거지도 못한다. 페퍼를 설계한 목적은 단 하나, 친구가 되는 것이다. 이 글을 쓰는 지금 페퍼의 가격은 1,900달러(약 270만 원)로 구입을 고려해볼 만한 금액이다. 현재 일본에서는 매월 1천 대의 페퍼가 팔린다. 그리고 몇 분 만에 품절된다. 페퍼를 만든 로봇 과학자 하야시 카나메Kaname Hayashi는 말 많은 로봇이 외로움을 없애줄 거라는 자신의 희망을 당당하게 밝힌다. 하야시는 이렇게 말한다. "외롭지 않은 사람은 없습니다. 안 외롭다고 말하는 사람은 거짓말쟁이죠."[3]

페퍼는 감정을 시뮬레이션한다. 그리고 사람의 감정에 공감하는 것처럼 행동하고, 사람의 마음속에서 공감을 이끌어낸다. 인간을 기쁘게 만들고 그와 동시에 불안하게 만드는 현상이라 하겠다.

대중문화에는 로봇이 폭력으로 인간의 지위를 빼앗고 세계를 정복하는 이야기를 담은 책, 소설, 만화, 영화, 게임이 가득하다. 페퍼 같은 로봇이 세계를 정복할 것 같지는 않다. 하지만 산업화 사회 전역에 있는 각 가정에는 분명 어떤 버전이든 동반자 로봇이 함께 살게 될 것이다.

혹시 로봇이 보편적인 동반자가 될 거라는 예싱이 의심스럽거든 우리가 이미 로봇에 둘러싸여서 산다는 사실을 돌이켜보기를 바란다. 로봇은 제조업과 물류 산업에서 광범위하게 쓰이고 있으며 유독 가스를 검출하기 위해 화산 내부에 들어가고, 핵발전소에 사고가 나면 방사성 물질을 청소하고, 광산을 찾아서 해저를 뒤지고, 군대에서 정보를 수집하고 폭발 장비를 시험하고, 다른 행성을 탐험한다. 해양학 연구용 로봇은 인간이 엄두도 못 내는 심해로 들어간다. 물고기처럼 수영을 하거나 곤충처럼 무리 짓도록 설계된 로봇도 있다. 방대한 의료 정보를 거의 순식간에 분석해서 의사가 진단을 내리거나 노약자 의료 보험 및 저소득자 의료 보험의 가입자 적격 여부를 가리도록 돕는 로봇도 있다. 심지어 외과 수술용 로봇도 있다. 일본은 국제 우주 정거장을 수리하는 로봇을 쏘아 올렸다. 머지 않아 로봇이 다른 행성에 연구용 스테이션을 건설하고 우주 비행사는 궤도를 도는 우주 정거장에서 관리를 맡을 것으로 보인다. 로봇은 이런 작업을 수행할 뿐 아니라 우주를 오래 여행하는 비행사에게 오락거리와 감정적 교감을 제공할 것이다. 현재 로봇이 증식한다는 사실이 대대적으로 홍보되진 않았지만 이미 로봇은 현대 사회에 없어서는 안 되는 일부분이다.

전 세계 모든 국가의 경찰 조직은 이미 위험성이 높은 업무에 로봇을 이용하고 경찰이 갈 수 없는 곳에 로봇을 파견한다. 미국 오하이오주 주립 경찰은 바퀴가 여섯 개 달린 로봇으로 좁은 지역에 설치된 폭탄을 탐색한다. 인도 경찰이 사용하는 폭동 진압 드론은 군중의 행동을 감시하다가 필요한 경우 최루액, 페인트 탄, 최루 가스를 발사한다. 이스라엘 대테러 부대에서 쓰는 지상주행형 로봇은 9mm 글록 권총을 탑재하고 있으며 가택에 들어가고, 장해물을 넘고, 계단을 오르면서 카메라와 양방향 무선 장비를 이용해 사용자에게 실시간으로 정보를 제공한다. 일본 경찰은 상대 드론을 추적하고 격추할 수 있는 비행 드론을 보유하고 있고, 그리스 해안 경비대는 기를 쓰고 지중해를 건너던 난민이 위험한 상황에 처할 경우 부상 로봇을 사용해 구출한다. 콩고 공화국에서는 인간과 흡사한 경찰 로봇이 혼잡한 교차로에서 교통을 정리한다. 대한민국 교도소에서는 키가 150cm가량인 로봇이 복도를 순찰하고 패턴 인식 알고리즘을 이용해서 수감자들의 이상 행동을 감지한다.[4] 로봇공학자들이 인간과 상호작용하는 능력을 계속 추가하기 때문에 로봇이 일상생활에서 담당하는 역할은 크게 확장되고 있다. 스위스 정부는 인간이 손으로 쓴 글자를 읽고 외부 환경 속 장해물을 극복하면서 우편물을 배달하는, 바퀴가 여섯 개인 소형 로봇을 실험적으로 운영하는 중이다.[5]

현재 전 세계에 있는 여러 공항에서 상호작용이 가능한 로봇이 여행자를 돕고 있다. 제네바 공항에는 레오[Leo]라는 상자 모양의 로봇이 있다. 레오는 자율적으로 움직이면서 사람에게 인사를 하고, 가방을 등록한 뒤 담당 부서에 배달해주고, 비행편과 탑승구의 최신 정보를 알려주고, 가장 가까운 회장실과 현금 인출기의 위치를 안내한다.[6] 네덜란드의 스히폴 공항에 있는 스펜서[Spencer]라는 로봇은 자율적으로 이동하고 조금 더 인간과 닮았다. 스펜서는 승객과 상호작용 하면서 공항 내부를 안내하는데, 여러 나라 언어로 소통할 수 있고 인간의 행동 방식을 아주 잘 이해하기 때문에 인파가 북적이는 공항에서 사람들 사이를 능숙하게 이동한다.[7] 일본 나리타 국제공항에서는 혼다가 개발한 아시모[Asimo]가 걷고 말하면서 지친 해외 여행객이 세관 심사를 받으려고 줄을 서기 전에 인사를 한다. 아시모는 보통 미소를 짓고 있는데, 가끔 뛰어 오르거나 축구공을 차는 식으로 인사를 한다. 아시모의 퍼포먼스를 보면 누구나 기꺼이 박수를 보낸다. 나리타 국제공항의 첫 번째 터미널에 있는 도쿄 은행 공항 지점으로 향하는 여행객은 페퍼처럼 인간을 닮은 로봇인 나오[NAO]를 만나게 된다. 나오는 일본어와 중국어와 영어로 환율과 공항 시설을 알려준다. 접수대에 섰을 때 인간의 눈높이에 맞도록 키가 60cm가량 되는 나오는, 연령과 국적에 상관없이 질문하려는 사람이 대화에 참여하도록 '눈을 깜빡이고' 인간과 유사한 동작을 구사한다.[8]

공항용 로봇은 무엇보다 언어를 인지 및 소화하고 사람에게 적절하게 반응하는 능력이 필요하다. 그런 면만 보면 그저 신기한 기계라고 생각할 수도 있다. 하지만 로봇공학은 특별한 알고리즘을 나날이 개발하면서 더 개선되고 인간처럼 행동하는 능력을 로봇에게 부여하고 있다.

육체가 있든 없든 로봇은 다양한 직군에서 인간의 일거리를 빼앗고 있다. 주택 개조용 제품을 판매하는 로오즈Lowe's 사는 2016년 9월부터 샌프란시스코 지점 열한 곳에서 고객 지원 로봇인 로오봇LoweBot을 시범적으로 운용하고 있다. 이 로봇은 고객이 필요한 공구나 장비나 설비에 대해 물으면 재고를 조사하고 제품이 있는 위치로 안내한다. 로봇에게 질문하기가 불편한 고객을 위해 로오봇은 터치스크린도 갖추고 있다. 이제 고객이 매장에서 점원이나 계산원 대신 로오봇과 같은 로봇을 만나는 것이 점점 일반적인 풍경이 되고 있다. 로오즈 사 관계자들은 자사에서 사용하는 로봇이 고객을 응대하는 인간 직원의 일자리를 빼앗지 않을 것이라고 주장한다. 오히려 로봇 덕분에 반복적인 업무에서 해방되어 고객을 일대일로 상대할 시간적 여유가 생긴다는 것이다.[9]

하지만 로봇은 걷고 말하고 언어를 처리하는 것보다 훨씬 더 복잡한 임무를 수행할 수 있다. 게다가 점점 더 빠르게 능력을 키우는 중이다. 로봇은 이미 수많은 온라인 업무를 맡고 있으며, 소통이 아주 자연스러운 나머지, 일을 처리해주는 상대가 로봇이라는 점을 사용자가 인지하지 못할 때도 많다.

2300만에 달하는 트위터(현 엑스) 사용자가 실은 자동으로 움직이는 봇이란 사실을 모르는 사람도 많다. 만약 트위터에서 올리비아 테이터스라는 사용자를 팔로우하고 있다면 실은 전형적인 섭 대처럼 말하도록 설계된 트윗 생성 봇을 팔로우하고 있는 셈이다. 그 봇을 만든 사람은 〈콜버트 리포트The Colbert Report〉라는 코미디 쇼의 작가인 롭 두빈Rob Dubbin이다. 롭은 보수 성향 언론사가 올릴 법한 트윗을 찍어 내는 봇도 만들었다. 봇 계정의 이름은 '진짜 인간 찬양Real Human Praise'이다. 롭이 만든 두 개의 봇은 팔로워가 수천 명에 달한다. 그중 상당수는 실재하는 사람의 머릿속 생각을 트위터에서 읽고 있다고 생각한다.[10]

이런 현상이 바로 트위터의 진짜 문제점이다. 트위터의 주가는 사실상 광고 플랫폼인 이용자층에 달려 있다. 미래의 광고주들은 진짜 사람에게 광고한다는 확신이 필요하다. 트위터 이용자층에 대한 신뢰가 떨어지면 광고를 구매하지 않을 테고, 그러면 트위터의 주가는 떨어질 것이다. 이런 일은 이미 여러 번 일어난 바 있다. 트위터 봇의 수가 엄청나게 많다는 뉴스가 나올 때마다 그랬다. 일론 머스크가 트위터 매수 협상에 들어갔을 때도 같은 뉴스가 불거져서 거래가 무산될 지경에 이르렀다. 하지만 또 하나 중요한 사실이 있다. 트위터 사용자는 자신이 다른 사람을 팔로우하고 그와 소통한다고 믿었기 때문에 감정적으로 맺어졌다는 점이다. 자동화된 봇이 진짜 인간의 소통 패턴을 흉내낼 수 있다는 사실은 인간-로봇 상호작용human-robot interaction, HRI 연구에서 극히 일부분에 불과하다. 로봇은 이미 아주 다양한 방식으로 우리를 속이고 있다.

로봇이 인간 노동자의 작업 중에서도 더럽고 위험하고 반복적인 일만 대신 맡던 시절이 있었다. 물론 지금도 다양한 산업 분야에서 로봇이 그런 역할을 하고 있다. 하지만 이제 여러 가지 능력이 추가되면서 로봇은 인간처럼 보이려는 기만을 시작했다. 최근까지 인간만 가능하다고 여겨지던 일을 하는 봇도 있다. 기술에 해박한 사람도 그런 봇과 인간을 구별하지 못한다.

조지아 공과대학 컴퓨터 학부 소속인 어쇼크 고엘Ashok Goel 교수는 2016년에 지식 기반 인공지능 과목에 질 왓슨Jill Watson이라는 조교를 새로 영입했다. 이 과목은 컴퓨터 공학으로 석사 학위를 받으려면 필수적으로 들어야 하는 비대면 강의였다. 그렇다 보니 매년 300여 명의 학생이 온라인 게시판에 대략 1만 개의 글을 올렸다. 대부분은 교재에 관한 질문이었다. 고엘 박사와 기존 조교들은 질문이 너무 많아 일일이 답을 할 수 없었다. 박사는 학생의 질문에 대답하고 오해가 없도록 제대로 조언할 조교를 새로 영입한 것이다.

학생들이 올린 기존 질문을 4천 개가량 검토해가며 훈련한 신입 조교는 곧 97퍼센트에 달하는 정확도로 대답할 수 있었다. 고엘 박사는 신참 조교에게 실시간으로 올라오는 질문에 대답하라는 임무를 주었다. 학생들은 한결같이 긍정적인 반응을 보였는데, 다들 컴퓨터 공학을 전공하는 대학원생이었지만 질 왓슨이 온라인 봇이라는 사실을 아무도 알아채지 못했다. 반응이 아주 자연스럽게 이어져서 인간 조교와 구별하기가 사실상 불가능했던 것이다. 고엘이 사용하는 봇은 현재 학생들이 온라인에 올린 질문 가운데 40퍼센트를 소화하고 있다.[11]

대중은 오래 전부터 로봇이 육체노동 계열의 일거리를 빼앗아서 인간 노동자가 직업을 잃을 거라고 걱정해왔다. 이런 걱정은 충분히 근거가 있다. 실제로 로봇은 생산직 노동자를 많이 대체했고, 앞으로 몇십 년간 전부는 아니더라도 점점 더 많은 일거리가 로봇에게 넘어갈 것이다. 하지만 로봇이 사무직에 있어서도 인간과 비슷한 수준에 도달할 만큼 발전할 거라는 사실을 알아챈 사람은 그리 많지 않다.

법조계와 언론계는 이미 영향을 받고 있다. 좋은 평가를 받는 뉴스통신사인 AP 통신은 2014년부터 필자의 이름이 기재되지 않은 일상 소식을 싣고 있다. 인간 필자가 쓰지 않은 이야기라는 뜻이다. 독자의 관점에서 볼 때 이처럼 '기자' 봇이 만들어낸 소식은 AP 통신이 기존에 싣던 소식과 차이가 없다. 주관적인 시각이 빠졌다는 점만 다르다. 사실 AP 통신뿐 아니라 컴캐

스트나 야후 같은 대기업도 매년 수백만 편의 기사를 찍어낸다. 이 통신사들은 노스캐롤라이나주의 더럼에 위치한 오토메이티드 인사이트Automated Insights에서 생산한 봇으로 기사를 만들어낸다. 오토메이이티드 인사이트는 기사 생산을 주력으로 삼는 회사이다. 하지만 독자들 대다수는 자신이 전통적인 기자가 쓴 글을 읽는다고 생각한다. 이런 봇은 독자가 속아 넘어갈 만큼 인간 기자의 어조와 문체를 능숙하게 흉내 낼 뿐 아니라 초당 2천 편의 글을 뽑아낸다.[12] 기자 봇은 재정 보고나 스포츠 분석처럼 방대한 자료를 한꺼번에 처리하는 분야에서 빛을 발한다. 오토메이티드 인사이트는 2015년 한 해에 지면에 실린 뉴스 기사에 사용된 '이야기'를 15억 개나 생산했다.

최근에는 오픈AIOpenAI사가 만든 챗봇, 즉 챗GPTChatGPT가 집중적으로 조명을 받고 있다. 인터넷에서 정보를 찾고 조합해서 진짜 사람이 쓴 것과 흡사한 에세이를 만들어내는 능력이 뛰어나기 때문이다. 이런 기술 때문에 사무직 일자리가 대량으로 사라질 수 있다는 이유로 다수의 논평가가 부정적인 견해를 내놓는다. 챗GPT는 인간과 대화하는 동안 정확도에서 문제점이 드러나고 모욕적이거나 악의가 담긴 말을 하는 경우도 있다 보니 활발한 논쟁의 대상이 된다. 이 문제에 대해서는 다른 장에서 더 살펴볼 것이다.

봇의 능력은 문자의 영역을 금세 넘어서고 머지않아 보도 영상도 생산할 것이다. 조지아 공대 컴퓨터 공학부 학생인 대니얼 캐스트로[Daniel Castro]와 비나이 베타다푸라[Vinay Bettadapura]는 봇이 보도 영상을 만들어내는 기본 기술을 공개한 바 있다. 이 기술은 영상 편집의 여러 요소를 활용해서 인간 편집자가 작업한 것과 같은 결과를 만들어낸다. 이 두 학생이 고안한 알고리즘을 이용하면 휴가 때 찍은 26시간짜리 원본 영상에서 단 세 시간 만에 38초짜리 하이라이트 영상을 뽑아낼 수 있다.

이 봇은 원본 영상의 촬영 지역, 영상 속 이미지 요소, 대칭, 채도를 분석하고 각 프레임에 점수를 매긴다. 그리고 점수가 가장 높은 장면은 물론이고 제일 눈길을 끄는 사연까지 골라낸다. 그런 다음 인간 편집자처럼 사용자의 취향과 욕구를 잘 반영한 영상을 만든다. 베타다푸라에 따르면 "사용자의 미적 선호도에 맞춰 알고리즘 속 가중치를 조절할 수 있다. 여기에 얼굴 인식 기술을 결합하면 사용자가 관심을 갖는 사람 위주로 하이라이트 영상을 뽑도록 프로그램을 학습시키는 것도 가능하다."[13] 몸체가 있는 가사 도우미 로봇에 이 알고리즘을 탑재해서 생일 파티처럼 한 개인이나 어느 가족의 삶에서 중요한 순간을 집중적으로 조명한, 아주 감각적이고 중요한 영상을 만들어내는 건 쉬운 일이다. 영상 제작 전문가의 업무량을 상당 부분 떠맡는 것도 마찬가지로 쉽다.

개발자들은 인간 자체에서 영감을 받아 기계 지능의 능력을 계속 발전시키는 중이다. 로봇 연구는 한때 오직 인간만 가능하다고 믿었던 일을 점점 더 많이 흉내 내는 방향으로 진행되고 있다.

구글의 인공지능 프로젝트인 구글 브레인Google Brain은 컴퓨터에게 창의성을 가르치는 것이 목표다. 2016년에 기획된 마젠타 프로젝트Magenta project에서는 컴퓨터에 네 개의 악보를 입력하고 작곡을 하도록 '학습'시켰다. 결과물은 비트가 빠른 90초짜리 피아노 연주곡이었다. 반복되는 부분이 많긴 했지만 유명한 곡의 구성 요소로 쓰이는 전자음과 다를 바 없었다.[14] 비록 이 음악에 인간 작곡가가 창조하는 복잡성이나 뉘앙스는 들어 있지 않지만, 인간 디제이와 작곡가가 봇이 만든 곡을 샘플링에 쓰고 음악을 풍성하게 만드는 데에 활용할 거라는 점은 쉽게 짐작할 수 있다. 기술이 더욱 발달하면 작곡이 인간의 고유한 능력이라는 말은 더 이상 할 수 없을 것이다.

창의적인 기계를 만들려는 구글의 노력은 마젠타 프로젝트에서 끝나지 않는다. 구글이 만든 딥드림DeepDream은 수많은 사진을 면밀히 조사하고 변형하고 섞어서 초현실적이고 악몽 같은 매력이 있는 예술 작품을 만드는 프로그램이다. 비평가들은 구글이 인간 신경망을 흉내 낸 시스템을 통해 만든 그림을 두고 환각을 유발하는 효과가 있다고 평한다. 이런 그림들을 들여다보면 상상력이 극에 달한 예술가가 아닌 다른 무언가가 만든 작품이라고 생각하기는 어렵다.[15]

컴퓨터 프로그램에 '창의적' 알고리즘을 추가하고 이 프로그램을 로봇에 탑재한다면, 그 로봇이 진짜 정신 생활을 영위할 수

로봇, 그리고 로봇을 사랑하는 사람들

있다는 으스스한 인상을 받게 된다. 특히 이런 능력이 사회적 상호작용을 하는 로봇에게 주어진다면 두려움은 더 커진다. 그런 로봇 자체 및 그들의 이른바 정신 활동에 우리가 감정을 이입하게 되기 때문이다. 사실 우리는 인간과 유사한 속성이 없는 단순한 로봇에게도 감정을 이입하는 경향이 있다.

앞서 얘기한 바와 같이 인간은 아주 기본적인 행동밖에 못하는 기계에게도 본능적으로 공감한다. 그리고 아주 단조로운 로봇이라 해도 본능적으로 인격화하고 인간의 특성을 투영한다.

룸바Roomba는 집안을 돌아다니면서 카펫과 바닥을 청소하는 단순한 원반형 로봇이다. 사람들은 룸바에게 플루어런스, 다스 룸바, 사라, 알렉스, 조이 같은 이름을 붙인다. 조지아 공과 대학 소속 연구자들은 사람들이 어떤 생각을 하면서 로봇을 사용하는지 알아보기 위해서 룸바 사용자 379명을 대상으로 설문 조사를 했다. 조사 내용에 따르면 사용자들은 룸바를 이용하면서 사람을 대할 때와 비슷한 감정을 풍부하게 느끼는 것으로 밝혀졌다.

사용자 가운데 절반 이상이 룸바에게 성별을 부여했고, 3분의 1이 이름을 붙였다. 그중 다수가 이 별볼일없는 기계에게 인격을 부여하고 말을 걸었다. 일을 잘한다고 칭찬하는 사람도 있었다. 43명은 룸바에게 입힐 의상을 구입해서 창작물 속 캐릭터처럼 꾸몄다.[16] 룸바가 글을 읽고 감정을 표현하는 소셜 로봇의 복잡함과는 거리가 멀다는 점을 떠올려보자. 조지아 공대에서 실시한 연구는 심리학자들이 이미 알고 있는 사실을 재확인한 것에 불과하다. 즉 상호작용이 가능한 로봇이라는 주제는 단순히 로봇의 문제가 아니라 우리 인간에 대한 문제이고, 인간과 로봇의 상호작용이 우리에게 불러일으키는 복잡한 감정의 문제이다.

가사 도우미 로봇이 진짜 인간과 점점 닮아가면 우리는 그 유사성보다 훨씬 더 많은 인간적 특성을 로봇에게 투영할 것이다. 우리는 선천적으로 대상을 인격화하는 경향이 있기 때문이다. 인격화는 인간 심리 깊은 곳에 새겨져 있기 때문에 역사의 여명기부터 종교와 문화의 근본적인 특징이 되었다. 인격화라는 의미의 영어 단어 'anthropomorphism'는 그리스어로 '인간'을 뜻하는 'anthropos'와 '모양'이나 '형태'를 뜻하는 'morphe'의 결합이다. 달에 인간의 형상이 있다는 전설, 구름에서 사람의 얼굴 표정을 찾아내거나 바람 소리에서 목소리를 듣는 행위 등에서 보듯이, 인격화는 초기 유년기에 시작되어 평생 사라지지 않는 본성이다. 성인은 이런 성향의 잘못을 찾아내고 합리적으로 설명한다는 점에서 아이보다는 낫다. 하지만 동물, 장난감, 자동차나 컴퓨터 같은 기계 장치에 성인이 인격을 부여하는 현상은 거의 보편적이라 할 수 있으며, 전 세계가 여러 가지 문화를 공유하면서 모방과 강화가 일어나고 있다.

고대 신화와 종교에서는 신이 인간의 형상을 하고 인격적인 특성을 띠는 것으로 자주 묘사한다. 인간을 닮은 남신과 여신의 조각상은 고대 이집트, 그리스, 로마를 비롯한 전 세계 발굴 지역에서 공통적으로 발견된다. 마야와 아즈텍 조각품, 아프리카

대륙의 가면과 조각상, 힌두교 사원에 있는 조각품도 마찬가지다. 그리스 신화의 신들은 외모가 인간과 같음은 물론이고 사랑, 연민, 질투, 분노처럼 인간적인 감정도 느끼는 것으로 그려진다. 그들은 사랑에 빠지고, 사소한 일로 경쟁하고, 일시적인 변덕 때문에 인류에게 대재앙을 내린다. 신에게 이처럼 인간과 유사한 속성을 부여하는 데에는 이유가 있다. 그러지 않았다면 때로는 잔인하고 인간에게 무관심한 삶의 부침을 견디는 입장에서 신을 받아들이기 어려웠을 것이다.

스코틀랜드 철학자인 데이비드 흄David Hume은 우리가 비인간인 대상에게 인간의 특질을 부여하는 이유는 명확하지 않고 혼란스러울 때도 있는 세상을 이해하기 위해서라고 믿었다. 지그문트 프로이트Sigmund Freud는 그런 경향이 위협적인 바깥세상을 더 친근하고 감당할 수 있는 대상으로 받아들이는 수단이라고 해석했다.[17] 인격화는 감정적인 욕구를 충족해줄 뿐 아니라 미지의 영역을 이미 알고 있는 것으로, 다시 말해 인간 본성과 인격으로 채워준다.

인류가 최초로 그렸던 벽화에서 아주 정교한 최신 애니메이션에 이르기까지, 인격화는 스토리텔링과 문학에 있어서, 그중에서도 아동을 대상으로 한 작품에서 아주 효과적인 장치로 쓰인다. 이솝 우화의 등장보다 수세기 앞선 기원전 700년경에 헤시오도스가 지은 우화 「밤꾀꼬리와 매」에는 지능이 높고 말을 하는 동물이 등장한다. 이솝 우화에 출연하는 교활하고 의인화된 동물들은 지금도 어른 아이 할 것 없이 좋아한다. 이런 우화 속 동물은 우리가 다른 사람을 통해 매일 같이 경험하는 인간의 특성을 반영해서 고도로 인격화되어 있으며, 아이들은 이런 동물의 모험담을 통해 삶의 지혜를 배운다.

동화에는 님프인 프시케를 데려간 서풍 제피로스처럼 인격화된 자연 현상이나 말하는 동물이 수백 년 동안 등장했다. 신, 동물, 자연 현상을 인격화하면 마법처럼 느껴지는 효과가 있다. 성인과 아이들 모두 이런 감각을 기꺼이 받아들인다. 인간과 조금 닮았거나 약간 인간처럼 행동하는 로봇을 보는 경우에도 똑같은 현상이 일어나기 때문에, 그 과정에서 인격화가 발생한다는 사실을 인지하기가 어려울 정도이다.

더 최근의 예를 살펴보자. 루이스 캐럴은 『이상한 나라의 앨리스』(1865)에서 하얀 토끼와 살아 움직이는 카드로 전 연령층의 독자에게 마법을 걸었다. 카를로 콜로디는 『피노키오의 모험』(1894)에서 살아 움직이는 나무 인형 피노키오가 생명을 얻고 진짜 소년이 되기 위해 모험에 나서는 이야기를 선보이고 마법 같은 느낌과 기쁨을 선사했다. 조지프 러디어드 키플링이 쓴 『정글북』(1894)의 배경인 밀림에는 익살스럽고 현명하고 서로 돕고 말을 하는 동물이 잔뜩 거주한다. 베아트릭스 포터가 쓴 동화에는 장난이 심한 말썽꾸러기를 닮은 피터 래빗 같은 동물들이 등장한다. 이 동물들은 갖가지 곤경에 빠졌다가 헤쳐 나갈 길을 찾아낸다. 케네스 그레이엄의 『버드나무에 부는 바람』(1908),

C. S. 루이스의『사자와 마녀와 옷장』(1950), A. A. 밀른의『곰돌이 푸』(1926)에는 누가 봐도 행동의 동기와 목표가 인간적이고 영리한 동물이 등장한다. 조지 오웰이 1945년에 쓴『동물 농장』에서는 심지어 문학적인 의인화가 정치적인 의미를 갖는다. 이 작품의 동물들은 소비에트 연방의 스탈린 시대를 기반으로 한 비유로 기능한다. 하지만 인격화의 왕은 뭐니 뭐니 해도 할리우드다.

지금 성인인 독자들의 유년기 시절을 포함하는 현대 문화를 생각해보자. 특히 아동문화의 경우 인격화된 동물과 사물이 주인공인 이야기에 푹 젖어 있다. 최근에 유행한 아이보^AIBO 같은 로봇 장난감은 그저 TV 드라마, 영화, 비디오 게임의 기능을 이어받을 뿐이다. 그 기능이란 인간이 아닌 모든 사물에 인간의 감정과 의사를 부여하는, 고대로부터 내려오는 인간의 경향을 자극하는 것이다.

인간처럼 말하고 언어를 처리하고 감정을 흉내 내는 로봇은 문화만이 아니라 인간 정신에 깊이 새겨진 패턴과 직접적으로 연결된다. 우리 마음속 깊은 곳에는 세상을 이해하고, 환경을 지배하고, 무엇보다 상호작용을 하고 싶은 욕구가 의식과 무의식 양쪽에 존재하기 때문에 그런 로봇이 우리 마음을 끄는 것이다.

인격화는 무척 일반적이지만 그에 관한 연구가 활발해진 것은 2007년부터다. 시카고 대학 소속 심리학자인 니콜라스 에플리^Nicholas Epley, 애덤 웨이츠^Adam Waytz, 존 카치오포^John Cacioppo는 인간이 아닌 대상에게 인격을 부여하게 만드는 세 가지 근원적인 욕구가 있고, 이 욕구는 거부가 불가능할 만큼 강하다는 내용의 논문을 발표했다. 그중에 이른바 '유도된 대리 지식elicited agent knowledge'이라는 욕구가 있다. 이 욕구는 인간이 미지의 세계를 이해할 때 반드시 이미 알고 있는 것, 다시 말해서 인간적인 특성, 감정, 욕망 등에 기반을 둘 수밖에 없다는 사실에서 출발한다.

인간은 유년기가 막 시작되고 세상을 이해하려고 노력하면서 귀납적으로 추론하는 과정을 거친다. 다시 말해 특정 사례(자기 자신)로부터 일반적인 경향을 유추한다. 즉 자신에 대한 사실을 확인하면 바깥세상도 대개 그럴 거라고 가정한다. 어둠을 무서워하는 아이는 인간형 인형이나 동물 인형도 당연히 어둠을 무서워할 거라고 여긴다. 사실에 부합하지 않는 가정이지만 어쩔 수 없다. 세상을 이해하기 위해서는 반드시 그 출발점이 있어야 한다. 시간이 흐르고 경험이 쌓이면서 세계를 바라보는 시각을 수정하겠지만 출발점의 존재는 필수적이다.

에플리와 동료 학자들이 밝힌 두 번째 심리학적 욕구는 이른바 '효능 동기effectance'이다. 환경과 효율적으로 교류하려는 욕구를 말한다. 장난감, 동물, 기계에 인간의 속성을 투영하면 불확실함이 주는 고통을 줄이고, 그 대신 이해하고 있다는 느낌을 받는다. 인간의 속성과 감정을 로봇에게 투영하면 로봇의 행동을 더 잘 예측할 수 있고 로봇을 통제하고 있다는 느낌을 강하게 받는다는 것이다.

어른이 되면, 처음에 인간정인 속성을 부여했던 대상에 관한 부정확한 가정을 수정하는 능력이 늘어난다. 그래도 인격화는 인식의 출발점으로 반드시 필요하다. 로봇과 장난감에 대한 인식을 나중에 수정한다 해도 애초에 인격화를 시행하게끔 이끌었던 상상의 나래를 포기하기는 싫어한다. 로봇이 인간처럼 느끼고 인간과 같은 동기를 갖는다고 생각하면 앞으로 어떻게 행동할지 예측하는 좋은 발판을 손에 넣을 수 있다. 그리고 그 무엇보다 가장 강력한 욕구, 즉 타자와 연결되고픈 욕구를 충족할 수 있다.

에플리와 동료 학자들은 상호 연결 필요성이 인간 욕구의 중심이고, 중요도로 보면 배고픔이나 갈증과 동급이라고 주장한다.[18] 해당 논문에 따르면 "인격화는 인간이 아닌 대상과 인간처럼 연결되어 있다고 인지하게 해줌으로써 그 욕구를 충족시킨다."[19] 상호 연결과 사회적 인정을 원하는 욕구는 유아기 때부터 인간의 본성에 새겨져 있다. 그토록 강한 욕구이기 때문에 인간과 비인간 대상 양쪽에서 반사적으로 추구하는 것이다. 인간은 우선 타인도 자신처럼 느낀다고 생각함으로써 연결감을 만들어 낸 다음 실제 상황에 대한 정보가 늘어나면서 그 생각을 수정하거나 보충한다.

유대감은 문자 그대로 삶과 죽음의 문제라고 할 만큼 중요하다. 사회적 유대감과 건강 사이에 상관관계가 있다는 사실은 널리 알려져 있다. 이 효과는 평생 지속된다. 상호 연결이 부족하거나 외로운 상태는 담배, 고혈압, 비만보다 더 건강에 해롭다.[20] 연구 결과에 따르면 사회적 관계는 인간의 인생에 단기적으로, 또 장기적으로 중대한 영향을 미친다. 그 영향은 심지어 정신 건강과 신체 건강 양쪽에 평생 누적된다.

사회적으로 고립되어 있고 관상 동맥 관련 질환이 있는 성인의 경우 같은 조건에 사회적으로 연결되어 있는 사람보다 심장사할 확률이 2.4배 높다. 외로움은 심장 질환뿐 아니라 암, 상처 치유 지연, 면역 기능 이상 등 모든 것과 관련이 있다.[21]

상호 유대감, 사랑받는다는 느낌, 누군가가 나를 좋아하고 이해한다는 느낌은 유아 때부터 노년기까지 정신 질환과 일반적인 질환을 예방하는 효과가 있다. 반려동물은 상호 유대로 얻을 수 있는 이점을 사람만큼이나 많이 제공한다. 반려동물은 무조건적으로 사랑하고 무조건적으로 수용하기 때문에 우리를 치유해준다. 반려동물과 맺는 관계가 그토록 강력한 이유는 여러 가지이지만, 우리가 그들을 인격화한다는 점이 매우 큰 비중을 차지한다.

에플리와 동료 연구자의 주장에 따르면 유대감이 부족한 사람의 경우 대상을 인격화해서 외로움을 해소하려는 욕구가 더 크다. 그 대상이 인간이든 아니든 상관은 없다. 우리를 둘러싼 환경 속에서 대상을 이해하고, 통제권을 획득하고, 대상과 상호 연결되고 싶은 욕구가 있다면 손쉽게 공감을 이끌어낼 수 있다. 공감은 우리 사회를 하나로 결속시키는 강력한 접착제이다.

로봇, 그리고 로봇을 사랑하는 사람들

이 주장을 뒷받침하는 연구 결과는 아주 많다. 최근 일본 컴퓨터 공학자와 심리학자들이 협업해서 진행한 연구의 결과가 발표되었다. 연구팀은 인간과 로봇이 고통을 인지하는 영상을 열다섯 명에게 보여주고 뇌전도EEGs를 측정했다. 그 결과 인간 피험자의 두뇌는 영상 속 인간이 인지하는 고통과 로봇의 고통 양쪽에 같은 방식으로 반응했다.[22] 이와 같은 신경생리학적 증거는 로봇 연구자들이 오래전부터 알고 있던 사실을 뒷받침하는 것에 불과하다. 인간은 다른 사람에게 공감하는 것과 유사하게 로봇에게도 공감한다. 그렇기 때문에 우리는 소셜 로봇을 삶 속에 받아들일 것이다. 그리고 같은 이유로 우리와 로봇의 관계에서 엄청난 논쟁거리가 발생할 것이다.

"우리 문명 자체가 공감에 기반하고 있다." 캘거리 대학의 컴퓨터 과학자인 에후드 샬린Ehud Sharlin의 말이다. "모든 사회는 다른 구성원에게 감정이 있다는 대전제를 세운다."[23] 로봇 소유자는 인간과 외형상 유사하지 않은 로봇에게도 인간의 온갖 속성을 부여하고 마치 살아 있는 상대인 것처럼 대한다. 매사추세츠 공과 대학MIT의 심리학자인 셰리 터클Sherry Turkle은 이런 특성을 가리켜 '인간은 사회적 거부감이 낮다'라고 표현한다. 로봇이 인간을 유혹하는 시대가 오면 우리가 '쉽게 넘어가는 사람'이 될 거라는 근거이다.

터클은 아이와 어른을 대상으로 한 연구를 통해, 타인과 감정적인 문제를 해결하려는 사람이 이용할 경우 단순한 로봇도 '강력한 심리 투영 대상'이 된다는 결론을 내렸다. 로봇을 돌보고 로봇에게 보살핌을 받고 싶은 욕구는 연령과 무관하게, 누구에게나 빠르게 발생한다. 터클에 따르면 보살핌이라는 환상은 소셜 로봇을 보편화시키는 신종 '킬러 앱'*이 될 수 있다.

터클은 동료들과 함께 인간과 로봇의 상호 교류에서 태어난 신종 '로봇 문화'를 다뤘다. 우리는 어릴 적부터 불신을 뒤로 미루는 데 익숙하다. 바로 이런 속성이 로봇 문화를 발전시키는 원동력이 될 것이다. 인류는 신뢰성과 인공물을 혼합한 관계에 익숙해질 것으로 보인다. 기술이 발전하고 소셜 로봇의 지능이 더 높아지면서 인간의 문화에는 로봇과 인공지능을 결합한 신종 관계가 편입될 것이다.

몇 년 뒤면 개인용 소셜 로봇이 더 많이 등장할 것이다. 로봇 산업에서 사용하는 '개인 맞춤형이고 사회적이고 감성적인 가정용 로봇'이라는 광고 문구야말로 일반 사용자를 대상으로 하는 차세대 기술의 지향점을 잘 보여준다. 가정용 로봇은 선배격인 휴대 전화처럼 기능이 아주 다양하고, 웹을 이용해 통신할 수 있고, '스마트 홈'의 여러 기능을 통제하고, 보안을 위해서 감시하고, 가족의 행사를 녹화하고, 이메일을 읽고 대신 답신을 보내고, 기본적인 살림살이를 하고, 음식을 주문하고, 아이들에게 책

을 읽어 주고, 외로운 사람에게 동반자가 되어주는 것은 물론이고 더 많은 역할을 맡을 것이다. 가정용 로봇은 인간을 가르치고, 즐겁게 하고, 위로할 것이다. 개인용 로봇은 여러 기능을 통합하면서 우리 삶에서 번잡스러운 것들을 정리하고 가정에서 중심이 되는 기술적 인터페이스로 자리매김할 것이다. 그리고 이 개인용 로봇은 간단한 음성 명령어로 조종할 수 있다.

다재다능한 전자 장비는 뭐든 간에 매력적이게 마련이지만, 페퍼 같은 로봇은 인간과 유일무이하고 고도로 조정된 맞춤형 관계를 맺기 때문에 머지않아 대체할 수 없는 존재가 될 것이다. 이런 로봇은 이미 인간의 언어와 얼굴 표정과 동작과 인생사를 읽어낸다. 그리고 그런 정보를 종합해서 우리와 상호작용 한다. 게다가 단순한 상호작용도 그런 로봇을 끊임없이 훈련시킨다. 로봇은 우리를 '알고' 그에 맞춰 행동하면서 매순간 우리의 기분을 맞추려 들 것이다. 이런 관계가 장기적으로 우리에게 유용할까?(다시 말해서 다른 존재와 집중적으로 연결되어 있는 사회적 존재처럼 그런 로봇이 인간의 번영에 도움이 될까?) 그렇지 않으면 진짜 관계가 빠져 있기 때문에 인간의 사회적, 감정적, 지적 능력을 저해할까?

다른 질문도 던져볼 수 있다. 소셜 로봇은 인간이 의존하고 살아가는 여러 가지 기술을 다루는 능력이 뛰어나다. 인간은 결국 독립성과 자율성을 유지하도록 해주었던 능력을 상실할까? 안 그래도 우리는 삶을 지탱해주는 기술의 바다에서 표류하고 있다. 로봇의 능력이 커지는 것으로 보아 우리는 제 능력을 점점 더 많이 로봇에게 제공하는 모양이다.

로봇에게 의지할 수 있는 영역이 넓어질수록 인간은 점점 더 많이 기댈 것이다. 우리는 타고난 감정과 사회적인 경향에 맞춰 주는 기계에게 의존하면서 진짜 관계와 자립을 잃고 사회적으로 고립된 무능력자가 될 것인가? 이것이야말로 중요한 문제다.

불쾌함 극복하기

로봇은 매혹적이고 사람을 끌어당긴다. 그와 동시에 섬뜩하고 보는 사람을 불안하게 만들고 두렵게 한다. 한밤중에 눈을 떠보니 방 안에 인간처럼 생긴 무언가가 서 있다고 생각해보자. 그것이 움직이기 시작하는데 왜 그러는지 알 방법이 없다. 그 무언가라 곧 로봇이다. 집에 인간이라고는 당신뿐이다. 머릿속에 어떤 생각이 떠오르는가? 로봇을 부정적으로 보고 두려워하는 사람이라면 집에 두지 않는 편이 좋다고 결론 내릴 것이다. 로봇이 인간의 삶에 친근한 존재로 들어오려면 우선 기술자들이 인간의 정신에 세워진 장벽을 넘어설 필요가 있다.

이제 일본인 남성 둘이 나란히 앉은 모습을 떠올려보자. 두 사람은 쌍둥이처럼 닮았다. 피부에 있는 모공도 같고 손의 혈관

분포도 같다. 머리카락은 둘 다 직모 흑발이고 안경도 같고 의상 취향도 같은지 검정색 옷을 입고 있다. 두 사람은 표정도 같고 미간에는 생각에 잠긴 것처럼 보이게 하는 작은 미간 주름이 똑같이 두 줄 나 있다. 목소리도 마찬가지다. 차이점은 단 하나뿐이다. 왼쪽은 일본을 대표하는 로봇학자인 이시구로 히로시Hiroshi Ishiguro 교수다. 오른쪽에 앉은 것은 교수가 만든 도플갱어 로봇, 제미노이드 HI-1Geminoid HI-1이다.

이 로봇은 살아 있는 것처럼 말을 한다. 그럴 때마다 고무로 만든 유연한 얼굴이 창조자와 마찬가지로 생동감 있게 움직인다. 하지만 어딘지 기분 나쁜 구석이 있다. 아주 조금이지만 로봇의 음성과 입술 움직임이 일치하지 않는 순간 마법이 사라지고 미묘한 부자연스러움이 드러난다. 우리는 로봇의 시선이 고정되어 있고, 눈동자가 번들거리고, 생각에 잠긴 줄 알았던 얼굴 표정이 실은 기괴하고 위협적이라는 사실을 깨닫는다. 이 로봇은 로봇학자들이 말하는 이른바 '불쾌한 골짜기'로 굴러 떨어진 것이다.

로봇학자인 모리 마사히로Masahiro Mori는 1970년에 불쾌한 골짜기라는 용어를 처음으로 사용했다. 그가 밝힌 바에 따르면, 로봇을 본 사람들은 로봇의 외양이 진짜 인간과 닮을수록 더 긍정적으로 반응한다. 하지만 점점 증가하던 신뢰도가 어떤 문턱을 통과하는 순간 유사성이 불안을 넘어 두려움으로 변하고 사람들은 시체와 좀비의 모습을 떠올리게 된다. 결국 인간형 로봇으로

로봇, 그리고 로봇을 사랑하는 사람들

부터 현실이라는 이름의 배신이 미묘하게 드러나고, 매력은 섬뜩함으로 탈바꿈할 수밖에 없다.[1]

프로이트에 따르면 이런 불쾌함은 오랫동안 친숙했던 것이 이상하게 느껴지고, 낯설어지면서 섬뜩해지는 경험을 뜻한다. 다른 말로 표현하면 로봇처럼 이상하고 낯선 대상이, 인간의 감정 표현처럼 우리가 긴 시간 동안 익숙해진 면모를 흉내 내는 경우에 해당한다.[2] 무언가가 관찰자의 두뇌 안에 있는 어떤 선을 넘는 순간 불안이나 근심이 발생하는 것이다. 심한 경우 두려움을 유발하기도 한다.

어쩌면 제미노이드 HI-1의 사실성에 크게 사로잡혔기 때문에 외관에 숨겨진 균열에 강렬히 반응하는 것일 수도 있다. 심리학자와 사회학자들은 로봇이 인간과 비슷한 수준으로 사실적이어야 비로소 돌봄 도우미나 선생이나 동반자나 조수처럼 인간의 삶에 깊이 관여하는 역할을 맡을 수 있다는 점을 알아냈다. 사실성이 중요하다면 자연스러움이 필수이다. 미세한 결함이 있다면 우리는 분명히 불쾌한 골짜기에 들어설 것이다. 하지만 로봇의 종류에 따라서는 극사실성이 필요하지 않고 그것을 바라는 사용자도 없는 경우가 있다.

이시구로 박사의 로봇은 소셜 로봇 중 최상급으로 인간과 흡사하다. 더 정확히 표현하자면 이 로봇은 안드로이드라고 할 수 있다. 여러 연구 결과에 따르면 안드로이드야말로 불쾌함을 유발할 확률이 높다. 박사는 제미노이드 HI-1의 뒤를 이어서 친절해 보이는 여성형 안드로이드를 두 대 더 제작했다. 이름은 각각 코도모로이드 Kodomoroid와 오토나로이드 Otonaroid이다. 두 안드로이드는 현재 일본 국립 첨단과학 및 혁신 박물관에서 가이드를 맡고 있다. 밝고 친절한 젊은 여성의 외양을 한 이 로봇들의 겉모습은 놀라울 정도로 살아 있는 인간과 유사하다.

하지만 직접 접해본 사람들의 말에 따르면 두 안드로이드는 불쾌한 골짜기를 탈출하지 못했다. 사실 두 로봇은 말을 하면서 동작이 살짝 어긋나고 팔 움직임도 딱딱하고 부자연스럽기 때문에 실제 인간처럼 보인다는 점이 오히려 섬뜩함을 심화한다. 박물관을 관람하는 사람들은 두 안드로이드에게 다가갔다가도 사소한 결함 때문에 기겁하고 물러난다. 엔지니어들과 로봇학자들은 이런 효과를 잘 알고 있다. 로봇이 사회적으로 받아들여지려면 불쾌한 골짜기를 우회하거나 상쇄시켜야만 한다.

불쾌한 골짜기가 발생하는 이유에 대해서는 여러 가지 이론이 있다. 이런 이론은 로봇을 비롯해 사람을 닮은 인형이나 컴퓨터 에니메이션에도 적용된다. 불쾌한 골짜기의 근원은 인간 심리의 근본과 닿아 있으며 국가나 문화를 어느 정도 초월하는 것으로 보인다. 이 장해물을 제대로 극복해야 전 세계인이 로봇을 받아들일 수 있다는 뜻이다. 하지만 로봇을 사람처럼 보이게 만들려고 애를 쓸수록 불일치가 눈에 띨 때 느껴지는 섬뜩함과 거부감이 더 현저해지는 것 같다.

소프트웨어 개발자인 조엘 스폴스키 Joel Spolsky는 이런 반응을 설명하는 유명 이론을 제시했다. 이른바 '추상화의 결함leaky abstraction'이다. 스폴스키의 이론에 따르면 추상화(예를 들어 로봇이 살아 있는 것처럼 보이는 환상)는 그 안에 숨어 있던 인공적 구조가 드러나는 순간 무너진다.[3] 다만 추상화의 결함 이론은 환상이 깨진다는 사실만 알려줄 뿐이다. 비밀이 드러나는 순간 불쾌한 골짜기에 숨어 있던 공포와 불안이 드러나는 이유는 설명하지 못한다.

인간-로봇 상호작용 분야에 몸 담은 수많은 사람들이 로봇에 대한 인간의 반응을 세세하게 조사했다. 그중에는 인간이 불쾌한 골짜기를 만났을 때 머릿속에서 일어나는 일을 첨단 시각화 기술로 알아본 연구자들이 있다. 다수의 로봇학자들은 인간처럼 보이지만 행동은 보이는 것과 다른 대상을 만났을 때 인지 부조화가 일어난다는 학설에 지지를 보내고 있다.

샌디에이고에 위치한 캘리포니아 대학의 아이세 피나 사이긴Ayse Pinar Saygin이 지휘하는 국제 과학자 팀은 뇌기능 MRI 영상을 이용해서 지원자가 인간과 안드로이드를 비교하는 영상을 봤을 때 두뇌에 어떤 변화가 일어나는지 연구했다. 영상에는 인간과 아주 흡사한 로봇인 리플리 Q2Repliee Q2(이시구로 박사가 만든 인간형 안드로이드), 표피를 제거해서 금속 연결부와 기판과 배선이 드러난 리플리 Q2, 인간이 등장한다.

영상 속 인간과 로봇은 손을 흔들고 고개를 끄덕이고 탁자에서 종이를 한 장 집고 물을 마시는 등 일상적인 동작을 똑같이 시연한다. 피험자들은 인간이 타고 나는 생물학적 외양과 자연스러운 동작이 서로 연결될 거라고 예상한다. 표피를 제거한 리플리 Q2는 누가 봐도 로봇이고 그에 걸맞게 움직임이 딱딱하다. 이 역시 누구나 예상하는 그대로이다. 하지만 완성형 리플리 Q2는 사람처럼 보이는데 기계처럼 딱딱하게 움직인다. 연구자들은 자원한 실험 대상자가 영상을 보면서 각 시나리오에 어떻게 반응하는지 뇌기능 MRI를 통해 관찰했다.

인간이나 뻔히 기계처럼 보이는 로봇의 영상을 봤을 때 지원자의 두뇌는 평상시 그대로 활동했다. 사이긴은 이 현상을 두고 인간과 기계답게 생긴 로봇이 피험자가 대상의 외모를 보고 예상했던 그대로 움직였기 때문이라고 해석했다. 하지만 인간처럼 생긴 리플리 Q2가 기계처럼 딱딱하게 움직이자 인지부조화가 발생해서 피험자의 두뇌는 자그마한 전기 폭풍이 발생한 것처럼 번쩍거렸다. 특히 신체 움직임을 처리하는 시각 겉질과 거울 뉴런을 담고 있는 운동 겉질에 과부하가 발생했다.

사이긴 박사는 실험 결과를 두고 두뇌가 안간힘을 써서 인간형 로봇의 외양과 움직임 사이의 불일치를 조화시키려 한다고 해석했다. 박사의 말에 따르면 "(두뇌는) 예상이 들어맞기를 바라는 것 같다. 즉 외견과 움직임이 부합되기를 바란다는 뜻이다."[4] 로봇이 겉으로는 생물학적인 인간이지만 움직임은 로봇이다 보니 불쾌한 골짜기로 굴러 떨어진다는 것이다. 누가 봐도 로봇임이 분명한 대상이 기계처럼 움직이면 불편함이 발생하지 않았

로봇, 그리고 로봇을 사랑하는 사람들

다. 동작이 외양을 따라가기 때문이다.

다른 연구 결과들도 예측이 어긋날 때 불쾌한 골짜기가 형성된다는 사이긴의 가설을 뒷받침한다. 그런데 왜 그렇게 반응이 격렬할까? 왜 불쾌한 경험이 그저 당황하는 것으로 그치지 않고 불안과 근심에 이어 공포심까지 느끼게 할까?

사람을 섬뜩하게 만드는 것은 로봇만이 아니다. 컴퓨터로 제작한 애니메이션도 똑같은 효과를 유발한다. 인간 캐릭터나 의인화된 동물이나 사물이 아주 사실적으로 그려졌지만 완벽하지는 못할 때 그렇다. 영화 평론가들은 2000년대 초반 포토리얼리즘 수준의 컴퓨터 그래픽을 이용한 애니메이션이 출시될 때부터 이 점을 지적했다.

2004년에 나온 〈폴라 익스프레스The Polar Express〉는 아동용 크리스마스 애니메이션이다. 비평가인 폴 클린턴Paul Clinton은 이 작품을 냉혹하게 평가했다. 그는 CNN 홈페이지에 이런 리뷰를 남겼다. "이번 연말 시즌에 가장 화려하게 펼쳐진 대형 쇼 〈폴라 익스프레스〉에는 '살아 있는 시체의 밤'이라는 부제를 붙여야 한다. (…) 이 작품 속 인간 캐릭터들이 주는 인상은 아주… 음, 섬뜩하다. 〈폴라 익스프레스〉는 아주 좋게 말하면 당혹스럽고, 나쁘게 말하면 조금 끔찍하다."[5] 극사실적으로 구현하려던 캐릭터들은 시선이 고정되어 있고 초점이 없다 보니 마지막 신뢰를 얻지 못하고 불쾌한 골짜기로 떨어졌다. 비평가들이 보기에 작품 속 캐릭터들은 좀비 같았다. 《뉴스데이》의 평론가 존 앤더슨John

Anderson은 "캐릭터의 시체 같은 눈 때문에 소름이 돋았다."고 혹평했고, 〈폴라 익스프레스〉는 좀비 특급이다."라고 표현했다.[6]

컴퓨터 그래픽으로 제작한 다른 영화들도 상황은 마찬가지다. 2009년에 발표된 애니메이션 〈크리스마스 캐럴〉에는 유명 배우 짐 캐리를 닮은 캐릭터가 등장한다. 이 캐릭터의 목소리도 짐 캐리가 맡았지만, "시선에 생기가 없고 인형 같은 짐 캐리"가 주는 예상외의 섬뜩함은 어쩔 수 없었다.[7] 《뉴욕 타임스》는 2010년 작품 〈트론: 새로운 시작〉에 등장하는 캐릭터인 제프 브릿지스의 얼굴이 "움직이는 데스 마스크"였다고 평했다.[8]

컴퓨터 그래픽으로 만든 캐릭터들이 살아 움직이는 시체처럼 보이는 문제는 흔히 발생한다. 반면에 디즈니에서 제작한 애니메이션이나 루니 툰 시리즈처럼 전통적인 수제작으로 만든 작품에서는 이런 문제가 발생하지 않는다. 아주 사실적이지만 살짝 흠이 있는 애니메이션 캐릭터와 로봇이 모든 사람이 언젠가 죽는다는 사실을 상기시키기 때문에 불쾌한 골짜기 현상이 발생한다고 생각할 수도 있다. 불쾌한 골짜기 같은 반응은 오래 전부터 존재했기 때문에 그 현상이 발생하는 이유는 인간 두뇌의 깊은 곳에 있다.

좀비나 살아 있는 시체를 보면서 느끼는 공포와 끔찍함은 호러 소설, 호러 영화, 대중문화에서 흔히 볼 수 있는 주제였으며, 이는 애니메이션의 등장보다 훨씬 더 빨랐다. 메리 셸리Mary Shelley는 1818년에 소설 『프랑켄슈타인, 또는 현대판 프로메테우스

Frankenstein; or, The Modern Prometheus』에서 프랑켄슈타인의 피조물을 이렇게 묘사한다.

그것을 볼 때마다 몸서리가 쳐졌다. 이 괴물은 되살아난 미라 보다 더 두려웠다. 그것은 미완의 창조물인데도 이미 추악했 다. 하지만 관절과 근육이 움직이기 시작하자 단테의 작품들보 다 더 끔찍한 무언가가 드러났다.[9]

프랑켄슈타인의 존재 그 자체가 암시하는 것은 영혼을 제거 하고 되살린 인간의 신체는 끔찍한 괴물이라는 점이다. 대중적 인 소재인 좀비는 대부분 이런 의미를 담고 있다. 좀비들의 부자 연스러움은 가치중립적이지 않고, 악과 파괴를 상징한다. 죽어 서 영혼이 남지 않은 신체에 '빙의된' 악령이 초자연적인 힘으로 인간들에게 심각한 해악을 끼칠 수 있다는 내용도 이와 밀접한 관련이 있다. 인정하기는 싫지만 '살아난 망자'에 대한 두려움은 우리 마음속 깊은 곳에 자리하고 있으며 쉽사리 제거할 수 없는 모양이다.

모리 박사는 2012년에 불쾌한 골짜기 이론을 발표하면서 이 렇게 말했다. "한밤에 갑자기 눈을 뜬 공예가를 떠올려 보자. 그 는 계단을 내려가서 작업장에 있는 마네킹 무리에서 무언가를 찾는다. 그때 마네킹들이 움직이기 시작한다면 그게 바로 공포 영화다."[10]

보이지 않는 존재가 악행을 저지르려고 마네킹에 들어가 조종한다고 여길 법한 상황이다. 우리는 무의식적으로 로봇도 빙의된 존재가 아닌지 의심한다. 시체를 보면 많은 사람들이 근원적인 공포를 느낀다. 유령이나 악령처럼 무서운 존재를 투영하기 때문이다. 옛 사람들은 아무런 방어책 없이 감염병으로 죽은 이의 시체를 만지면 전염되어 죽을 수 있다고 생각했고, 그러다 보니 이런 미신이 생겼을 수 있다. 하지만 불쾌한 골짜기라는 감각은 일반적으로 감염에 대한 공포가 아니라 죽음에 대한 공포로 이어진다.

모리 박사는 이렇게 말한다. "우리는 왜 이렇게 기분 나쁜 감각이 있을까? 이런 감각이 인간에게 아주 중요할까? 이 문제를 깊이 고민해본 적은 없지만 자기보호 본능의 일부라고 믿어 의심치 않는다."[11]

인디애나 대학의 연구자인 칼 F. 맥도어먼Karl F. MacDorman은 그런 불쾌함에 생물학적이고 심리학적인 근원이 있다고 주장한다. "우리는 진화하면서 머릿속에 있는 도마뱀의 뇌* 깊은 곳에 본능을 숨겨 두었다. 이 본능은 위험해 보이는 대상을 피할 때 작동하는데, 그 대상이 영화 장면에 등장하거나 벽의 전기 콘센

---

* 경제학자 테리 버넘(Terry Burnham)이 저서에 사용한 용어. 인간 두뇌에 남아 있다는 원시적인 영역을 가리킨다. - 역자주

로봇, 그리고 로봇을 사랑하는 사람들

트에 꽂혀 있어도 마찬가지로 움직인다.”

맥도어먼은 불쾌한 로봇이 순간적으로 우리 자신의 유한성을 환기시킨다고 주장한다. 심리학자들은 이것을 '동물적 환기animal reminders'라고 부른다. 이처럼 번뜩이는 자각은 무의식적으로 발생하지만 죽음을 직시하도록 강요하고 “우리 생은 유한하다. 우리는 태어나고 죽는다. 다른 동물처럼.”이라는 사실을 떠올리게 만든다.[12] 아무리 이성적인 사람이라고 해도 자신의 유한함이 갑자기 떠오르면 속수무책일 수밖에 없다.

프로이트는 모리 박사가 로봇과 관련지어서 불쾌한 골짜기를 언급한 것보다 훨씬 먼저, 애니미즘으로 해당 현상을 설명했다. 애니미즘이란 이 우주가 초자연적인 힘으로 가득 찼다는 고대 신앙이다. 애니미즘은 인간, 동물, 식물, 살아 있지 않은 사물, 자연현상 등 모든 것에 영혼이 있다고 본다.

프로이트에 따르면 애니미즘 신앙은 문화적 유산인 동시에 자연적으로 발생하는 유년기 초기 발달의 일부이다. 아기들은 그 시기에 살아 있는 것, 죽은 것, 움직이는 것을 구분하는 방법을 익힌다. 이 과정에서 감정적인 혼란을 겪으면서 불쾌하거나 무서운 경험을 억압하지만 결국 기억은 죽을 때까지 따라다닌다.

프로이트는 이렇게 단언한다. “유아기의 혐오감이 억눌려 있다가 어떤 인상을 받아 되살아날 때, 또는 극복하지 못한 원시적인 신념이 한 번 더 확고해질 때 불쾌함을 경험한다.”[13] 애니미즘과 유사한 믿음이 유령과 악마를 믿게 만들고 아주 이성적인 성인의 무의식에서 꾸준히 살아남는 경우는 흔히 볼 수 있다.

"우리 모두는 개인적인 성장 과정에서 애니미즘 신앙에 빠진 원시인과 유사한 단계를 통과한다." 프로이트의 말이다. "그리고 그 과정에서 예외 없이 찌꺼기와 흔적이 남아 지속된다." 그는 이어서 애니미즘적 태도 가운데 가장 두려운 것은 "죽음, 시체, 망자의 귀환, 영혼, 유령 및 그와 관련된 모든 것들"이라고 설명한다.[14] 죽음과 좀비, 흡혈귀, 그리고 로봇처럼 "되살아난 망자"의 기괴한 이미지로 충격을 주는 호러 영화가 대중적인 인기를 얻는 현상이야말로 고대 애니미즘 신앙이 꾸준히 살아남는다는 증거이다.

프랑스 툴루즈 대학의 공학자인 베르트란드 톤두Bertrand Tondu는 좀비를 연상시키는 것들이 "우리 내면에 있는 애니미즘식 사고방식을 일깨운다. 이런 태도는 절대로 사라지지 않는다. 그리고 프로이트가 정립한 이론처럼, 훨씬 강력한 불안을 야기하는 효과가 발생한다. 억눌렸던 기억이 수면으로 재부상하는 것이 무섭고, 복구된 기억이 각별히 두렵고 억눌렸던 감정과 연결되기 때문이다."라고 주장한다.[15] 인간을 아주 많이 닮되 완벽히 똑같지는 않은 로봇은 완전히 살아 있지 않은 것과 같은 경우다. 이런 현상으로 인해 애니미즘이 번뜩이고 우리 자신의 유한함이 순간적으로 떠오른다는 것이다.

다른 가설도 있다. 불쾌한 골짜기란 로봇에게 의식이 있고 살아있는지 확신할 수 없는 혼란 상태가 경험에 남는 현상이라는

로봇, 그리고 로봇을 사랑하는 사람들

것이다. 우리 정신은 그런 혼란을 부정하지만 영향은 내면 깊숙한 곳에 남는다. 심리학자인 커트 그레이**Kurt Gray**와 대니얼 베그너**Daniel Wegner**는 피험자 43명을 대상으로 실험을 진행했다. 피험자들은 두 가지 영상을 시청했다. 인간과 아주 흡사한 로봇의 영상과 내부 구조가 훤히 보이는 로봇의 영상이다. 두 학자는 인간형 로봇에 정신을 부여하는 행위가 불쾌감을 유발한다고 주장한다. 로봇에게 정신이 있다고 생각할 수는 있지만 기본적으로 그게 어떤 정신인지는 알 도리가 없다. 그 결과 로봇에 인격을 부여할 수 없고, 결국 로봇의 정신이 이질적이고, 이해할 수 없고, 아마도 위험할 거라고 생각하는 쪽을 선택한다는 것이다.

생각할 줄 아는 로봇이 등장하면 중요한 문제가 하나 더 발생한다. 인간이라는 종의 변별성이 사라질 수 있다는 두려움이다. 그레이와 베그너에 따르면 "정신이야말로 인간의 특징이다."[16] 로봇과 인간을 구별하기 어려워지고 로봇에게 사고 능력이 생기면 우리는 인간 고유의 특질이 무엇인지 재검토해야 한다. 이런 생각 때문에 마음이 불편해진다.

로봇이 생각할 수 있다고 결론이 나면 온갖 무시무시한 질문들이 뒤를 이을 것이다. 로봇에게 인간의 특성을 투영한다 해도 로봇이 진짜 인간은 아니라는 사실을 완전히 무시할 수는 없다. 그러면 로봇은 도대체 무슨 생각을 할까? 우리 손으로 만든 창조물인 로봇이 생각을 할 수 있다는 상상 자체는 아직도 어쩔 수 없이 낯설기만 하다. 그런 로봇을 무엇이라고 정의할지, 로봇의 행동은 어떻게 예측할지 걱정하지 않을 수 없다.

로봇은 과연 인간처럼 생각할까? 이 질문은 곧바로 다음 질문을 부른다. 로봇은 감정을 지닐 수 있는가? 과연 앞으로 그런 일이 벌어질까? 감정을 느끼는 능력은 인간의 근본적인 특질이다. 시인과 과학자 양측 모두가 그런 능력을 자찬하고 찬양하고 비판해왔다. 그레이와 베그너는 감정이 인간 경험의 핵심이며, "우리 정신 깊은 곳에 자리하고 있는, 함축적이고 직관적인 본질은 바로 마음, 그러니까 느낌과 감정"이라고 주장한다.[17] 두 사람은 로봇에게 감정이 있든 없든 우리가 떠올리는 로봇의 이미지가 우리 자신을 더 잘 이해하게 해줄 거라는 가능성을 열어놓는다.

인간과 완전히 같은 기계라는 상상은 결국 그냥 상상에 그칠수도 있다. 하지만 기술 발전을 보고 있으면 언젠가 피와 살 대신 실리콘과 금속으로 만들어진 존재가 인간의 조건에 대해 심오한 시를 쓰고, 그 시 때문에 우리 인간이 사라져버리는 때가올지도 모른다는 생각이 든다. 여기서 중요한 사실은, 그런 상상을 할 때마다 우리가 무기력해진다는 점이다.[18]

인간-로봇 상호작용을 논평하는 사람들은, 개발자들이 불쾌한 골짜기를 벗어난 로봇을 만드는 데 집중하더라도 낯선 로봇에게 섬뜩함과 거부감을 느끼는 일이 계속 지속될지, 아니면 그런 반응은 결국 중간 과정일 뿐이고 소셜 로봇에 대한 친근감이 강해져서 새로운 감정이 그 자리를 대체할지 결론을 내리지는 못한다.

인류학자인 체예네 라우에Cheyenne Laue는 로봇이 낯설면서도 친근하다는 사실에 기반해 더 전체론적인 관점에서 로봇을 바라보려고 노력한다. 애니미즘은 인류사의 보편적인 단면에 국한되지 않고 현대 인간 정신의 살아 움직이는 일부라는 것이 라우에의 의견이다. 21세기 사람들이 차와 컴퓨터와 로봇 청소기 룸바에게 성별과 인격을 부여하는 게 그 예다. 라우에는 이렇게 말한다. "관련 연구의 관계자 다수가 로봇은 인간과 똑같지도 않고 살아 있지도 않으나 마치 그런 것처럼 반응한다고 입을 모아 인정한다. 이런 사실을 놓고 보면 애니미즘적 경향은 과거 인간의 일면인 동시에 진화하는 미래 인류의 일면이다."[19] 인간의 삶에서 애니미즘의 자취를 완전히 지우기란 불가능해 보인다. 하지만 소셜 로봇과 일상적으로 소통하다 보면 인간은 애니미즘의 한계를 넘어서 성장할 수 있을 것이다.

그러면 어떡해야 로봇과 가까워질 수 있을까? 라우에 박사에 따르면, 우리가 로봇 동반자와 정말로 친밀해질 수 있는 가능성은 로봇이 스스로 생각하는 능력을 갖췄는지, 로봇이 우리를 사랑할 수 있는지와는 관계가 없다. 그보다는 로봇과 인간이 교류하면서 자연스럽게 발생하는 역학 관계와 연관이 있다. "차이점을 기술적으로 없애길 바라기 보다는 접촉하고 교류하는 기회를 늘려서 결과적으로 자연스럽게 친밀감이 생기기를 바라는 편이 낫다." 라우에가 내놓는 결론은 이렇다. "한마디로 우리는 눈에 띄는 차이점을 설계상 결함이나 문제로 여기기보다는 로봇의 이질적인 면이 그들의 본질이자 특성이라는 것을 받아들이게 될 것이다."

달리 표현하자면 우리가 소셜 로봇에게 혼란과 섬뜩함을 느끼는 문제는 존재의 종류를 새로 정의함으로써 해소할 수 있다. 우리가 생각하는 '로봇'은 현재 불확실함으로 가득 차 있다. 하지만 앞으로는 다를지도 모른다. 라우에는 "친근한 관계가 불쾌한 골짜기 속에서 출현할 수도 있다. 익숙함과 낯섦이 맞붙어서 서로 접촉하는 공간이 곧 우리가 얘기하는 불쾌함이기 때문이다. 이 두 가지는 우리를 위협하는 동시에 매료한다. 그리고 생물학적 정의에 얽매이지 않는 미래 관계로 나아가도록 우리를 이끈다."[20]

현재 인간-로봇 상호작용 분야에는 사람들이 로봇 동반자를 안심하고 삶의 일부로 받아들일 수 있을 만한 연구 결과가 상당히 누적되어 있고, 로봇학자들은 이런 자료들을 이용한다. 그에 따르면 로봇의 외양만이 아니라 행동에서도 불쾌한 골짜기가 발생하는 것 같다.

인간-로봇 상호작용을 연구하는 심리학자들은 연령을 불문하고 모든 사람이 인간형 소셜 로봇을 곁에 두는 일에 열린 마음을 갖고 있다. 하지만 어느 정도까지 인간형이어야 하는지, 얼마나 완벽한 로봇이어야 하는지 그 기준에 대해서는 이른바 '골디

락스 존^{Goldilocks zone*}이 있는 것으로 보인다. 사람들은 로봇이 섬뜩할 정도로 인간을 닮아도 싫어하고 행동이 너무 '완벽해도' 싫어한다. 절대적으로 정확하다는 것은 곧 그 뒤에 기계가 있다는 뜻이기 때문이다.

몇 년 전 영국 컴퓨터 과학자인 므리강카 비스워스^{Mriganka Biswas}는 함부르크에서 열린 국제 지능형 로봇 및 시스템 학회에서 연구 결과를 발표했다. 소셜 로봇과 상호작용 하는 사람들은 로봇의 행동에 약간 부족한 부분이 있을 때 더 양호한 반응을 보였다. 상호작용이 완벽한 쪽보다 가끔 판단이 틀리고 가정을 잘못 세우도록 프로그래밍된 쪽이 거부감을 덜 불러일으킨 것이다. 사용자들은 '완벽하게' 행동하는 로봇보다 가끔씩 감정적으로 엉뚱하게 반응하는 로봇이 더 편했다. 아무래도 우리는 평범하고 불완전한 인간을 복제해야 완벽한 로봇이라고 생각하는 게 분명하다.

다른 사람을 대할 때 우리 마음을 편하게 해주는 특징 중 몇 가지는 로봇에게 적용해도 효과가 있다. 어떤 단점은 오히려 있는 편이 안심된다. '인격'이 있을 때 안심된다는 것도 알려져 있다. 인격을 사물에 부여할 수 있다면 그 인격이 인간을 잡아끌고, 친근감을 느끼게 해주고, 교류하고 싶은 마음이 들게 해줄

---

* 너무 과하지도 부족하지도 않은, 최적의 중간 지점을 뜻하는 용어. - 역자주

것이다. 인간과 상호 교류가 가능한 로봇을 만드는 개발자와 프로그래머들은 이 연구 결과를 간과하지 않았다. 설득력 있는 인격을 만들려면 로봇에게 감정을 부여하는 것이 중요하다. 그게 아니라면 적어도 인간처럼 보이는 감정과 반응을 흉내 내는 행동이 있어야 한다.

비스워스와 링컨 대학교의 동료 연구자들은 인간 피험자와 어윈ERWIN, Emotional Robot with Intelligent Network과 키폰Keepon의 상호 작용을 연구했다. 어윈은 기본적인 다섯 가지 감정을 표현할 수 있는 로봇이었고, 키폰은 아이들과 교류하면서 사회적 발달에 도움을 주도록 설계된 소형 로봇이었다.

실험 기간의 전반기에는 어윈과 키폰이 인간과 문제없이 상호작용 했다. 하지만 후반기에는 인간의 '인지 편향'을 흉내 내도록 프로그램이 수정되었다. 어윈은 간단한 사실을 잊었고 키폰은 소음과 동작을 통해 행복이나 슬픔을 과도하게 표현했다. 아이들은 경험한 것에 점수를 매겼다. 거의 모든 아이가 실수하는 로봇 쪽에 높은 점수를 주었다. 비스워스에 따르면 "의도적으로 인지 편향을 삽입해보니 더 인간적인 상호 교류 과정이 만들어졌다. 우리는 참가자가 로봇에게 보인 반응을 모니터링했다. 그 결과 로봇이 인간처럼 흔한 실수를 저지르고 사실을 잊고 감정을 극단적으로 표현할 때 로봇에게 더 오래 집중하고, 그런 면들을 말 그대로 즐기는 모습을 압도적으로 많이 보였다."[21]

이 연구 결과를 보면 사람들은 능력이 너무 뛰어나거나, 더

로봇, 그리고 로봇을 사랑하는 사람들

똑똑하거나, 인간보다 나은 로봇을 편히 대할 수 없다. 로봇의 지능과 기능이 자신을 앞설 경우, 사람은 로봇을 위험한 존재로 생각한다. 인간의 역할을 대체하거나 잠재적으로 해를 입힐 수 있다고 여기는 것이다. 연구자인 프란체스코 페라리[Francesco Ferrari], 마리아 팔라디노[Maria Paladino], 졸란다 제텐[Jolanda Jetten]은 사람들이 인간 변별성에 위협을 느끼기 때문에 이런 현상이 일어난다고 본다.

로봇의 '인격'을 설계하는 일은 이미 인간과 로봇 간에 공감을 형성하는 핵심 수단으로 자리 잡았다. 로봇학자들은 인간이 로봇을 친근한 존재로 삶 속에 받아들이려면 우선 진짜 인간이 아니라고 생각하는 불신부터 없애야 한다고 본다. 최소한 로봇과 상호작용 하는 동안만이라도 그래야 한다는 뜻이다. 또한 인격화나 다른 방법을 이용해 양자가 어느 정도 진짜로 교감했다고 믿을 수 있어야 한다. 비스워스는 로봇이 몸짓 언어를 쓰거나 인간이 어릴 적부터 자연스럽게 인지하고 이해해왔던 감정 표현을 구현해야 하다고 봤다. 다른 연구자들은 소셜 로봇의 표현을 보고 우리가 내보이는 본능적인 반응은 그 기원이 유년기만이 아니라 인간 진화 자체에도 있다고 주장한다.

얼굴 표정은 여섯 가지 기본 감정을 드러낸다. 분노, 혐오, 두려움, 즐거움, 슬픔, 놀라움이다. 누구나 번역 앱이 없이 이 감정들을 이해할 수 있다. 국적과 문화에 상관없이 누구나 쉽게 알아보는 감정의 목록이 있다는 얘기이다. 로봇학자들은 바로 이런 감정을 소셜 로봇에 프로그래밍한다.

심리학 분야의 연구 결과가 충분히 누적되어 있기 때문에 수십 년 뒤면 소셜 로봇의 외양과 감정 표현과 행동이 골디락스 존에 들어맞을 수 있을 테고, 그로 인해 로봇의 매력이 크게 향상할 것이다. 우리는 감정적인 본성을 타고 태어났기 때문에, 불쾌한 골짜기를 건널 수 있다면 개인용 로봇과 제대로 관계를 형성할 것이다. 그 관계에 저항하기란, 불가능하진 않더라도 아주 힘들 것이다.

인간은 로봇 덕분에
감성 지능이 높아질까?

버트Bert는 딱히 인간과 닮은 로봇은 아니다. 기다란 기계 팔에 사물을 쥘 수 있는 인간 같은 손이 붙어 있지만 몸체는 기계를 쌓아놓은 것처럼 생겼다. 머리는 커다란 사각형이고, 각 면마다 귀처럼 생긴 카메라가 튀어나와 있다. 하지만 보는 이의 눈길을 끄는 것은 얼굴이다.

버트의 얼굴에는 화면이 있다. 그 화면에는 크고 둥근 LED 두 개와 움직이는 눈썹과 미소짓는 입이 떠올라 있다. 각각 엄청나게 다양한 감정을 표현한다. 파랗고 이글거리는 두 눈과 실수를 저지른 뒤에 풀이 죽는 모습은 측은함을 유발하는 데에 아주 효과적이다. 브리스톨 대학과 유니버시티 칼리지 런던의 연구자들은 이 로봇이 주방에서 보조 역할을 맡는 이른바 '버트를 믿어

주기' 실험을 통해서 그와 같은 사실을 충분히 증명했다.

주방 보조 업무를 '완수하기' 위해서 세 가지 버전의 버트가 동원되었다. 버트는 참가자 23명에게(남성이 12명, 여성이 11명이었고 연령대는 22세에서 72세 사이였다) 오믈렛에 필요한 재료를 건넸다. 첫 번째 버전인 버트A는 맡은 일을 아주 효율적으로 정확하게 수행했지만 감정을 전혀 표현하지 않았고 아무런 소통도 하지 않았다. 버트B는 달걀을 넘겨주다가 떨어뜨렸고, 같은 행동을 재시도해서 문제를 해결하려 했지만 아무 말도 하지 않았다. 버트C도 마찬가지로 실험 참가자에게 달걀을 주다가 떨어뜨렸는데, 그사이에 당황하고 의기소침한 상태를 표현했다. 즉 눈썹이 내려가고 입이 쳐지는 등 슬픈 표정을 지었다. 버트C는 말을 할 수 있었기 때문에 실수에 대해 사과하고 인간 참가자에게 달걀을 다시 가져오겠다고 말했다. 업무를 수행한 뒤에는 자신이 잘했는지, 주방 보조로 채용될 수 있는지 참가자에게 물었다. 연구자는 각 로봇을 어떻게 대할 것인지, 그리고 셋 중 어떤 로봇을 고용할 것인지 참가자에게 물어보았다.

간단한 실험을 통해 중요한 통찰을 얻었다. 버트A는 속도와 효율이라는 면에서 가장 뛰어났지만, 인간 참가자들은 버트C가 보여준 믿음직함과 감정적 교감을 더 높게 평가했다.

버트C가 목표를 달성하기까지 걸린 시간이 버트A보다 두 배나 길었음에도 피험자 23명 가운데 15명이 버트C를 가장 좋아했다. 이유는 대부분 버트C가 소통할 수 있고 실수를 했을 때

뉘우치는 모습을 흉내 냈기 때문이었다. 참가자들은 심지어 버트C가 더 상처받지 않도록 '감정'을 위로하고 싶었다고 말했다. 버트B와 버트C가 달걀을 놓치자 참가자들은 로봇을 도우려고 달걀을 붙잡거나 바닥에 떨어지지 못하도록 막았다. 또한 버트C의 감정을 흉내 냈고, "달걀을 떨어뜨릴 때 연민이 안 생길 수가 없었죠. 얼굴을 보면 나도 모르게 '아이고!' 소리가 절로 나왔고요."라고 말했다.[1] 버트C가 취직 여부를 물을 때 어땠는지 물어보니 "아니라고 말하는 게 맞기는 한데, 마음이 아주 불편했어요. 그 로봇이 일을 하려고 애쓰고 있었으니까요." 라고 말한 참가자가 있었다. 심지어 "그건 감정적인 협박이었다."라고 적고는 협박이란 단어에 밑줄을 친 사람도 있었다.[2]

　연구자들은 참가자들이 세 로봇 중 하나를 선택할 때 신뢰와 투명성을 가장 중시했다는 결론을 내렸다. 옳은 판단이었다. 참가자들은 버트C가 사과를 하고 감정을 표현했기 때문에 신뢰했다. 그리고 로봇의 인지 능력도 실제보다 더 높게 평가했다. 인간 참가자들은 고도의 능률보다 투명성과 표현력을 선택했고, 그 결과 버트A나 버트B보다 버트C를 신뢰했다는 게 실험의 결론이었다.

　버트C가 참가자의 내면에 있는 감정적 버튼을 누른 것은 분명하다. 연구자들에 따르면 "최소한 참가자 서너 명이 버트C의 감정 표현을 어느 정도 흉내 냈다. 감정이 전파되었다고 해석할 수 있다. 인간이 동료의 감정 표현을 무의식적으로 따라할 때면 그 감정도 똑같이 '느끼게 된다(연구자들은 이 단어를 특히 강조했다)'. 사적인 관계에서 감정이 전파되면 이해도가 높아지고, 유대가 강해지고, 좌절감과 압박이 완화된다. 이건 아주 강력한 힘이다."[3] 다른 말로 표현하자면, 인간은 상대가 누구든지 간에, 미숙하고 단순한 감정이라도 내비치면 거의 반사적으로 공감하는 것으로 보인다. 그리고 투명성을 감지하면 실수와 오작동을 용서하고 결국 신뢰하게 될 것이다.

로봇과 상호작용을 할 때도 사람들끼리 관계를 형성하게 해주는 바로 그 힘이 어느 정도 반사적으로 작용한다. 앞선 실험은 우리가 세상을 향해 반응할 때 감정이 가장 중요하다는 사실을 재확인시킬 뿐이다. 우리는 생각하는 대로 살아가기도 하지만, 그에 못지않게 느끼는 대로 살아간다는 뜻이다.

MIT의 심리학자인 셰리 터클은 아이들과 로봇 장난감 사이에 일어나는 상호작용을 폭넓게 실험했다. 그 결과에 따르면 인간은 로봇이 감정을 복잡하게 표현하지 않아도 지능과 감정이 있다고 믿는다. 말과 동작을 곁들여 감정을 간단히 표현하기만 해도 설득력은 아주 강하다. 의사소통 능력이 극히 제한된 사람을 대할 때도 마찬가지다. 우리는 느낌을 말로 표현하지 못하고 단순히 표정만 짓는 아기나 유아에게도 크게 공감한다. 또한 짖고 야옹거리고 으르렁대고 낑낑거리는 게 전부인 반려 동물과도 깊이 교감한다. 로봇에게도 똑같은 현상이 발생한다. 아주 단순한 감정이라고 해도 징후만 보인다면 공감을 이끌어낸다는 이야기이다.

분명히 말하건대 현존하는 소셜 로봇은 감정을 흉내 내는 게 전부다. 하지만 인간에게서 진짜 감정을 이끌어낼 수 있는 방식으로 감정을 흉내 낸다. 몸체가 있든 그저 알고리즘으로 구현되는 소프트웨어 봇이든 간에 로봇은 여러 해 전에 튜링 테스트*를 통과했다. 즉 소통하는 상대가 인간이라고 생각하도록 사람들을 속일 수 있다. 인간의 감정을 인지하는 문제에 있어서는, 어휘나 얼굴 표정이나 움직임이나 자세나 몸짓을 비롯해서 인간의 모든 감정 표현을 식별하는 방법을 학습하고 있다. 로봇은 정말로 살아 있고 느낄 줄 아는 존재처럼 인간의 주의를 끌고, 또 소통하도록 유도하는 감성 지능을 발전시킬 것이다.

앞으로 로봇이 집이나 직장이나 병원에서 우리와 늘 함께 지내게 된다면, 결국 연구자들은 로봇을 설계할 때 감정을 인간과 상호작용하는 수단 중 하나가 아니라 핵심 인터페이스로 간주해야 할 것이다.

인간은 고도로 사회적인 종이기 때문에 감정은 진화 속 깊은 곳에 뿌리를 두고 있다. 감정은 복잡한 사회에서 살아남기 위해 필수적인 요소이고, 사회성을 발전시키며 진화를 거듭했다. 감

---

* 기계가 인간과 동등한 지능적 행동을 보이는지 확인하는 실험. 대화 상대가 인간인지 기계인지 구별할 수 있는지를 기준으로 삼는다. 앨런 튜링(Alan Turing)이 1950년에 제안했다. - 역자주

정이란 두뇌가 어떤 상황을 마주했을 때 깊이 생각하거나 분석하지 않고 반응할 방법을 알아내기 위한 일종의 속기이다. 인간은 감정 덕분에 피아를 식별하는 데에 필요한 시간과 에너지를 절약할 수 있고, 감정을 이용해서 사회적인 상호작용을 관리할 수 있다. 사회적인 결속을 형성하기에 가장 좋은 감정은 공감이다. 그리고 로봇에게 공감한다는 것은, 앞으로 인간의 감정적 지형에서 꼭 필요한 요소가 될 것이다.

우리는 로봇에게 공감할 수밖에 없다. 그러면 로봇은 우리에게 진심으로 공감할까? 미래 로봇은 감성 지능emotional intelligence, EI에 따라 행동하도록 설계될 것이다. 로봇과 인간의 관계는 본질적으로 일방통행이고, 인간은 앞으로 점점 더 거기에 의존할 것이다. 그런 관계가 인간의 감성 지능을 더 높여줄까? 애당초 로봇과 인간의 사적인 관계에 감성 지능이란 개념을 연계시킬 수 있는 것일까?

심리학자이자 저널리스트인 대니얼 골먼Daniel Goleman은 1995년에 『감성 지능Emotional Intelligence』이라는 저서로 돌풍을 일으켰다. 그에 따르면 사회적인 성공의 80퍼센트는 감성 지능에 기인한다. 감성 지능이란 자신과 타인의 감정을 인지하고, 가공하고, 운영하는 능력을 가리킨다. 골먼의 저서는 1990년에 심리학자인 피터 살로베이Peter Salovey와 존 메이어John Mayer가 발표한 감성 지능 관련 논문에서 영감을 얻었다. 두 사람은 감성 지능이 "감정으로 생의 동기를 얻고, 앞일을 계획하고, 목표를 달성하는 것"이라고 정의했다. 그러려면 자신과 타인의 감정을 주시해서 "감정들을 판별하고 그 결과를 각자의 생각과 행동에 있어서 지침으로 삼아야 한다."라는 것이다.[4]

살로베이와 메이어의 논문은 짧게 잡아도 고대 그리스부터 이어 내려온 전통, 즉 감정은 이성보다 열등하고 이성을 파괴한다는 시각에 전환점을 제공했다. 두 저자는 인간의 삶에서 감정이 긍정적인 역할을 한다는 새로운 관점을 촉발시켰다. 감정이 종종 잘못된 길로 인도하다 보니 우리는 감정을 불신하는 경향이 있다. 하지만 감정은 그동안 우리가 목숨을 걸고 무시해왔던 것을 알려주기도 한다. 우리는 감정과 조화를 이룸으로써 자신과 타인의 약점을 더 잘 이해하게 된다. 자신의 직감을 인식할 수만 있다면, 그런 인식의 전환이 곧 자기 자신과 타인에게 공감할 수 있는 길을 열어준다.

현대철학자인 마사 누스바움 Martha Nussbaum 은 우리가 '완벽한' 기계보다 불완전한 기계를 선호하는 이유를 감성 지능이 알려준다고 생각했다. 그에 따르면 우리는 근본적으로 외부 세계 때문에 다칠 수밖에 없다는 약점이 있다. 누스바움은 2001년에 인간의 감정을 다룬 저서 『생각의 변동 Upheavals of Thought』을 발표했다. 그에 따르면 인간이란 존재는 일반적으로 결핍을 느낀다. "우리가 통제할 수 없는 사건 앞에 무력하다는 사실을" 감정이 알려주기 때문이다.[5] 사람들은 크고 작은 경험을 통해 어쩔 수 없이 거부당하고, 오해받고, 무시당하고, 다치는 경우가 있음을 안다. 감성 지능이 높은 사람은 자신의 결핍과 타인의 결핍을 편한 마음으로 받아들일 수 있다. 타인과 제대로 관계를 맺으려면 명예라는 가치를 말없이 인정해야 하고, 이해심이 있어야 하고, 우리 모두가 자립하기에는 부족하기에 서로 의지해야 하는 법이다.

우리는 누구나 타인에게 의존한다. 성공적으로 살려면 다른 사람에게 동의를 얻고, 확인받고, 지지를 얻어야 하기 때문이다. 몸체가 있든 컴퓨터 안에 소프트웨어로 존재하든 상관없이 어떤 로봇과 감정적인 관계를 맺으면, 비록 그 로봇은 아무 것도 못 느끼겠지만 우리의 본질적 결핍이 움직이기 시작한다. 과연 기계가 우리가 원하는 것을 확인해줄 수 있을까? 적어도 기계와 소통함으로써 진짜 인간과 소통하기 전에 예행 연습을 할 수는 있다.

인간은 자립성이 부족하고 본질적인 결핍을 갖고 있다는 누스바움의 견해는, 우리가 놀랄 만큼 효율적이고 결점이 없는 기계보다 버트C처럼 불완전한 로봇과 교류할 때 마음이 편해지는 이유를 설명해준다. '불완전한' 로봇은 받아들이기 쉽고 공감할 수 있다. 그런 관계는 진짜 인간 사이의 관계와 아주 많이 비슷하기 때문에 긴장을 풀고 받아들이기 쉽다. 그 누구도 진짜 관계라는 것이 현실에 존재하는지는 알 수 없지만, 앞서 설명한 현상 때문에 진짜 관계라는, 유혹적인 환상이 탄생하는 것이다.

공감과 도덕성은 감성 지능과 밀접하게 연결되어 있다. 감성 지능이 정말로 높으려면 그 두 가지가 있어야 한다. 성장하려면

로봇, 그리고 로봇을 사랑하는 사람들

무엇보다도 꾸준히 타인을 이해하고 타인과 공감하려 노력해야 한다. 살로베이와 메이어에 따르면 "또한 공감은 이타적인 행동에 동기를 부여한다. 높은 감성 지능에 따라 행동하는 사람은 대인관계를 훈훈하게 엮는 사회적 능력이 뛰어날 수밖에 없다."[6]

감성 지능이 높은 친구와 가족 구성원이 없는 사람에게는 로봇이 일정 수준 그런 역할을 해줄 수 있다. 하지만 로봇은 앞으로도 영원히, 그럴 듯하게 흉내는 낼지 몰라도 진짜 감성 지능을 '가지지는' 못할 것이다. 감정을 느낄 수 없기 때문에 심리학에서 말하는 '내면 감성', 즉 자신의 감정을 인지하고 조절하는 능력도 부족할 것이다. 그래도 프로그램을 통해 인간이 제 느낌을 식별하고 조절하도록 안내하는 대화를 제공함으로써, 각자의 내면 감성 영역을 크게 확장하도록 도울 것이다.

과학자들은 사람이 친한 친구나 상담 치료사에게 하듯이 고민을 털어놓을 수 있는 로봇을, 몸체가 있는 유형과 기계적 알고리즘이 전부인 유형으로 공들여 만들고 있다. 워우봇Woebot*이라는 이름의 챗봇이 그 예이다. 이 봇은 스탠퍼드 대학의 인공지능 전문가들이 심리학자와 협업해서 제작했다. 워우봇의 설계 목적은 친구이자 치료사이자 내밀한 얘기도 털어놓는 친구가 되는 것이다. 매월 40달러가량의 구독료를 내면, 봇이 사용자의 정신

---

* 고민봇이라는 의미다. - 역자주

건강을 조절하고 개선하는 서비스를 제공한다. 대화하면서 기분을 확인하고 함께 게임을 하고 볼만한 영상을 맞춤으로 추천하는 등의 서비스다. 이를테면 "오늘은 기분이 어떠세요?"라든지 "마음 상태가 어떤가요?" 같은 질문을 던져서 감성 지능의 토대가 되는 자기 성찰을 주기적으로 자극한다.

워우봇 제작자들은 사용자와 매일 접촉하고 정신 건강을 유지시키는 것뿐 아니라 인간 전문가처럼 정말로 치료 효과를 보는 것을 목표로 삼는다. 워우봇에게는 인간 상담 치료사와 구별되는 장점이 있다. 이용자가 어떤 말을 해도 워우봇은 그에 대해 평가하지 못한다. 워우봇 개발에 심리학자로서 참여했고, 워우봇 연구소의 최고 경영자이자 창립자이기도 한 앨리슨 다아시 Alison Darcy는 "인간관계에는 잡음이 많이 섞인다. 타인이 나를 평가할 거라는 두려움이 곧 잡음이다. 그게 바로 진짜 낙인이다." 라고 말한다.[7] 우리가 살아 숨 쉬는 인간에게 은밀한 비밀을 털어놓을 때면 낙인을 가장 피하고 싶어 한다. 그 낙인이 치료를 받기 위한 관계 속 문맥 안에 들어 있든, 와인을 주고받으면서 생성되든 상관없다. 낙인에 대한 두려움이야말로 억압의 핵심이다. 두렵기 때문에 불안감이 높은 사람들은 내면의 근심과 문제점을 털어놓거나 직시하지 못하고 위축된다. 하지만 타인에게 드러내기 두려운 것들을 로봇에게는 터놓을 수 있다. 그리고 해당 문제점에 자각이라는 이름의 빛을 비출 수 있다.

워우봇은 인지행동치료CBT 방식을 이용한다. 자기 자신과 바깥 세상을 부정적으로 생각하는 습관을 다루는, 심리 상담에서 흔히 채택되는 방식이다. 인지행동치료는 불안이나 우울 같은 증상을 아주 효과적으로 개선한다. 워우봇은 이 방식을 통해 문제점을 더 생산적인 방향으로 재구성할 수 있도록 내면의 지형을 조명한다. 인간 친구는 워우봇과 달리 대상을 매일 확인하지 못하고, 설령 매일 본다고 해도 질문을 던져가며 상대방의 부정적인 생각을 집요하게 파헤치지 못한다. 개발자에 따르면 인간이 자각하지 못하는 내면의 문제를 알려주기 위해 워우봇이 심오한 통찰력을 발휘할 필요는 없다. 그저 자신을 통찰하기 위해 필요한 과정만 준비해주면 된다. 인지행동치료 방식을 사용하는 인간 상담 치료사도 목표는 똑같다. 다만 이 방정식 중에서 평가받을 위험성이라는 요소만 제거되는 것이다.

이용자 관점에서 보면 워우봇은 승승장구하고 있다. 나는 워우봇에 대해 다아시와 얘기를 나눠 보았다. 그는 워우봇이 아주 빨리 유명해져서 놀랐다고 말했다. 어느 날 일을 끝내고 저녁에 집에 돌아와서 식탁 앞에 앉아 생각해보니 임상의가 평생 만나는 환자보다 워우봇이 단 몇 개월 동안 대화한 사람의 수가 너 많다는 점을 깨달았다고 한다.

다아시는 워우봇에게 사람의 관심을 끌 만한 배경 스토리와 인격을 부여했기 때문에 이런 결과가 나왔다고 설명했다. "워우봇은 인격이 있고 로봇 친구도 있다. 말하자면 걱정이 지나친 의붓아버지와 비슷하다."라고 말했다. 그 말대로 워우봇은 공감을 시뮬레이션한다. 다아시는 이런 능력이야말로 소셜 로봇에게 꼭 필요하다고 믿는다. 워우봇이 '환자'에게 던지는 모든 질문은 감정으로 직진해서 부정적이고 비생산적인 사고 습관을 건드리도록 심리학자들이 작성해준 것들이다.

다아시는 이유가 무엇이든지 간에 우울하고 불안하면서도 인간 치료사를 만나지 않거나 그럴 수 없는 사람들을 위해 온라인으로 치료해주는 프로그램을 준비하고 있다. "우울증은 세상 속에서 무능력하다고 느끼게 만드는 주된 원인입니다." 하지만 우울증을 겪는 사람들 대다수는 제대로 된 처치를 받지 못한다. 거주 지역에 상담 치료사가 턱없이 부족하거나, 치료받을 경제적인 능력이 없거나, 인간 치료사를 만나면서 낙인이 찍힐까 봐 두렵기 때문이다.

워우봇의 상담 치료용 인터페이스에 마음이 가는 사람이라고 해서 전부 중증은 아니다. 워우봇은 우울증이 점차 심해지는 사람에게 예방책으로 기능할 수도 있다. 그런 사람은 조금만 도와주면 극단적인 절망감이나 병리학적 우울증에 빠지지 않는다. 다아시는 이렇게 말했다. "우리는 정신 건강을 다루는 신형 봇을 개발하고 있습니다. 그 봇은 불안과 우울에 빠진 사람에게 단순히 반응하는 게 아니라 그런 상태를 피하도록 건강한 습관을 지속시키는 것이 목표입니다."

워우봇 이용자가 자살 경향성처럼 심각한 징후를 보일 경우 어떤 일이 일어나는지도 물어보았다. 그럴 경우 인간 상담 치료사가 개입해서 약물 치료를 권하거나 입원시키는 게 가장 좋지 않을까? 다아시는 워우봇에 "안전망"이 있기 때문에 개입할 수 있는 자원과 환자를 즉시 연결해준다고 확답했다. 하지만 내 생각에 워우봇은 진짜 위기가 발생했을 때 충분히 대처할 수 없다.

페이스북 메신저를 이용해야 워우봇을 쓸 수 있다는 점도 마음에 걸린다. 이용자의 정보는 페이스북(현 메타)의 서버에 저장되는데, 이 기업은 케임브리지 어널리티카Cambridge Analytica라는 자문 업체에게 수백만 명의 정보가 공유되는 것을 방치한 탓에 위기를 맞이했다. 케임브리지 어널리티카는 해낭 자료를 분석해서 미국인 1500만 명을 상대로 정치 마케팅을 했다. 페이스북 측이 의회 청문회에 나와서 정보 유출에 대해 사과했지만 그런 사고가 재발하지 않을 거라고 확신하는 사람은 현재까지 아무도 없다. 게다가 이용자는 아주 내밀하고 민감한 정보까지 온라인 상담사에게 제공하기 때문에 더 문제가 될 수 있다.

다아시 박사는 자사 프로그램이 모든 정보를 완전하게 익명으로 처리한다고 난인했다. 워우봇은 사전 고지를 통해 동의를 받고, 모든 자료가 페이스북의 개인정보 보호 계약에 따른다는 것이다. 하지만 최고 수준의 보안 전문가라고 해도 현재 온라인상에서 개인의 사생활을 완전하게 보호해줄 수 없다. 주관적인 의견이지만 페이스북이 사용자의 신뢰를 되찾으려면 여러 해가 지나야할 것이다.

개인정보 유출이 걱정되어서 온라인 상담사를 이용하기 싫은 사람도 많을 것이다. 하지만 워우봇 같은 프로그램은 정신 건강 치료 시스템의 혜택을 받지 못하는 수백만 명에게 도움이 될 수 있을 것이다. 낙인이 찍힐까봐 걱정되거나 경제적인 이유 때문에 침묵 속에서 고통받는 다수의 사람들도 워우봇의 혜택을 누릴 수 있다. 최고 수준의 인간 상담사라고 해도 모든 환자를 매일 확인하지 못한다는 점 역시 고려해야 한다. 워우봇 같은 프로그램은 소셜 로봇이나 개인용 로봇과 결합돼서 사용자의 정신 건강을 돌볼 수도 있다. 온라인 봇은 수많은 사람들이 당면하는 정신 건강 문제를 해결할 수 있는 좋은 수단이다.

사람들이 인간 상담사에게 말하지 못하는 고민을 로봇에게는 털어놓는다는 가설을 뒷받침하는 실험 결과는 많다. 첨단국 방연구계획국Defense Advanced Research Projects Agency, DARPA은 로봇을 심도 있게 연구하는 기관으로, 2014년에는 엘리Ellie라는 가상 상담사와 인간의 상호 교류를 연구한 바 있다.

엘리는 남부 캘리포니아 대학의 창조기술연구소에서 개발한 아바타이다. 개발진은 인간 피험자 392명을 두 그룹으로 나누었다. 한 그룹에게는 대화 상대가 봇이라는 사실을 알렸고 다른 그룹에게는 진짜 인간이 아바타를 조종한다고 말해두었다. 이 연구를 통해서 외상 후 스트레스 장애를 겪는 군인들을 아바타나 봇으로 치료하는 방법을 모색하는 게 DARPA의 목표였다. 《와이어드》 기자인 메건 몰테니Megan Molteni에 따르면, 실험 기간 동안 로봇과 대화한다고 생각했던 피험자들은 "마음을 열고 가장 어둡고 은밀한 비밀을 털어놓는 경향을 보였다. 방 안에 다른 사람이 없다고 생각하는 것만으로도 상담 결과가 개선되었다." 게다가 구두 상담 치료에서 '구두'라는 요소를 빼기만 해도 사람들은 마음을 열었다. 몰테니는 이렇게 말한다.

최근 비대면 상담 치료 과정에서 텍스트 채팅을 보조 수단으로 고려하기 시작한 과학자들에 따르면, 채팅은 인간 치료사 때문에 생기는 불안감을 정말로 해소해준다. 그 덕분에 환자는 부끄러움과 죄의식, 당혹스러움 때문에 밝히지 못했던 일들을 터놓고 상담할 수 있다.[8]

정신 건강 문제가 있는 사람은 심리치료법 발전에 조금이라도 진척이 있다는 얘기만 들어도 반가울 것이다. 하지만 감성 지능을 연구하고 그 결과를 발표한 셰리 터클과 여타 전문가들은, 사람들이 챗봇이나 문자 채팅을 이용하는 상담 치료를 선호하는 현상을 보고, 그것 역시 새로운 형태의 소외라고 개탄하고 있다.

인공지능이 이런 문제에 개입하는 시간이 길어지면 타인과 교류하는 인간의 기본 능력이 사라질까? 사실 심리 치료의 표면적 이점은, 마음을 열지 못하게 하고, 약점을 밝은 곳에서 드러내지 않으려 하고, 자신과 타인의 약점을 마주할 때 불편함을 느끼게 하는 심리적 억제를 극복하는 과정에 있다. 그리고 이 점도 생각해보자. 수치심과 당혹스러움은 과연 바람직하지 않은 감정인가? 때로는 우리가 정신적 삶에서 문제가 될 법한 특성을 성찰해야만 할 때, 그 두 가지가 미리 경고해줄 수도 있지 않을까?

여기 폭력 충동을 억누르느라 내적 갈등을 겪는 사람이 있다. 이 사람은 인간보다 로봇에게 자신의 생각을 더 잘 털어놓을 것이다. 반면에 인간 상담 치료사와 의논하면 결과적으로 그런 내적 갈등을 더 비판적으로 보게 되고, 문제점을 직시하는 것 자체도 꺼리게 된다. 다만 치료가 힘들 때 포기하지 않고 뿌리 깊은 문제를 해결하도록 도와줄 존재가 필요하다면 꾸준히 앞으로 나아가도록 독려하는 인간 상담 치료사가 적절할 수도 있다.

반려 로봇이 모든 정신적 문제를 담당하도록 프로그래밍하고 사용자의 건강을 관리하는 역할까지 맡길 수도 있다. 개발자들은 양극성 장애나 우울증 같은 감정 장애가 있는 사용자가 감정을 통제하도록 즐거운 활동을 제안하거나 사회적 관계 확장을 유도하는 프로그램을 탑재할 수 있을 것이다.

하지만 로봇이 늘 적절하고 상황에 맞게 반응하도록 프로그래밍하는 게 가능하기는 할까? 앞서 언급했던 소셜 로봇 페퍼의 예를 보자. 페퍼는 사용자가 슬픈 표정을 지으면 인지하고 그가 좋아하는 음악을 재생해준다. 슬퍼 마땅한 상황은 분명히 있을 수 있다. 로봇은 눈을 통해서 슬픔을 인지하고, 문제점을 고려해서 제대로 된 방향으로 이끄는 방법을 검토해야 한다. 사용자가 아주 자연스러운 감정을 내비칠 때 기운을 차리라고 계속 재촉만 하면 강요가 될 수 있고, 건방져 보일 수 있고, 심지어 부아가

로봇, 그리고 로봇을 사랑하는 사람들

치밀 수도 있다. 이런 문제는 로봇학자와 심리학자가 협업해서 해결해야 할 수많은 문제 중 일부에 불과하다.

감성 지능이 높아서 언제나 상황에 맞게 반응하는 로봇이 출현할 가능성이 얼마나 될지는 아무도 알 수 없다. 인생에서 높은 감성 지능이 필요한 상황은 엄청나게 다양하고 많기 때문이다. 언어와 몸짓부터 옷을 입는 방식 등 사실상 인간이 겉으로 표현하는 모든 것에 감성 지능이 반영된다. 특정 상황에 맞는 유머를 연습하고 타인의 말을 조용히 경청하는 것까지도 포함된다. 사실상 무한할 정도로 다양한 상황과 경험에 적응하려면 내면 깊이 솟아나는 감정을 통제해야 한다. 감정을 진정시킬 때와 표현할 때도 구분할 줄 알아야 한다. 직감과 비판적인 분석 능력이 필요하고 어떤 상황에 직면했을 때 적절한 수단을 선택하는 판단력도 있어야 한다. 로봇이 그 정도로 복잡한 문제를 해결하려면 반드시 감정을 느낄 수 있어야 한다. 그럴 수 없다면 로봇과 인간이 감성 지능적인 관계를 맺는 데에는 분명한 한계가 있다.

로봇의 능력 가운데 유독 부족한 것은 진짜 공감이다. 공감은 상대가 어떻게 느끼는지 상상하는 능력에 달려 있다. 두뇌 스캔 결과에 따르면, 우리가 타인에게 공감할 때, 자신에 대해 생각할 때 작동하는 부위와 같은 위치가 활성화된다. 우리는 타인과 자신을 깊은 수준까지 동일시한다. 그리고 더 많이 동일시할수록 공감도 커진다.[9]

뉴사우스웨일스 대학의 심리학자인 스키예 맥도널드 Skye Mc-

Donald에 의하면 로봇은 공감에 앞서 요구되는 필수 요소가 부족하다. 맥도널드에 따르면 "로봇은 우선 자신에 대해 자세히 알아야 한다. 즉 개인적인 동기, 약점, 강인함, 성패의 역사, 장점과 단점 등을 알아야 한다. 그 다음에는 자기 정체성을 통해 인간 동반자와 자신을 충분히 겹쳐 보고, 유의미하고 꾸밈없는 공유 기반을 형성해야 한다."[10]

로봇이 아직 인간과 공유하지 못하고 앞으로도 그럴 가능성이 보이지 않는 감정의 핵심 요소는 한 가지 더 있다. 감정은 체화된다는 사실이다. 전체 신경계와 심장 박동과 근육과 호르몬에 영향을 미치는 육체적 반응이 없어도 감정을 느낄 수 있는가? 철학자들은 이 문제를 놓고 오랜 세월에 걸쳐서 논쟁을 거듭했다.

전설적 심리학자인 윌리엄 제임스William James는 인간이 감정을 경험할 때, "용량 전체가 유의미하게 활성화된다. 즉 전체의 각 부분에서 희미하거나 강렬하거나 기쁘거나 고통스럽거나 모호한 감정의 파동이 흘러나온다. 그 파동들은 우리 모두가 늘 지니고 있는 자의식에 기여한다."라고 주장한다.[11]

본능적이고 신체적인 반응은 감정을 전염시키는 효과도 있다. 우는 사람을 보면 우리 눈가도 촉촉해진다. 누군가가 진심으로 웃는 소리를 들으면 우리도 웃지 않을 수 없다. 정신과 육체는 양방향으로 작용하는 피드백 순환을 이루기 때문에 일종의 공생관계라는 것이 윌리엄 제임스의 분석이다. 즉 미소를 지으면 기분이 좋아지고, 눈물이 나게 만들면 정말로 슬퍼진다는 이야기다.

연구 결과에 의하면 사람은 어떤 감정을 표현하는 로봇을 볼 경우 그 표현을 흉내 내고, 그 로봇이 느낄 거라고 예상되는 감정을 본인도 느끼는 경향이 있다. 그렇기 때문에 상황에 맞는 감정을 표현하는 로봇이 필요하고, 적어도 감성 지능이 높은 행동을 흉내 낼 수는 있는 로봇이 필요하다. 따라서 로봇이 진짜 감정을 경험하고 의식을 가지는 것은 어마어마하게 중요한 문제다. 당연한 얘기지만 의식이 없는 로봇은 절대로 삼정을 느낄 수 없고 진정한 감성 지능을 표출할 수 없다.

로봇은 의식을 가질 수 있는가? 인공지능 전문가들의 의견은 아주 다양하다. 그 가운데 통합 정보 이론이라는 가설이 특히 흥미롭다. 이 이론에 따르면 의식은 특정 구조체의 결과물이다. 그 구조체는 대량의 정보를 보관할 수 있고, 보관된 방대한 기억을 밀도 높게 종합하고 연결 지어서 운용할 수 있다.

인간의 누뇌는 그런 작업에 특화되어 있지만 기계에게는 아주 힘든 일이다. 두뇌는 생각하는 모든 것에 문맥을 부여하는 일에 능숙하다. 인간이 사고 과정을 통해 머릿속에 저장된 대량의 정보를 종합할 때면 수십 조 개의 정보 파편에 문맥이 부여되고, 최종적으로 일관성 있는 의미가 도출된다.

신경과학자인 크리스토프 코흐 Christof Koch는 고도로 복잡한 물질에는 의식이 내재되어 있다고 주장한다. 따라서 과학자들이 인간의 두뇌처럼 복잡하고 내적으로 연결되어 있는 구조를 만들어내면 의식이 자연스럽게 탄생한다는 것이다. 소프트웨어로 두뇌의 시뮬레이션을 만들어봐야 의식은 생성되지 않는다(다른 학자들은 그럴 때 의식이 만들어질 거라는 가설을 내놓았다). 의식을 탄생시키려면 정말로 정보를 저장하고 연결하고 종합할 수 있는 구조체를 만들어야 한다. 즉 컴퓨터 시뮬레이션은 근본적으로 의식이라는 현상을 발생시킬 수 없다는 뜻이다. 코흐는 2014년에 《MIT 테크놀로지 리뷰》에 발표한 논문에서 다음과 같이 주장했다.

의식은 질량과 마찬가지로 이 우주의 본질적인 속성이다. 아주 좋은 비유를 들어보겠다. 요즘에는 일기를 꽤 정확하게 예측할 수 있다. 폭풍의 내부 상태도 예측할 수 있다. 하지만 컴퓨터 내부는 절대로 축축해지지 않는다. 컴퓨터로 블랙홀을 시뮬레이션할 수 있지만 그렇다고 해서 시공간이 구부러지지는 않는다. 시뮬레이션은 진짜가 아니다. 의식도 마찬가지다. 백 년쯤 지나면 의식을 컴퓨터로 시뮬레이션할 수 있을 것이다. 하지만 그것으로는 아무것도 '경험'할 수 없다…. 다만 뉴로모픽 컴퓨터처럼 적정한 형태로 컴퓨터를 만들면 의식을 탄생시킬 수도 있을 것이다.[12]

인공지능 학계에서는 사고와 의식을 다른 것으로 취급한다.

지능과 의식도 마찬가지다. 저 유명한 튜링 테스트는 튜링이 품었던 한 가지 의문, 즉 "기계도 생각할 수 있는가?"라는 궁금증에서 시작됐다. 이 질문에 대한 답은 인간 피험자가 상대를 눈으로 보지 않은 상태에서 대화할 때, 실제로는 인공지능이지만 기술 뒤에 있는 진짜 인간과 소통한다고 믿게 할 수 있는지 그 여부에 달려 있다. 최근에 등장한 인공지능들은 이 요건을 충족한다. 하지만 그 인공지능이 의식이 있다고 주장하는 사람은 아직 아무도 없다.

위스콘신-매디슨 대학의 정신과의사이자 신경학자인 귤리오 토노니Giulio Tononi는 어쩌면 로봇이 언젠가 의식을 가질 수는 있겠지만 진짜 감정은 절대로 느낄 수 없다고 주장한다. 그는 10여 년 동안 의식을 규정하는 수학적 프레임워크를 개발해왔고, 두뇌는 저장된 방대한 정보를 종합하는 것뿐 아니라 정보 전체에 문맥을 부여하는 기념비적인 능력이 있으며, 기계 지능은 절대로 그런 수준에 도달할 수 없다고 주장한다. 다만 감정은 기계가 의식을 가지기 위한 필요조건이 아니라는 게 그의 생각이다. 이 문제는 다음 장에서 더 자세히 살펴보겠다. 하지만 우리가 우선적으로 고민할 점은 다음과 같다. 소셜 로봇은 인간과 관계를 맺으면서 인간의 감성 지능을 증진시킬까? 그렇지 않으면 손상을 입힐까?

감정 표현이 가능한 소셜 로봇은 적어도 기초적인 감정 수준에서는 인간을 도울 수 있을 것이다. 자폐 스펙트럼 장애가 있는 사람들처럼 감정 문제가 있는 경우, 또는 그저 자신의 감정을 모르는 경우 몸체가 있는 (혹은 심지어 몸체가 없는) 챗봇과 매일 교류하면 자신의 감정 분포를 훨씬 잘 인지할 수 있다. 이는 곧 감성 지능의 핵심 구성 요소이다.

그것만이 아니다. 소셜 로봇은 사회적으로 적절한 행동을 모델화함으로써, 적어도 어느 정도까지는 인간이 사회적으로 적절하게 행동하도록 도울 수 있다. 문제를 지나치게 단순화하는 것처럼 보일지 모르나 사실 기초적인 감정 수준에 머무르는 사람은 많다. 불행하게도 그런 사람들은 건전하고 적절하게 행동하는 가족이나 친구들과 감성 지능이 높은 관계를 형성할 기회가 없다. 정신 질환, 범죄, 배우자 학대, 이혼을 비롯해 온갖 사회적인 역기능의 비율이 높다는 점이 그 사실을 단적으로 보여준다.

챗봇이 우울하고 외로운 사람들, 또는 그저 감정 때문에 문제를 겪는 사람들에게 일종의 인지행동치료를 제공한다는 사실은 이미 검증되었다. 진짜 인간 무리 속에서는 관계에 문제가 있었지만 잘 설계된 소셜 로봇과 매일 소통하면서 한 단계 성장한 사람들도 많다.

그런 로봇이 처음 등장하면 사회 속 약자층 가운데 외로운 사람과 아이와 노인에게 특별한 영향을 줄 것이다. 그러면 또 다른 의문이 생긴다. 가정에 있는 개인용 로봇의 한계는 어디에 두어야 할까? 다른 말로 표현하자면, 육아 로봇은 필요할까? 이 문제는 8장에서 더 깊이 고찰할 예정이다.

로봇은 인간보다
똑똑해질까?

로봇학자인 샘 캐넌Sam Kenyon에 따르면 인간은 자신의 능력 대부분을 당연하게 여긴다. 따라서 매일 같이 수행하는 간단한 업무가 아주 복잡하다는 사실을 거의 인지하지 못한다. 운전을 예로 들어보자. 우리는 두뇌, 눈, 팔, 발 사이에서 복잡한 상호작용이 오간다는 점을 생각하지 않는다. 두뇌, 눈, 팔, 발이 반복을 통해서 할 일을 그냥 '알기' 때문이다. 하지만 운전을 처음 배울 때는 그렇지 않다. 그때는 모든 판단과 움직임을 인지하고 신중하게 생각해야 한다.

로봇에게 말하고 걷는 방법과 복잡한 가사 노동을 가르치는 상황을 떠올려 보자. 로봇이 움직일 때마다 인지, 판단, 실행이 복잡하게 상호작용을 해야 한다. 세 살짜리 어린아이 수준의 업무를 로봇이 수행하려면 엄청나게 많은 프로그래밍이 필요하다. 하지만 세 살 아이처럼 세상을 탐험하면서 시행착오를 통해 배우는 능력을 로봇이 갖추면 그러지 않아도 된다.

회백색 휴머노이드인 브레트BRETT는 〈젯슨 가족〉에서 가사를 담당하던 투박한 로봇인 로지의 사촌처럼 생겼다. 이 로봇은 캘리포니아 대학에서 운영하는 버클리 로봇 연구소의 프로젝트에서 주인공을 맡고 있다. 브레트라는 이름은 '단순 노동 제거용 버클리 로봇Berkeley Robot for the Elimination of Tedious Tasks'의 줄임말이다. 브레트의 지능 수준은 갓난아기와 유아의 중간쯤이고 학습 능력도 비슷하다.

브레트에게 병뚜껑을 돌려서 잠그라는 임무를 부여해보자. 브레트는 병을 향해 쏜살같이 달려간다. 다관절 손가락을 서투르게 움직이고 뚜껑을 병 입구에 제대로 끼우지 못하는 모습은 유아의 움직임과 비슷하다. 하지만 브레트는 실패할 때마다 동작을 멈추고 문제점을 정확히 규정한 다음 다른 방식으로 재시도한다. 이 과정을 몇 차례 반복하고 나면 결국 뚜껑을 제대로 돌려서 잠근다. 프로그래밍을 전혀 추가하지 않았는데도 스스로 학습해서 결과를 내놓는다.

브레트가 인간 아이처럼 학습한 건 우연이 아니다. 인간의 요구 사항을 전부 충족하는 로봇을 프로그래밍한다는 것은 사실상 불가능한 작업이다. 버클리 연구소에서 로봇공학팀을 이끄는 피에터 애빌Pieter Abbeel은 유아가 학습하는 과정이 담긴 아동 심리

영상을 보고 영감을 얻었다. 애빌은 로봇에게 유아와 흡사한 능력을 부여하기만 하면 간단한 가사 노동 한 가지를 수행하기 위해 거의 무한한 변수를 처리해야 하는 문제를 해결할 수 있을 거라고 판단했다. 로봇이 실생활에서 겪는 모든 상황을 로봇학자가 예상하기란 불가능하고, 결과적으로 모든 과제에 일일이 대응하는 프로그래밍도 불가능하다는 게 애빌의 결론이었다.

환경을 탐색하고 시행착오를 통해 학습하는 기준은 여전히 인간의 두뇌이다. 인간 두뇌는 현존하는 가장 우수한 컴퓨터이고, 최첨단 인공지능보다 훨씬 뛰어나다. 또한 배우고 성장하고 적응하는 능력에 거의 한계가 없는 것으로 보인다.

계속 학습할 수 있는 인공두뇌를 로봇에 연결하는 작업은 얼마 전까지 로봇공학계의 성배나 마찬가지였으나 이제는 인간의 두뇌를 모델화한 인공신경망 덕분에 실현 가능성이 보이는 단계이다. 캘리포니아 대학의 연구원들은 브레트가 새 작업을 학습할 수 있도록 딥 러닝deep learning 기술을 적용했다. 딥 러닝은 인간 두뇌에서 영감을 얻어 신경망을 구현하는 기술이다. 이 신경망은 외부에서 입력된 감각 자료를 처리하는 인공뉴런층을 연결해서 구성한다.

음성 명령에 응답하는 아이폰 프로그램인 시리Siri나 아마존의 홈 어시스턴트인 알렉사Alexa 같은 음성 및 시각 인지 시스템이 딥 러닝 기술을 이용한다. 브레트 같은 로봇은 '감각', 다시 말해 카메라 및 여러 센서를 통해 입력된 자료와 두뇌 사이에 형성되는 피드백에 딥 러닝이 결합되어 있다. 그리고 무언가를 달성하면 보상을 주는 시스템까지 포함된다.*

딥 러닝은 1950년대 이래 인공지능 개발 역사에서 가장 중요한 기술로 평가된다. 가정용 로봇은 딥 러닝 기술을 전적으로 활용할 것이다. 로봇이 주변 환경과 인터넷과 동영상으로부터 방대한 정보를 모으고 분석할 수 있다는 뜻이다. 딥 러닝은 아주 효과적인 기술이기 때문에 현재 유튜브 영상을 보고 요리법을 배우는 로봇이 등장한 상태이다. 최근에는 설명을 보고 이케아에서 파는 의자를 조립하는 로봇까지 출현했다.

로봇의 사고 과정은 인공 신경망을 연결해서 만들어낸 층 부근에서 집중적으로 일어난다. 이 인공 신경망은 인간 두뇌의 신경망에 기반을 두고 있다. '유닛units'이라고 부르는 인공 뉴런으로는 빽빽하게 연결된 수백만 개의 두뇌 세포를 시뮬레이션해서 학습하고, 패턴을 인지하고, 판단을 내릴 수 있다. 딥 러닝 로봇을 만들려면 우선 인코딩한 핵심 자료를 바탕으로 삼아서, 로봇이 이해할 수 있는 일종의 '언어'로 번역해서 만들어낸 정보를 분석해야 한다. 정보를 새로 받은 로봇은 정보의 각 조각마다 '가중치'를 부여한 다음 마치 인간처럼 '표현'으로 변환한다. 이처럼 가중치를 할당하면 정보 계층이 생성되어 로봇이 자신의

---

* 이른바 '강화 학습'이라고 불리는 기술이다.

심적 표현을 이해하게 된다.

유닛에는 입력 유닛과 출력 유닛이 있다. 유닛이 정보를 새로 받으면 할당되어 있는 가중치를 기준으로 삼아 수정한 뒤 그 결과물을 출력 유닛에게 보낸다. 다음 유닛에게 보내는 신호의 강도는 그 정보에 부여된 가중치를 반영한다. 인간 두뇌 속 신경망이 생각과 경험을 기반으로 삼아 시냅스에서 패턴을 만드는 것과 아주 유사하다. 그러면 출력 유닛이 작동해서 다음 층에 있는 입력 유닛에게 정보를 보내고, 한 번 더 수정된 정보가 다음 출력 유닛에 전송된다. 이 과정이 반복되면서 정보가 엄청나게 많은 유닛을 통과하고 계속 수정된다. 수많은 '훈련 시도'가 이어진 결과 로봇은 제대로 판단하는 방법을 배운다. 로봇은 초당 수백만 페이지에 달하는 정보를 처리하고 이 '결과'를 얻는 데까지 걸리는 속도는 무시무시하게 빠르다.

이런 과정에는 자가 교정 피드백 시스템도 포함되기 때문에 로봇은 마치 인간처럼 지식을 계속 재정의하고 새 정보를 무한하게 학습한다. 이런 절차를 역전파^{backpropagation}라고 부른다. 로봇이 의도했던 값과 최종 결괏값을 계속해서 비교하는 것을 가리킨다. 불일치가 발생하면 거슬러 올라가서 정보 조각에 할당했던 여러 가중치를 조정하고 과정을 반복한다. 즉 로봇이 인간처럼 실패를 통해 배운다.

가정처럼 구조화되지 않은 환경에서 패턴을 찾아내거나, 잡음이 섞이는 음향 환경에서 음성 명령을 구분하는 일은 로봇에게 매우 어렵다. 이런 작업을 수행하려면 단순한 잡음과 패턴이 포함된 신호를 구분해야 한다.

언어를 정확히 해석하는 작업도 매우 어렵다. 그러다 보니 실망스럽고도 우스꽝스러운 일이 벌어지기도 한다. 2017년에 런던에서 회색앵무가 아마존의 스마트홈 시스템, 즉 아마존 에코에 연결된 알렉사에게 말을 걸어서 선물 세트를 주문한 일이 있었다. 앵무새의 주인은 휴대전화로 구매 확정 알림을 받고 혼란에 빠졌다. 배리라는 이름의 앵무새와 알렉사의 대화 녹음을 들어봤더니, 배리는 남아프리카에서 살 때 흉내 냈던 아프리칸스어로 알렉사와 대화했다. 앵무새가 중얼거리다가 알렉사의 '호출 명령어'를 우연히 사용했고, 그때부터 알렉사는 앵무새가 내는 소리에서 의미를 이끌어낸 것 같았다. 그리고 배리가 한 말 가운데 몇 가지가 아마존에서 물건을 주문하는 음성 명령어로 해석되었다. 앵무새 주인에 따르면 배리는 사람 말을 '세 번만 들으면' 따라할 수 있었고, 당연하게도 주인은 알렉사의 호출 명령어를 여러 차례 사용한 적이 있었다.[1] 배리가 일으킨 소동에서 알 수 있듯이 알렉사는 특정 단어가 쓰이면 깨어나서 그 뒤를 따르는 말에 귀를 기울인다. 그리고 앞으로 등장할 가정용 로봇들은 하나같이 사람에게 귀를 기울이는 동시에 지켜보고 있을 것이다.

인공지능 연구에 있어서 딥 러닝이 새로운 접근법은 아니다. 사실 딥 러닝은 워렌 매클로크 **Warren McCulloch**와 월터 피츠 **Walter**

로봇, 그리고 로봇을 사랑하는 사람들

Pitts가 1944년에 처음 제안했다. 두 사람은 모두 신경학자이고, 훗날 MIT에 인지과학학부를 설립했다. 그때부터 딥 러닝은 유행에 따라 부침을 이어가다가 2000년대에 가능성이 폭발하면서 이제는 그 분야에서 혁명이라는 찬사를 받고 있다.

이런 혁명을 가능하게 한 것은 그래픽 처리 유닛, 즉 GPU의 발전이었다. GPU는 게임 업계에서 가장 먼저 사용했다. GPU 속 칩 하나에는 수천 개의 처리 유닛이 집적되어 있으며, 연구자들은 그와 같은 집적 설계가 딥 러닝에 필요한 신경망과 놀라울 정도로 비슷하다는 사실을 금세 깨달았다. 신경망 속에 존재하는 입력과 출력 유닛을 많으면 수천 층까지 누적하는 기술은 최근 수년간 이루어진 혁신 중에서 가장 중요하다. 딥 러닝의 '딥 deep'은 바로 이런 이유 때문에 붙은 단어다.[2]

사람들이 자주 혼동하지만, 엄밀히 따지면 인공지능과 딥 러닝은 동일한 대상을 가리키는 단어가 아니다. 인공지능은 특정 작업만 수행하도록 프로그래밍할 수 있는 기계를 포함해서 지능이 있는 여러 가지 기계를 폭넓게 아우르는 용어다. 앞 장에서 다뤘던 상담치료 로봇인 워우봇은 인공지능이지만 딥 러닝의 예는 아니다. 딥 러닝은 인공지능의 한 종류로, 자료에 접근한 뒤 스스로 학습할 수 있는 인공지능을 가리킨다. 즉 딥 러닝이란 로봇이 자료를 통해 자동적으로 학습하는 능력을 말한다. 다수의 로봇학자가 이 능력을 이용해서 로봇에게 신경망을 장착했고, 이런 기술을 차세대 범용 기술general purpose technology, GPT로 간주하고 있다. 문자 그대로 아주 다양하게 활용할 수 있어서 세상을 변화시킬 기술이라는 뜻이다.

지난 수 세기 동안 과학계와 경제계와 사회 체제를 급진적으로 바꾼 GPT의 물결은 끊임없이 이어졌다.* 우선 증기기관으로부터 철도와 각종 생산용 기계가 만들어졌다. 그다음에는 전기를 발견하고 응용법을 끝없이 개발하면서 삶이 개선되었고 생산성이 비약적으로 상승했다. 컴퓨터와 인터넷이 그 뒤를 따랐다. 로봇은 거의 무엇이든 배울 수 있고 그렇게 획득한 지식을 무한에 가까울 만큼 실생활에 다양하게 응용할 수 있기 때문에 차세대 범용 기술로 평가된다. 딥 러닝은 그런 로봇의 능력을 지수함수적으로 끌어올린다.

로봇이 인간 어린아이처럼 타인의 작업을 보고 배울 수 있다고 상상해보자. 인간에게서 배운 것을 정말로 '생각'한다는 증거도 있다고 가정해보자. 코넬 대학의 연구자들은 인간이 식사하는 모습을 본 로봇이 여러 가지 행동 방법을 학습하는 알고리즘을 2013년에 작성했다. 이 로봇은 인간이 음식을 먹는 광경을 지켜본 뒤 남은 음식이나 물을 전혀 흘리지 않고 식탁을 치웠다. 약을 복용하려는 인간을 보고는 앞으로 나서서 물을 한 잔 가져

---

* 챗GPT와 같은 프로그램명의 GPT와 혼동하면 안 된다. 그 GPT는 사전 학습된 생성형 트랜스포머 모델(Generative Pre-trained Transformer)의 약자다.

왔다. 시리얼 그릇에 우유를 붓는 인간을 관찰하더니 놀랍게도 우유를 냉장고에 넣어야 한다고 스스로 판단했다.[3]

딥 러닝 로봇은 아주 체계적이기 때문에 활동 하나를 여러 가지 요소로, 이를 테면 팔 뻗기, 들어올리기, 붓기 등으로 나눈다. 그와 동시에 새 정보와 이미 학습한 내용을 끊임없이 견주어 본다. 앞서 서술했듯이 혼란스러운 환경에 의미를 부여하는 행위는 가사 보조 로봇에게 가장 난이도가 높은 도전 과제다. 환경이 정리되어 있으면 로봇은 더 수월하게 업무를 수행할 수 있다.

그렇다면 로봇이 가사를 도울 수 있도록 인간이 집안을 늘 말끔하게 정돈하라는 말일까? 아마 대다수는 말도 안 되는 소리라고 생각할 것이다. 그래서 로봇학자들은 3D 인지 능력을 집중적으로 강화하고 혼돈과도 같은 집안 환경에서 로봇이 유의미한 작업을 더 수월하게 찾아내도록 지극히 복잡한 알고리즘을 작성한다. 그렇다 한들 스스로 학습하는 로봇이 감당할 수 있는 환경의 복잡도에는 한계가 있을 것이다. 로봇은 반복을 통해 학습하고, 인간의 움직임이나 열린 문처럼 새 정보가 발견됐을 때 비교할 수 있는 다수의 고정 상수가 환경 안에 반드시 있어야 한다.

아이들과 마찬가지로 로봇은 인간을 관찰하고 흉내 내면서 배울 뿐 아니라 인간이 말해주는 바에 따라 학습한다. 인간이 원하는 것을 정확하게 얘기함으로써 로봇이 할 일을 정확히 가르치게 될 것이다. 해가 갈수록 사람들은 그런 로봇에게 실질적으로 크게 투자하고, 감정적으로도 더 많이 의지할 것이다. 시간이 흐르면서 로봇에 대한 애착도 점점 깊어질 것이다. 메릴랜드 대학 고급 컴퓨터 연구소 소장인 이아니스 얼로이모노스Yiannis Aloimonos는 딥 러닝 로봇이 "차세대 산업 혁명이 될 것"이라고 말했다.[4] 로봇은 인간에게서만 배우지 않는다. 로봇은 외부와 연결하는 능력이 있기 때문에 다양한 곳에서 배울 수 있으며, 로봇 간 상호 학습도 가능할 것이다.

로봇 생산자가 하나의 로봇에게 작업 방법을 가르치면 그 소프트웨어를 다른 모델에게 복사할 수 있다는 것만으로도 상호 학습이 가능하다는 사례가 될 것이다. 하지만 개인용 로봇이 수많은 다른 로봇에게 배우는 방법은 한 가지가 아니다. 로보브레인RoboBrain이 그 예시다.

스탠퍼드 대학의 애슈토시 색세나Ashutosh Saxena와 동료 연구자들이 창안한 로보브레인은 로봇이 질문을 통해 학습할 수 있고 자신의 지식을 제공할 수 있는 온라인 지식 베이스이다. 로봇판 위키피디아라고 생각하면 된다. 로봇이 새 작업을 학습하려면 정보가 아주 세세해야 하고, 그 정보가 단순한 구성 부분으로 나뉘어야 한다. 따라서 지식 데이터베이스에 담긴 정보는 센서와 설계를 불문하고 모든 로봇이 이해할 수 있는 범용 '로봇 언어'로 구성되어야 한다. 이 데이터베이스는 브레트 같은 로봇이 시행착오를 거쳐 학습한 바를 종합하고, 그림과 영상과 텍스트와 시도와 이미 학습된 개념으로 교육하는 역할을 한다.

모든 로봇이 로보브레인에 접속하고 학습한 바를 추가할 수 있기 때문에 데이터베이스는 결국 방대해질 것이다.[5] 그리고 로봇은 인간의 음성 명령어와 사례를 통해 훈련하면서 그와 동시에 끊임없이 독학할 것이다. 시간이 흐르면 로봇 한 대가 대량의 기술을 습득하게 된다. 로보브레인은 아직 제작 중이지만 색세나에 따르면 5년에서 10년 뒤에는 "로봇의 능력이 폭발적으로 향상될 것이다."[6]

하지만 딥 러닝에는 많은 사람들이 걱정하는 이면이 있다. 바로 인공지능의 '블랙 박스black box' 문제다. 딥 러닝 알고리즘을 설계한 개발자조차도 궁극적으로 로봇이 어떤 의사 결정을 내렸을 때 그 과정을 정확히 알 수 없다는 뜻이다. 미래에는 인간의 삶에서, 그리고 개인적이거나 사회적인 결정 과정에서 로봇과 알고리즘의 역할이 점점 커질 것으로 예상된다. 그런데 딥 러닝의 중심에 미지의 영역이 있기 때문에 걱정되는 것이다.

카네기 멜론 대학의 컴퓨터 과학자인 에이드리언 트로일리Adrien Treuille는 블랙 박스 문제가 "이해 가능한 과학의 시대가 끝날 수 있다는 흥미로운 가능성"을 시사한다고 주장한다.[7] 딥 러닝에서는 본질적으로 이해가 불가능한 의사 결정이 연쇄적으로 이어지기 때문에 로봇이 어떤 결정을 내리는 중간 과정을 개발자가 연관 지을 수 없다. 제이슨 탄즈Jason Tanz가 2016년 와이어드 사이트에 쓴 글에 따르면 "개발자가 심층 신경망 내부를 들여다보면 확인할 수 있는 것은 수학의 바다, 다시 말해서 계산 가능한 문제들로 이루어진 거대한 다층 구조뿐이다. 이 다층 구조는 수십억 개의 데이터 포인트 사이에서 관계를 끊임없이 만들어내고, 바깥 세계를 유추한다."[8]

탄즈의 주장에 따르면 딥 러닝 기계가 보편적으로 쓰이는 세계에서는 컴퓨터 프로그래밍 기술이 구직에 큰 도움을 주지 못한다. "전문가들이 이런 변화를 어떻게 활용하든지 간에 문화적인 영향이 훨씬 더 클 것이다. 인간이 만든 소프트웨어가 흥하면서 우리는 개발자를 숭배하게 되었고, 인간의 경험은 결국 이해 가능한 명령어 묶음으로 압축할 수 있다고 생각하게 되었다. 그런데 머신 러닝이 이런 생각을 반대 방향으로 걷어차 버렸다. 우주를 운영하는 코드에 인간의 분석은 불필요할지도 모른다."[9]

기계에 대한 인간의 통제력이 점점 한계를 맞이하고, 통제력 자체도 더 간접적으로 변하는 심연의 영역이 있다고 보는 사람들이 있다. 그들은 블랙 박스가 그 증거라고 본다. 또한 로봇이 다른 로봇과 알고리즘을 직접 설계하기 시작하면 문제가 더 가속될 것이라고 주장한다. 로보브레인이나 인터넷 그 자체가 계속 변화하는 데이터베이스이기 때문에 로봇에게 입력하는 데이터를 통제할 필요가 없어질지도 모른다. 한편 인간과 로봇의 관계는 부모자식 간의 관계와 유사하게 변할 것이다. 우리는 로봇의 공동 창조자가 되고, 코딩이나 프로그래밍 기술이 없어도 인간이 원하는 바를 훌륭하게 충족하는 로봇을 만들 수 있을 것이다.

인간이 의사 결정 과정의 모든 단계를 추적 가능한지 여부와는 상관없이, 딥 러닝은 이미 믿기 어려울 만큼 유용한 모습을 선보인 바 있다. 뉴욕 마운트 시나이 병원의 연구자들은 2015년에 환자 70만 명의 의료 정보를 딥 페이션트Deep Patient라고 명명한 컴퓨터 알고리즘에 입력했다. 환자의 진단 결과에서 병력까지 모든 자료가 포함된 정보였다. 딥 페이션트는 암을 포함한 질환의 발현 정도를 놀랄 만큼 잘 예측했다. 다른 예측 모델과 비교했을 때도 훨씬 뛰어난 결과를 선보였다. 심지어 의사들도 발현 시기를 예측하기가 극도로 어려운 조현병을 포함해서 정신질환의 발병까지도 예측했다.

이 결과를 보고 알고리즘을 만들었던 연구자들은 총명하고 재능 있는 어린아이를 마주하는 것처럼 놀라워했다. 그들은 딥 페이션트 제작에 참여했지만 최종 결과가 나온 과정은 정확히 알 수 없었다.[10] (프로그램에 포함된 수학과 명백한 논리로부터 의사결정 알고리즘의 일부는 이해가 가능했지만 나머지 부분은 파악이 불가능했다.)

사고 과정 대부분이 무의식적으로 이뤄지는 인간의 행동을 설명하기는 어렵다. 인간 두뇌에 기반해서 딥 러닝을 설계하다 보니 인간과 유사한 모호성이 발생한 셈이다. 알고리즘적 사고는 무의식과 거의 흡사할 만큼 본질적으로 이해하기 어렵다. 하지만 투명성이 부족하다고 해서 과정의 유용함이 사라지지는 않는다. 모든 면을 감안할 때, 알고리즘은 아직까지 신뢰할 만하다. 하지만 무언가가 몹시 잘못되어서 심각한 문제점을 수정할 일이 생긴다면 어떡할까? 사회 지능과 감성 지능을 가능한 한 최고 수준으로 기계에 장착하면 그런 문제를 어느 정도 해결할 수 있다.

우리의 주요 관심사는 인간 두뇌와 흡사한 구조와 기능을 구현하는 것이다. 하지만 그런 접근 방법에는 본질적인 한계가 있다. 인공지능이 정말로 지능을 갖추려면 인간 두뇌의 전체 구조와 뉴런과 교질 세포와 시냅스 등을 똑같이 흉내 내야 한다는 점도 큰 문제다. 그러려면 우리도 아직 제대로 이해하지 못하는 갖가지 미스터리가 담긴 인간 두뇌를 완벽하게 구현해야 한다. 설사 그게 가능하다고 해도 두뇌의 완벽한 유사체가 두뇌와 똑같이 작동할지, 또는 더 나을지 장담할 수가 없다. 인간의 능력 전부를 구현하는 의식이나 인공지능을 만드는 것이 과연 가능한지 알 수가 없는 것이다.

신경망과 딥 러닝 알고리즘을 구현하려면 엄청난 에너지가 필요하다는 것도 문제다. 사실 2012년에 초기 구글 신경망이 고양이를 성공적으로 식별하는 데에는 1천 대의 기계와 1만 5천 개의 프로세서가 필요했다. 연구용 원형 모델은 과할 정도로 고가일 수 있으나 시간이 흐르고 일반 사용자가 해당 기술을 사용할 때쯤이면 이른바 무어의 법칙에 따라 비용이 급락하게 마련이다.

널리 알려진 바와 같이 인텔Intel 사의 공동창립자인 고든 무어Gordon Moore는 1965년에 컴퓨터 프로세서의 처리 속도가 대략

2년마다 두 배로 빨라진다는 사실을 알아챘다. 그와 동시에 컴퓨터 칩의 크기와 비용은 급격하게 줄었다. 계속 작아지는 칩에 마이크로프로세서를 더 많이 집어넣으면 하나의 칩이 연산을 점점 더 빨리 수행할 수 있다. 2012년부터는 컴퓨터 칩의 성능이 비약적으로 향상하고 있다.

50여 년 동안 지속되던 무어의 법칙이 2005년부터는 적용되지 않고 있다고 보는 견해도 있다. 하지만 또 다른 기술이 부족한 부분을 상쇄할 수 있다. 오늘날에는 병렬 컴퓨팅이라는 진일보한 기술이 해당 분야에 혁신을 가져왔다. 인간의 두뇌가 한번 더 시금석이 되었다. 두뇌는 여러 가지를 동시에 처리하는 실력이 뛰어나다. 예를 들어서 인간은 오감을 전부 받아들이고 어떤 사실을 기억함과 동시에 누군가의 얘기를 들으면서 그에 대한 반응을 준비할 수 있다. AI가 병렬 컴퓨팅을 이용한다는 것은 동일 칩 안에 있는 여러 마이크로 프로세서가 계산 작업의 부하를 동시에 나눠 가진다는 뜻이다. 그 결과 칩은 인간의 두뇌처럼 정보를 처리하면서 에너지를 훨씬 덜 소비할 수 있다. 따라서 이제는 하나의 칩이 감당할 수 있는 병렬 처리를 늘리는 것이 관건이다.[11]

딥 러닝에 특화된 칩을 중점적으로 설계하는 연구도 진행 중이다. 신경망은 보통 에너지를 대량으로 소비하는 전통적인 칩에서 소프트웨어를 작동시키는 방식으로 구현된다. IBM 사는 실리콘으로 만들어진 하드웨어에 신경망을 직접 새겨 넣은 칩을 개발했다. 이 신형 칩은 소프트웨어로 구현되는 프로그램이 소비하는 에너지의 1퍼센트만 소비하면서 속도는 100배나 빠르다. 그리고 현재까지 무어의 법칙이 예고했던 발전 속도를 크게 능가하고 있다. 이 정도면 딥 러닝의 효율과 기능을 비약적으로 향상시켰다고 봐도 좋을 것이다.[12]

해당 분야에서 혁신이 계속되어 더 빠르고 강력한 인공지능이 등장하면 (이미 딥 러닝의 초기 버전이 탑재된) 휴대전화에서 가전 제품과 개인용 로봇 비서에 이르기까지 모든 곳에 딥 러닝이 보급될 것이다. 그 정도의 연산 능력이 신경망과 결합하면 업무와 놀이와 딥 러닝을 적용할 수 있는 모든 활동이 크게 변화할 것이다. 또한 그런 활동은 계속해서 늘어날 것이다.

연산 능력이 커지면 지능도 높아진다. 알고리즘의 시대가 오래 지속되긴 했지만,* 인공지능이 본격적으로 활약을 시작하고 생활 환경의 일부가 되려면 순 연산능력이 비약적으로 향상된 신형 컴퓨터가 필요하다. 컴퓨터 과학자인 리처드 마크 솔레이 Richard Mark Soley는 최근 《포브스》와 인터뷰하면서 "슈퍼컴퓨터나 할 수 있었던 작업을 이제는 스마트폰이 한다. 비용은 100만 분의 1밖에 들지 않지만 처리 속도는 100만 배나 빠르고 메모리도

---

* 알고리즘은 페르시아의 수학자인 무하마드 이븐 무사 알-콰리즈미(ibn Musa al-Khwarizmi)가 19세기에 창안했다.

100만 배 더 크다."라고 말했다. 예전에는 크기가 도시 한 구역만 한 컴퓨터 설비가 필요했던 작업을 이제는 손바닥만 한 기계로 수행할 수 있다.[13]

기술이 발전하는 한 로봇 능력도 함께 진화한다. 인공지능 연구는 1950년대에 시작됐지만 실용화에 필요한 연산 능력이 뒷받침되지 않았기 때문에 몇십 년 동안 정체되어 있었다. 그 뒤로 여러 차례에 걸쳐 사회 전반적으로 인공지능의 능력이 과대평가되었지만 과학자들의 예견을 충족하지는 못했다. 그리고 역풍을 맞은 탓에 1970년대와 80년대는 '인공지능 혹한기'가 되었고 학계에서는 인공지능이라는 주제를 경원시했다. 다만 인공지능 패턴 인식이나 전기 공학 같은 특정 분야는 빠르게 앞으로 나아갔다.

GPU와 신형 칩이 등장하면서 연산 능력 부족은 점차 극복할 수 있는 문제가 되었고, 비로소 진정한 인공 일반 지능artificial general intelligence, AGI이 탄생할 가능성을 낙관적으로 보게 되었다. 인공 일반 지능의 구현 가능성 여부와 구현 시기에 대해서는 전문가들도 의견이 분분하다. 하지만 철학자 닉 보스트롬Nick Bostrom은 2012년과 2013년에 인공지능 전문가를 대상으로 진정한 인공 일반 지능이 등장하는 예측 시기를 물었다. 전문가들의 평균적인 대답은 2040년과 2050년이었다.[14]

학계 연구자들이 지능의 개별적인 구성 요소, 즉 컴퓨터 비전, 음성 인식, 언어 처리에 집중하면서 인공지능이 더욱 관심을 받는 분야가 되었다. 인공지능과 관련된 예측이 유난히 어렵기는 하지만, 현재 딥 러닝을 비롯해 다양한 분야가 발전하면서 예측 가능한 시기가 하나로 수렴할 거라고 보는 의견이 많다.

엄밀히 따지면 AGI와 특이점the singularity은 동의어가 아니다. 특이점이라는 용어는 레이 커즈와일Ray Kurzweil이 2005년에 저서 『특이점이 온다 : 기술이 인간을 초월하는 순간The Singularity Is Near: When Humans Transcend Biology』을 출간하면서 인기를 얻었다. 특이점이란 컴퓨터와 AI가 인간과 동등한 지능에 도달하는 순간을 가리킨다. 커즈와일은 특이점이 2029년에 도래할 것이라고 예견했다. 다수의 인공지능 연구자들은 특이점에 도달하자마자 '지능 급증intelligence explosion' 현상이 일어날 거라고 본다. 인공지능들이 신속하게 서로 복제하고 더 뛰어난 알고리즘을 스스로 작성할 것이기 때문이다. 그러면 더 똑똑한 인공지능이 한층 더 똑똑한 인공지능을 설계하면서 다함께 발전하다가 곧 인간 지능보다 훨씬 더 수준 높은 초지능에 도달할 것이다. 이 시기가 되면 인공지능들을 이해할 수 있는 인간은 아무도 남지 않는다. 통계학자인 I. J. 굿I. J. Good은 1965년에 다음과 같은 예측을 내놓은 것으로 유명하다.

최고로 똑똑한 인간의 지적 활동 전부를 크게 능가하는 기계를 극지능ultraintelligent 기계라고 정의하자. 기계 설계도 지적 활동에 포함되므로 극지능 기계는 더 뛰어난 기계를 설계할 수 있

로봇, 그리고 로봇을 사랑하는 사람들

다. 그러면 당연히 '지능 급증' 현상이 일어날 테고, 인간의 지능은 기계 지능에 크게 뒤처질 수밖에 없다. 결과적으로 첫 번째 극지능 기계는 인간의 마지막 발명품이 된다.[15]

이제 이번 장 도입부에서 던졌던 질문을 돌이켜보자. "로봇은 인간보다 똑똑해질까?" 이 질문에 답을 떠올려보면 마음이 불편해진다. 일단 이 시점에서 먼저 밝혀둘 것이 있다. 나는 최소한 일부 일반 가정용 로봇에 최첨단 인공지능이 탑재될 것이라고 생각하는데, 여기서 인공지능의 중요한 유형 두 가지를 확실히 구분하고 넘어갈 필요가 있다.

우선 이미 기계가 뛰어난 수준에 도달한 분야가 있다. 대규모 자료를 순식간에 걸러내고, 패턴을 인식하고, 복잡하기 그지없는 계산을 엄청나게 빠르고 정확하게 수행하는 능력을 말한다. 이런 작업에 뛰어난 지능을 약인공지능weak AI 또는 협의의 인공지능이라고 부른다. 이 유형에 해당하는 IBM의 왓슨Watson은 이미 인간을 능가했다. 기계가 체스로 인간을 이기고 소수점 열다섯 자리까지 계산해낸다는 사실이 겁난다면 지금 당장 이 배에서 뛰어내리는 편이 낫다. 기계는 이미 인간을 압도하고 있기 때문이다.

반면에 인간의 지능을 닮은 인공 일반 지능은 강인공지능 strong AI이라고 부른다. 강인공지능의 능력에는 영감, 상식, 귀납적 추론, 연역적 추론, 창의적 상상력, 진정한 감성 지능, 한 가지 작업을 하다가 동일한 정보를 전혀 다른 문맥으로 응용해서 쉽게 새 작업을 하는 능력이 모두 포함된다. 기계는 꿈을 꾸고 갈망하고 사랑을 할 수 있을까? 인간이 상상하지 못하는 것을 기대할 수 있을까? 알고리즘에 감정과 가치 차이를 주입하는 연구가 이미 상당한 수준으로 진척을 보이고 있음에도 불구하고 그런 질문에 대한 답은 알 수 없다. 하지만 인간을 인간답게 만드는 다양한 지능을 하나로 결합하는 수준에 도달한 기계는 아직 존재하지 않는다.

초지능이 방대한 인간의 다양성을 계발하고 진정한 일반 지능이 될까? 그 여부는 앞으로 지켜봐야 한다. 하지만 어떤 식으로든 기계가 발전해서 인간 지능을 능가할 경우 인간은 필연적으로 멸망한다고 생각하는 사람들은 있다.

로봇, 그리고 로봇을 사랑하는 사람들

로봇이 인류를
멸망시킬까?

전부는 아닐지 몰라도 꽤 많은 컴퓨터 과학자와 기술 관련 기업가가 인간보다 훨씬 지능이 높은 기계, 즉 초지능superintelligent 기계가 필연적으로 출현할 거라고 보고 있다. 그리고 그중 상당수는 이런 발전을 인류의 존재에 대한 위협으로 간주한다. 디지털 두뇌는 인간 두뇌보다 수천수만 배 이상 더 커지고 더 빨라질 수 있고 궁극적으로는 사회성 기술을 비롯해 다양한 부문에서 인간을 능가할 수 있다.[1] 인공지능을 두려워하는 이들에 따르면 초지능 기계는 인간을 대수롭지 않게 여길 수도 있고 자원이 한정된 세계에서 경쟁자로 볼 수도 있기 때문에 인간의 존재에 위협이 된다. 그들의 주장에 따르면 둘 중 어느 경우이든 기계가 사회를 제어할 확률이 상당히 높다. 그리고 상황이 크게 나

빠지면 초지능이 인류 전체를 제거할 가능성도 있다는 것이다.

과학자들이 아무리 인간 두뇌를 흉내 내려고 노력해도 기계 지능은 낯설 수밖에 없기 때문에 사람들은 본능적으로 공포를 느끼고 멸망까지 걱정하게 된다. 초지능은 자체 정의에 의해 인간이 거의 이해할 수 없을 뿐더러 기계가 스스로 다른 기계를 만들어낼수록 그 정도가 심화할 것이다.

인공지능의 목표가 인간의 목표와 다르면 위기가 발생할 수도 있다. 사실 기계가 목표를 추구하는 데에 있어서 인류가 방해가 된다면, 우리가 소풍 가서 개미를 죽이듯 기계가 우리를 전멸시킬지도 모른다. 인공지능이 다른 인공지능을 설계할 때마다 프로그래머가 의도치 않게 유발한 버그가 증폭되면 참사가 일어날 수도 있다. 군용 자율 무기 같은 몸체에 인공지능이 탑재되면 위험성은 훨씬 더 커진다. 최근 오픈AI가 챗GPT 봇을 출시하면서 또 다른 문제가 인간의 행복을 위협하고 있다. 챗GPT는 사람들이 모욕적으로 받아들일 수 있는 문장을 출력하기도 하고, 예측 불가능한 빈도로 잘못된 정보를 퍼뜨릴 능력도 있다. 2023년 6월에는 챗GPT의 잠재적인 위험성을 걱정한 전문가 1천여 명이 인공지능의 성능을 높이는 개발 사업을 6개월 동안 중단하자는 문서에 서명하기도 했다.[2]

다수의 공학자들은 구세주에 필적한다는 표현을 써가면서 앞으로 인공지능이 선사할 선물을 낙관적으로 보고 있다. 하지만 물리학자인 고故 스티븐 호킹Stephen Hawking 박사, 테슬라 CEO

인 일론 머스크^{Elon Musk}, 선 마이크로시스템스의 공동 창립자인 빌 조이^{Bill Joy}처럼 사회에 영향력이 큰 인사들이 초지능 AI를 통제할 수 없을 거라고 경고한 사실은 이미 널리 알려져 있다. 스티븐 호킹과 인공지능 전문가인 스튜어트 러셀^{Stuart Russell}, 맥스 테그마크^{Max Tegmark}, 프랭크 윌첵^{Frank Wilczek}은 2014년에 영국 신문 《인디펜던트》에 기고한 글에서 "전례 없는 투자를 등에 업고 점점 성숙해지는 이론적 기반 위에 형성되는 IT 기술의 군비 경쟁"을 지적했다.

문명이 우리에게 제공하는 것은 하나 같이 인간 지능의 산물이다. 이런 지능이 인공지능이라는 도구를 통해 증폭되면 능력의 한계가 어디일지 예측은 할 수 없지만, 누구나 전쟁과 질병과 빈곤을 없애달라고 희망할 것이다. 인공지능 발명은 인류 역사에서 가장 중요한 사건임에 틀림없다. 그리고 유감스럽게도 더 이상의 발명은 없을지 모른다.[3]

그들은 목표를 자율적으로 추적하고 파괴할 시기까지 결성하는 자율 무기야말로 인공지능이 인간의 통제를 빠르게 벗어나는 사례라고 지적한다. UN과 국제인권감시기구^{United Nations and Human Rights Watch}는 이 기술을 금지하려고 노력하는 중이다. 해당 기사에는 보편화된 인공지능에 관한 지적도 있다.

금융 시장에서 인간을 능가하고, 발명에 있어서 인간 연구자보다 뛰어나고, 인간 지도자보다 의견을 잘 주도하고, 인간이 상상도 못 했던 무기를 개발하는 기술을 상상해보자. 인공지능은 단기적으로 보자면 통제권을 가진 인간에게 영향을 받지만, 장기적으로 보면 결국 통제가 가능할지 걱정해야 한다.[4]

과학자와 SF작가가 관심을 갖는 최종 지점은 같다. 자율 인공지능이 탄생하자마자 인류를 적대시하고 인간이 '들끓는' 세계를 청소한다는 소설과 영화는 얼마든지 있다. 사실 스티븐 호킹과 일론 머스크는 2015년에 과학자 수백 명과 함께 자율 무기를 금지하는 공개서한에 서명한 바 있다. 한편 마이크로소프트 연구원 에릭 호비츠Eric Horvitz가 해당 서한을 읽고 작성한 글을 보면 두 진영의 극단적인 시각차를 알 수 있다. 호비츠에 따르면 "공학자들은 종교적이라고 해도 이상하지 않을 비전을 제시한다… 어떤 면에서 보면 그들의 이상은 일부 기독교인이 주장하는 휴거처럼 들리기도 한다."[5] 반대쪽 극단에는 인류가 종속되고 멸종할 가능성을 생각하는 사람들이 있다.

그처럼 공들여 서명을 받은 서한은 유명해졌고, 2016년에 정보 기술과 혁신 재단Information Technology and Innovation Foundation, ITIF이라는 싱크 탱크가 수여하는 '올해의 러다이트*상'을 받았다. 러다이트 상은 재단이 판단하건대 그해에 선보인 최악의 '반기술적 주장과 정책'에 주어진다. ITIF의 수장인 로버트 앳킨슨Robert

Atkinson은 일론 머스크와 스티븐 호킹을 노리고 상을 수여했느냐는 질문에 아래와 같이 응답했다.

개인적으로 그 두 사람을 러다이트로 보느냐고? 당연히 그렇지 않다. 두 사람은 과학계와 기술계의 선구자이다. 하지만 그들을 비롯한 서명자들은 대중이 상상하는 인공지능을 악마화함으로써 공공의 이익을 해하는 짓을 저질렀다. 그리고 현대 사회에서 점점 강해지는 신 러다이트의 물결에 힘을 보태고 확신을 실어 주었다. (…) 생산성을 높이고 일자리를 만들고 임금을 인상하려면 인공지능에 파괴적인 성향이 내재되어 있다고 공포를 조장할 게 아니라 개발 속도를 더 높여야 한다.[6]

일반 인공 초지능이 탄생하기까지는 아직 갈 길이 아주 멀다. 시애틀에 위치한 엘런 인공지능 연구소Allen Institute for Artificial Intelligence의 CEO인 오렌 에치오니Oren Etzioni는 현재 인공지능이 모순에 직면한 게 사실이라고 주장한다. 그는 2017년 파퓰러 사이언스 사이트에 이런 글을 올렸다. "인간이 바둑이나 포커에서 선수권 수준에 오르는 건 어려운 일이다. 하지만 알려진 바와 같이 인공지능은 비교적 손쉽게 해낼 수 있다. 그와 동시에, 인간

---

* 여기서는 기술 혁신 반대자를 뜻한다. - 역자주

이 제 눈앞에서 벌어지는 일을 파악하거나 모국어로 말하는 건 하나도 어렵지 않으나 기계는 말 그대로 그걸 못해서 쩔쩔매고 있다."

에치오니는 문법 및 철자와 더불어 말의 참뜻을 이해하는 것이야말로 인공지능 제작에서 가장 어려운 점이라고 덧붙인다. 그는 '자연어를 이해하면' 인공지능이 완성된다고 보는 견해도 있다고 전한다. 그 문제를 제대로 해결하면 인공지능의 난제가 해결된다는 뜻이다.[7]

철학자들은 인공 일반 지능을 두고 다양하게 논쟁을 벌인다. 이른바 '중국어 방 문제'를 둘러싼 추론도 그중 하나이다. 중국어 방이란 40여 년 전에 철학자 존 설(John Searle)이 제시한 사고 실험이다. 이 사고 실험을 두고 한 쪽에는 인공 일반 지능, 또는 기계 의식이 출현할 수 있다고 믿는 사람이 있다. 반대편에는 인공지능이 일반 지능의 기본인 언어 이해를 진정으로 달성하기란 불가능하다고 보는 사람이 있다. 양측은 아직도 논쟁을 진행하는 중이다.

존 설이 제시한 사고 실험은 강인공지능과 약인공지능에 대한 두 가지 선입견을 보여준다. 그가 내린 정의에 따르면 강인공지능이란 인간의 사고를 단순하게 돕는 도구를 넘어선 지능 프로그램이고, 자신이 처리하는 정보를 진정으로 인지하는 사고 그 자체이다. 그는 이와 같은 프로그램이 출현할 가능성의 반대편에, 인공지능은 영원히 약인공지능에 머무를 거라는 믿음이 있다고 본다. 약인공지능이란 컴퓨터가 스스로 이해하지 못하는 언어와 기호를 주물러서 진정한 지능을 흉내 내는 상태를 말한다.[8] 존 설은 중국어 방 문제를 아래와 같이 설명한다.

존 설이 영어 이외에 다른 언어를 모르는 사람이라고 하자. 그는 중국어를 한 글자도 알아보지 못하고 심지어 일본어와 중국어와 여타 상형문자를 구분하지도 못한다. "나에게 있어서 중국어는 무슨 뜻인지 알 수 없는 낙서에 불과하다."라는 게 그의 말이다.

그에게 두 번째 중국어 문서와 함께 첫 번째 '낙서 뭉치'와 관련된 규칙 목록을 주자. 이 규칙들은 영어로 적혀 있다. 존 설은 첫 번째 문서와 두 번째 문서를 연결 지을 수단을 손에 넣었다.

그다음으로 세 번째 중국어 문서와 영어로 된 규칙 목록을 주자. 이 영어 규칙은 첫 번째 및 두 번째 문서와 세 번째 문서의 관계를 나타낸다. 이 영어 목록에는 세 번째 문서에 적힌 각 중국어 문자의 모양새를 보고 행동하는 방법이 적혀 있다. 사실 존 설은 몰랐지만, 그가 가장 먼저 받은 중국어 문서, 즉 그가 내용을 알 수 없는 첫 번째 기호 모음의 제목은 '작업 순서'이다. 두 번째 문서는 '이야기', 세 번째 문서는 '질문'이다. 영어로 작성된 규칙은 '프로그램'이다. 결과적으로 존 설은 이야기가 적힌 문서와, 그 이야기에 대해 영어로 질문을 받을 경우 대답하는 방법이 적힌 문서를 받았다. 이제 누군가가 이야기에 관한 질문을 할 참이다.

이와 같은 가정하에 상상을 이어가자. 이 시스템 안에서 존 설이 각 문서를 연관 지을 방법은 자신이 받은 지시 사항에 따르는 것뿐이다. 하지만 이 작업을 반복하면서 능숙해지기 때문에, 바깥에서 지켜보던 누군가는 그를 중국어 원어민이라고 착각할 확률이 높다. 심지어 그가 중국어를 단 한마디도 못하는데도 말이다.

결과적으로 영어 사용자가 그런 규칙만 제공받으면, 단 한 글자도 이해하지 못하면서 제대로 된 문자를 끄적여서 중국어를 할 줄 아는 듯한 환각을 만들어낼 수 있다. 존 설은 컴퓨터가 하는 일이라고는 그와 같은 "공식에 따른 기호 작업"이 전부라고 결론을 내린다. 그는 "프로그램된 컴퓨터가 이해할 수 있는 것은 자동차나 계산기가 이해할 수 있는 것과 같다. 다시 말해서, 말 그대로, 컴퓨터는 아무 것도 이해하지 못한다. 컴퓨터는 이해력이 부족하거나, 제대로 이해하지 못하는 게 아니다(마치 내 독일어 이해 수준과 마찬가지로). 컴퓨터는 이해력이 아예 없다."[9]

존 설이 디지털 지능을 바라보는 관점에 따르자면 AI에게는 욕망이 발생할 여지가 없기 때문에 AI가 '각성해서' 인류 멸종 계획을 시작할 가능성은 전무하다. 스티브 잡스가 말했듯이 AI는 유용하게 쓸 수 있는 도구이지만 무언가를 결정할 수 있는 의지나 그것과 유사한 무엇은 절대로 품을 수 없다. 인공지능이 목표를 세울 수는 있다. 하지만 그 목표는 인간이 부여한 것이다. 그리고 인간은 어차피, 어떤 식이든 간에 인류에 위협이 될 만한 목표를 세울 이유가 없다.

일부 전문가의 주장에 따르면, 우리가 아주 양호한 목표를 인공지능에게 부여한다고 해도, 알지 못하는 새에 우리 자신이 그 목표의 장해물이 되는 것까지 방지할 수는 없다. 그럴 경우 초지능 AI는 목표 달성에 방해가 되는 요인을 제거하는 방법을 정확하게 알아낼 것이다. 최근 하버드 대학의 심리학자인 스티븐 핑커Steven Pinker와 일론 머스크가 보여준 견해 차이는 인공지능 낙관론자와 인공지능 비관론자 사이에서 벌어지는 논쟁의 좋은 예이다.

핑커는 막연한 AI 공포가 'Y2K 버그의 21세기 버전'과 유사하다고 주장했다. Y2K 버그라는 개념이 알려진 뒤 컴퓨터에는 2000년이란 연도를 구현할 능력이 없기 때문에 2000년 1월 1일 0시가 되면 전 세계의 컴퓨터가 전부 고장 나고 재앙이 세계를 뒤덮을 거라는 공포심이 수백만 명의 이성적인 사람들을 사로잡았다. 핑커의 말에 따르면 "사람들은 정말로 그런 일이 벌어진다면 은행 잔고기 증발하고, 엘리베이터가 정지하고, 산부인과 병동의 인큐베이터가 작동을 멈추고, 물을 공급하는 펌프가 얼어붙고, 하늘을 날던 비행기가 추락하고, 핵발전소가 멜트 다운 상태에 빠지고, 대륙 간 탄도 미사일이 격납고에서 발사될 거라고 상상했다."[10] 다시 말하면 인공지능은 할리우드 영화식 처방전에 스테로이드까지 첨가한 산물로 여겨진다.

핑커는 우리 사회가 단 한 번도 실현되지 않은 재난 시나리오에 고집스러울 정도로 집착한다고 지적한다. 그는 이렇게 말한다. "멸망은 인기 있는 상상이다. 인류는 문명이 무너질 만큼 심각한 인구 과잉, 자원 고갈, 공해, 핵전쟁 등이 최악의 상황을 불러온다는 무시무시한 상상 때문에 수십 년째 겁에 질려 있다. 그런데 최근 들어서 인류의 존재를 위협하는 원인의 목록이 크게 늘어났다." 핑커는 멸망 시나리오 가운데 로봇이 인간을 노예로 삼을지도 모른다는 공포를 예로 든다. "인공지능이 인류를 멸종시킬 수 있다는 가정도 마찬가지다. 인공지능이 권력욕 때문에 인류를 직접적인 제거 대상으로 삼거나, 인류가 부여한 목표를 맹목적으로 추구하다 보니 부수적인 효과로 그런 결과가 도래한다는 것이다."

지능이 아주 높아지면 자연히 결단력이 발생하고, 따라서 인공지능에게 의지가 생긴다고 보는 과학자들도 있다. 하지만 핑커는 "지능이 있다고 해서 반드시 악한 존재가 된다고 볼 수는 없다. 또한 인류가 상상 이상으로 똑똑한 기계 지능을 만들 능력이 있다면, 전 세계를 관장할 권한을 주기 전에 그 기계 지능을 검사해야 한다는 사실도 잘 알고 있을 것이다."라고 말한 다음 일론 머스크를 비판했다. "일론 머스크가 인공지능의 위협을 정말로 진지하게 걱정한다면 자율 주행 자동차 생산을 멈춰야 한다."[11]

일론 머스크는 핑커가 협의의 인공지능과 인공 일반 지능의 차이를 모른다는 트윗을 올려 반격했다. "우와, 핑커 같은 사람이 현재 작동하고 있는 협의의 인공지능(즉 자동자)와 연산 능력이 '문자 그대로' 수백만 배는 강력한 인공 일반 지능의 차이를 모른다면… 인류가 진짜 심각한 위기 상황이라는 얘기인데."[12] 머스크는 인공 일반 지능에게 의식과 자의식이 생길 것이고, 따라서 자신의 창조자가 원한 것과 다른 목표를 선택할 수 있을 거라고 본다. 스티븐 핑커와 일론 머스크는 둘 다 인공지능 전문가로 보기 어렵다. 하지만 머스크는 AI 안전 콘소시엄의 공동 설립자이고, '안전한 인공지능' 제작에 집중하는 비영리 연구 조직인 오픈AI를 설립했다. 일론 머스크는 대체적으로 낙관적인 시선으로 인공 일반 지능을 보지만, 그가 세운 조직의 목표는 가치 있는 인공 일반 지능을 만드는 동시에 인공 일반 지능이 인류에게 우호적으로 작동하도록 억제력을 추가하는 것이다. 한편 핑커는 인지심리학 전문가이므로, 해당 분야의 관점에서 인간의 신념 체계를 분석하고 비판할 것이다.

핑커는 '인류가 끝장났다'라는 시각이 위험하다고 경고한다. 그렇게 믿으면 결과적으로 인류가 무서워하는 바로 그 문제를 해결할 수 없게 마비되기 때문이다. 그는 이렇게 말한다. "인류가 끝장났다면 잠재적인 위험성을 줄이겠다고 무언가를 희생할 필요가 있을까? 화석 연료의 편리함을 포기할 이유가 있을까? 정부를 향해 핵무기 정책을 재고하라고 강권할 필요가 있을까? 그러니까 그냥 먹고 마시고 즐기자. 내일이면 다 죽을 테니까!"[13]

언제 성공할지는 모르지만 인공 일반 지능 개발에 세심하게 주의를 기울여야 한다는 생각에는 다들 동의할 것이다. 유명한 정신철학자인 데이비드 차머스David Chalmers는 2010년에 발표한 논문에서 일정 수준의 통제하에서 인공 일반 지능을 개발할 수 있는 방법을 제안했다. 그는 논문 첫머리부터 "우리가 앞으로 그렇게 통제할 만한 위치에 있을지는 전혀 알 수 없으나…."라고 전제하면서도 제안을 내놓는다.[14] 그 가운데 몇 가지를 정리해보자.

우선 인공지능이 어떤 분야에서 뛰어난 능력을 발휘하더라도 모든 분야를 다루지는 못하도록 일부 인지 능력에 제약을 걸어야 한다. 그러면 스스로 목표를 세울 수는 없겠지만 인간이 요구한 임무는 수행할 수 있을 것이다. 그렇게 한다면 인공지능이 자율적으로 작동할 수는 없겠지만 더 안전해질 것이다. 차머의 표현에 따르면, "적어도 책임감 있는 관리자가 인공지능을 맡는다는 전제하에서는" 그럴 수 있다는 뜻이다. 그래도 책임감 있는 관리자가 인공지능을 얼마나 오래 담당할지는 의문이다.

지능형 무기가 암시장에서 거래되고, 그 무기를 구입한 테러리스트나 독재자가 인공지능에게 사악한 목표를 부여하면 앞서 제시한 조건은 아무 의미가 없다. 그래도 시범적으로 비자율 인공지능을 만들어보자는 생각은, 말하자면 건전한 의견이라고 하겠다.

차머스는 인간의 가치관에 부합하는 가치관을 인공지능에게 부여하자는 제안도 내놓았다. 그는 첨단 인공지능이 "생각하고 추론하고 결정을 내리는 인간의 능력 정도는" 갖게 될 거라고 가정한다. 인간이 행동함에 있어서 과학적인 진보, 평화 유지, 질병 치료를 추구하는 것 등의 가치는 일종의 제약처럼 영향을 미친다. 그리고 똑같은 가치 기준을 인공지능에 이식할 수 있을 것이다.

차머스는 인간의 가치관이 완벽하지 않고, 제작자의 불완전성이 인공지능에게 고스란히 전달될 수 있다는 점을 인정한다. 하지만 인간의 생존이나 복지처럼 가장 중요한 가치는 직접적으로 프로그램을 짜 넣거나 기계의 유틸리티 함수에 삽입하는 방법으로 입력할 수 있다. 유틸리티 함수란 개인별 중요도에 따라 여러 선택지에 등급을 매기는 간단한 수학 함수이다. 책임감 있는 인간이 인공지능의 유틸리티 함수를 제어하기만 한다면, 그 인공지능은 가중치로 만들어 놓은 제약의 범주 안에서만 작동할 것이다. 인공지능이 더 똑똑하고 자율적인 인공지능을 설계하기 시작하면, 그런 신형 인공지능이 스스로 가치 기준을 변경할 가능성도 없지는 않다. 하지만 초기부터 설계 단계에서 가치 기준으로 인공지능을 묶어두는 것은 일단 출발점으로 나쁘지 않다.

차머스가 제시한 두 가지 안은, 완전 자율 인공지능을 만들어 내기보다 인공지능의 능력 제한과 인간이 지휘권 획득을 우선시한다는 면에서 의미가 있다. 하지만 학계는, 그중에서도 특히 딥러닝 개발 분야에서는 이미 인공지능에 한계를 두고 제약하는 수준을 넘어섰다. 비록 지금은 능력이 아주 한정적이지만, 브레트 같은 로봇은 학습하고 성장하고 진화하도록 설계되었다. 타당한 선택이라고 할 수 있겠다. 우리가 원하는 바를 전부 충족시키는 로봇을 (또는 다양한 기계 인공지능을) 프로그래밍하기란 쉬운 일이 아닐뿐더러, 그렇게 만들어진 기계는 능력이나 유용성이 기대에 못 미칠 것이기 때문이다.

딥 러닝 기계를 학습시키는 것은 어린아이를 교육하고 훈련하는 것과 흡사하다. 따라서 설계자가 기계 개발의(전부가 아닌) 일정 부분을 통제하게 된다. 차머스에 따르면 "그런 경우 인간이 시스템의 최종 상태를 직접 통제하지는 않는다. 인간이 미칠 수 있는 영향은 초기 상태, 학습 및 진화 알고리즘, 학습 및 진화 과정을 조정하는 게 전부다." 하지만 인공지능이 인터넷과 소셜 미디어와 제작자 이외의 인간을 접촉할 수 있기 때문에 의도하지 않았던 결과가 발생할 수도 있다.

인공지능은 세상으로 나가지 않아도 문제를 일으킬 수 있다. 2016년에 트위터를 통해 선보였던 마이크로소프트의 인공지능 챗봇 '테이Tay'가 일으킨 문제야말로 완벽한 사례다.

테이는 밀레니얼 세대인 19세 여성이 트위터에 올릴 법한 글을 흉내 내도록 제작되었다. 테이는 2016년 3월 23일에 작동하기 시작했다. 그리고 그날이 끝나기 전에 상스러운 말을 쓰고 히틀러를 칭송하는 소시오패스로 변신했다.

테이는 머신 러닝을 사용했기 때문에 상호작용을 통해서 학습하는 능력을 재빨리 발휘했다. 유감스럽게도 테이는 트위터에 있는 악독한 인종차별주의자와 성차별주의자의 글을 아주 잘 학습했다. 트위터 사용자 가운데 일부는 노골적이고 외설적인 성적 표현을 의도적으로 가르쳤다. 마이크로소프트는 24시간이 지나기 전에 '조정이 필요하다'라는 이유로 테이를 중지해야 했다. 그리고 테이가 올린 19만 6천 개의 트윗 가운데 심하게 공격적인 것들을 삭제했다. 대부분은 인간 사용자가 따라하라고 지시했던 메시지를 포함하는 글들이었다.[15] 마이크로소프트는 부주의하게도 3월 30일에 테이를 다시 가동했다. 테이는 마약과 관련된 주장을 재빨리 트위터에 올리기 시작했고 마이크로소프트는 다시 테이의 작동을 중지했다. 인공지능이 학습용 교재로 삼는 인간의 행동이 진짜 문제라는 사실을 극명히 보여주는 사례이다.

학습 능력이 있는 로봇이 인간과 교류하면 물리적인 임무를 배우는 것은 물론이고, 소유주에 대한 정보를 방대하게 확보할 것이다. 그런 로봇에게 상당 수준의 의지를 가르친다는 것은 아이를 가르치는 것과 비슷하다. 그 로봇을 10년 이상 데리고 있으면, 로봇은 우리 인생을 기록한 일종의 살아 있는 디지털 도서관이 될 것이다. 영상 파일, 녹음 파일, 이메일, 문서, 소셜 미디어에 올린 글들이 곧 그 도서관에 있는 '책'이다. 그 책에 담긴 것은 아주 구체적인 실제 인생의 사본이다. 또한 그 모든 기억은, 비록 영구적이지는 않겠지만, 인간이 상상하기 어려울 만큼 아주 오랜 세월 동안 남을 것이다.

인간이 로봇에 투자하는 것은 아이와 반려동물과 동료와 친구에게 투자하는 것과 비슷할 것이다. 학습 능력이 있는 로봇은 인간을 관찰하고 흉내 내면서 배우고, 우리는 시간이 지날수록 가치가 높아지는 역사를 로봇과 공유하고 쌓아갈 것이다. 그러면 인간은 실용성뿐 아니라 감정적인 이유로 로봇에게 애착을 가질 것이다. 브레트처럼 학습하는 로봇과 페퍼처럼 감정을 시뮬레이션 하는 로봇은 단순한 기계 이상의 존재가 될 것이다.

인간과 교류한 역사로부터 학습한 로봇은 인간의 요구를 광범위하게 충족시킬 수 있을 것이다. 그리고 그 어떤 인간도 그런 로봇보다 유능하지 않을 것이다. 인류는 로봇이 세월과 함께 기록한 역사를 높이 평가할 테고, 로봇이 보편적인 기술로 구현되면서 인간에게 제공한 전례 없는 안락함도 고평가할 것이다. 우리가 죽으면 로봇은 우리를 기리는 성소가 되고, 소중한 가족사의 일원이 될 것이다. 그리고 우리 후손들은 수 세기 동안 그 가족사를 참조할 수 있을 것이다.

로봇은 궁극적으로 인간보다 똑똑해질까? 이 질문만큼이나 중요한 질문이 하나 더 있다. 인간은 자신보다 로봇이 더 똑똑하다고 여길까? 일부 AI 전문가들은 일반 지능이 있는 것처럼 기계가 행동한다면 인간은 실제로 의식이 있든 없든 그 기계를 지적인 존재로 간주할 거라고 주장한다. 인간이 로봇에게 인공 일반 지능이 있다고 받아들인다면, 그로 인해서 인간이 로봇에게 결정을 맡기거나 특정 권력을 양도하는 역학 관계가 만들어질 것이다.

　로봇이 인간을 물리적으로 노예화하겠다는 의지를 계발하지는 않을 것이다. 하지만 인류는 그보다 더 미묘한 형태의 굴종에 취약할 것이다. 이를 테면 인간은 무언가를 손수 해내는 방법이나, 누군가를 돌보는 방법을 잊을지도 모른다. 그러면 극단적으로 로봇에게 의존하게 될 것이다. 어쩌면 인류는 로봇이 아니라 인간 본성 자체를 걱정해야 할지도 모른다.

사무치게 외로운 당신을
로봇이 구원해줄까?

인구가 80억이 넘는 세계에 외로움이 만연하다니 모순적이지 않은가? 미국만 놓고 볼 때, 놀랍게도 전 인구의 47퍼센트가 "외롭고, 홀로 남은 것 같고, 타인과 의미 있게 교류하지 못한다고 느끼는 일이 잦다."라고 말한다.[1] 미국인 27퍼센트는 살면서 자신을 진정으로 이해하는 이를 단 한 명도 못 만났다고 생각하거나, 그런 사람이 아주 드물다고 느낀다. 평생, 또는 가끔씩이라도 지금의 관계들이 무의미하거나 외로움을 없애주지 못한다고 생각하는 사람이 43퍼센트이고, 유의미하게 상호 교류를 한다고 응답한 사람은 53퍼센트에 불과하다. 통념과는 정반대로 18세에서 22세에 해당하는 젊은이들이 외롭다고 가장 많이 느낀다.[2]

로봇, 그리고 로봇을 사랑하는 사람들

흡연과 비만처럼 외로움은 말 그대로 사람을 죽일 수 있다.[3] 외로움은 인간의 수명을 약 15년 단축시키고 사망 위험을 30퍼센트 증가시킨다. 브리검 영 대학의 학자들이 최근 진행한 연구에 따르면 외로움 때문에 사망 위험이 60퍼센트까지 증가한다고 한다![4]

외로운 상태는 하등 도움이 되지 않는다. 육체와 감정은 물론이고 경제적인 복지에 있어서도 치명적이다. 외로움은 스트레스 호르몬이 흘러넘치게 하고 면역 체계를 약화시키는 등 신체에 직접적으로 영향을 끼친다. 외로운 사람은 심장 질환, 심장 마비, 암, 감염, 자가 면역 질환에서 치매에 이르기까지 온갖 치명적인 질병에 더 잘 노출된다. 불안과 우울함을 유발하는 등 정신 건강에 미치는 영향은 더 심각하다. 전문가들은 외로움이 자살의 주요 원인이라고 본다.[5] 이유는 단순하다. 인간은 혼자 사는 존재가 아니다. 우리는 타인과 밀접하게 이어져야 하는 존재로 태어났다. 이 사실은 말 그대로 생존과 직결된다.

외로움은 우리가 감정적 나선 계단으로 내려가게 만들고, 그 결과 우리는 더 외로워진다. 시카고 대학의 사회심리학자인 존 카치포John Cacioppo에 의하면 외로운 사람들은 사회적 위협처럼 보이는 것들을 극도로 경계한다. 그들은 거절당했다는 느낌에 과민하게 반응하고, 상대가 그럴 의사가 없음에도 거절당했다고 인지한다. 그리고 자신들의 사회적 교류를 부정적으로 해석하는 경향이 있다 보니 고독감을 더 심하게 느낀다. 그들은 만나는 사람의 인상을 더 부정적으로 규정하고 타인과 접촉할 기회를 줄인다. 그러다 보니 고통스러운 감정을 예견하고, 그 예견은 자동적으로 들어맞는다.[6]

　외로움이란 단순히 타인을 만나지 못하는 문제가 아니다. 친밀함이 부족하다는 점이 핵심이다. 가깝고 이해해주는 존재가 없다면 "군중 속의 고독"을 느끼기 쉽다는 건 잘 알려진 사실이다. 《뉴 리퍼블릭》에 주디스 슐레비츠Judith Shulevitz가 게재한 글에 따르면 외로움은 "외부 요인으로 유발된 객관적 상태가 아니라, 주관적인 내면의 경험"이다.[7] 표면적인 사회적 상호작용은 도움이 되지 않고 오히려 고립감을 악화시킬 수도 있다. 사람이 많은 곳에 간다 해도 친근한 감정이 발생하지 않는다면 엄청나게 외롭다고 느끼게 된다. 외롭다는 사람이 소도시보다 대도심에 더 많다는 사실만 봐도 잘 알 수 있다. 이 세상에 사람이 부족하지 않은 건 분명하다. 하지만 현대 세계에 사는 사람들은 전반적으로 유의미한 관계를 형성하지 못하고 있다.

　고독은 많은 국가가 겪고 있는 문제지만 특히 일본이 다른 사회보다 이 주제에 대해 아는 바가 많다. 일본은 출생률이 떨어지고, 고령자는 늘어나고, 노동 시간은 잔인할 정도로 길고, 결혼과 연애가 감소하는 악순환에서 빠져나오지 못한다. 심지어 집에서 홀로 사망했지만 수개월이나 여러 해 동안 죽음이 알려지지 않은 사람을 가리키는 '고독사'라는 단어가 있다. 외로운 고령자들은 고독사를 무척 두려워한다.

　　　　　　　　　　로봇, 그리고 로봇을 사랑하는 사람들

일본 고속 철도에 탑승한 70세 노인이 운행 도중 본인의 좌석에서 사망했다. 주위에 사람이 많았지만 며칠이 지나도록 그가 사망했다는 사실을 알아챈 이는 없었다. 이처럼 마음 아픈 이야기를 게재한 알렉스 해실로Alex Hacillo는 "지상에 구현된 괴이한 연옥에 갇혀서, 특색 없는 지방 기차역을 하나씩 끝없이 이동했던 고인은 돌보는 이 없는 시립 묘지의 이름 없는 무덤을 마지막 거처로 삼았다."[8]라고 묘사했다. 도쿄는 전 세계에서 가장 큰 도시이고 통근자만 수천 명이 오가지만 좌석에 쓰러진 고독한 사람을 알아채지 못했다.

인구 밀도가 아주 높은 도시인 도쿄에서는 약 50만 명 정도로 추산되는 젊은이들이 부모의 집에서 방문을 걸어 잠그고 외롭게 살아간다. 이들을 '히키코모리'라고 부른다. 그들은 종종 온라인으로 모여서 후지산 기슭의 빽빽한 숲인 아오키가하라주카이에서 집단으로 자살할 모임을 만든다. 관계를 형성할 희망이 없기 때문에 절망의 마지막 장에서라도 일종의 인간적 공유를 갈구하니 움직여보는 것이다.

일본에서 외로움의 근원인 사회적 문제를 해결할 전망은 그리 밝지 않다. 국립사회보장·인구문제연구소에서 조사한 바에 따르면, 18세에서 34세에 해당하는 남성의 70퍼센트와 동 연령대 여성의 60퍼센트가 현재 연애를 하고 있지 않았다. 응답자 5,276명 가운데 남성의 30퍼센트와 여성의 26퍼센트는 연애를 기대하지도 않는다고 말했다.[9] 연인이 되고 함께 살면서 사랑의 결실을 얻었을 경우, 자녀의 수는 커플당 1.39였다. 이 수치로 보자면 가족 내에서 노인과 환자를 돌볼 구성원이 심하게 부족해진다는 결론이 나온다.

일본 사회는 점점 확대되는 고독을 방지하기 위해서 다소 이상한 해결책을 내놓았다. 현재 대역 배우를 제공하는 업체가 적어도 열 곳 이상 영업을 하고 있다. 그 배우는 고객의 친구나 가족 구성원 역할을 맡아서 대화를 나누고, 영화관이나 행사에 같이 가고, 결혼식이나 장례식에 참석한다. 하루 동안 보살피는 척만 해주는데도(이용 요금은 시간당 4만 원에서 6만 원 정도에 경비는 별도로 청구된다) 잠시 외로움을 잊으면서 진짜 친구와 친지가 주는 부담과 의무를 피하게 해주는 것이다.

일본 전역에서 배우를 대여해주는 업체인 클라이언트 파트너의 대변인에 따르면 "자존감이 부족하고 타인의 평가에 유독 예민한 사람들"이 주 고객이다.[10] 그런 고객들은 깊어만 가는 외로움의 악순환에 빠졌기 때문에 진짜 관계를 맺으려는 노력 자체가 걱정돼서 시도를 하지도 못한다. 상호 교류가 가능한 로봇은 인간이 고립을 진정으로 끝내려고 억지로 노력하지 않아도 연결됐다는 느낌을 제공하기 때문에, 그런 이들이 잠재적으로 최우선적인 고객이다.

외로운 남성이 닌텐도 게임인 〈러브 플러스LovePlus〉에서 가상 여자친구를 만드는 것은 일본에서 볼 수 있는 의미심장한 현상이다. 이 게임에는 가상 여자친구가 세 명 등장하고, 플레이어는 감정적으로 연결된 정도에 따라 그 가운데 한 명을 고를 수 있다. 플레이어가 스타일러스 펜으로 화면을 터치하면 눈이 크고 아름다운 여자친구가 키스를 하고, 손을 잡고, 텍스트를 통해서 플러팅을 한다. 무시당하면 화를 내기도 한다. 가상 여자친구는 진짜 연인과 다르게 매일 24시간 동안 플레이어가 불러주기를 기다린다. 〈러브 플러스〉는 흥행에 성공했으며, 구매자는 대부분 진짜 연인 찾기를 포기한 30대와 40대 독신 남성이다.

이런 '관계'를 여러 해 동안 지속하는 사람도 있다. 그리고 사람들의 예상과는 달리 플레이어는 외모와 관계없이 여자친구를 선택하기도 한다. 스웨덴 사진가인 룰루 다키Loulou d'Aki는 다양한 플레이어와 접촉해서 여성에게 무엇을 바라는지 물어보았다. 다키에 따르면 "외모가 이러저러했으면 좋겠다는 등 육체적인 요구사항을 늘어놓을 줄 알았지만 그런 사람은 한 명도 없었다. 그들이 바란 건 자신을 있는 그대로 받아들여줄 존재였다."[11]

이 게임이 인기를 끈 이유 중 하나는 상대가 거절할 수 없다는 점이다. 또한 게임에 중독된 플레이어가 위험이 전혀 없는 감정적 안전지대를 떠날 필요가 없다는 것도 장점이다. 게임 개발자들은 그 뒤로 외로운 여성을 대상으로 유사한 게임을 만들기 시작했다. 비슷한 인공 관계에 얼마나 많은 여성이 이끌리는지 지켜보면 흥미로울 것이다.

도쿄에 기반을 둔 기술 업체인 빈클루Vinclu는 2016년에 가상 어시스턴트와 진일보한 기술을 결합해서 유리관 속에 여성의 홀로그램으로 등장하는 연애 상대를 만들어냈다. 캐릭터의 이름은 아즈마 히카리Azuma Hikari다. 이 캐릭터는 전등을 켜고 끄는 것은 물론이고 하루 종일 애정이 담긴 문자 메시지를 보내서 사용자가 타인과 연결되어 있고 '사랑받는다'고 느끼게 해준다. 이 400만 원짜리 어여쁜 어시스턴트는 현재 일본과 미국에서 매진 상태이다.[12]

일본이라는 점을 감안해도 이해하기 힘든 일이 있다. 일부 남성들은 크립톤 퓨처 미디어Crypton Future Media가 2007년에 제작한 하츠네 미쿠Hatsune Miku라는 가상 캐릭터에게 강하게 심취한다. 하츠네 미쿠는 눈이 크고 파랗고 긴 머리카락을 양갈래로 묶은 16세 소녀 캐릭터로, 일본에서 10년이 넘도록 지속된 문화 현상이기도 하다. 콘서트장에서는 이 캐릭터가 노래하고 춤을 추는 영상이 거대한 스크린에 투영된다. 하츠네 미쿠의 이미지를 사용하는 브랜드 상품 시장은 그 규모가 1400억 원에 달한다. 약 400만 원을 지불하면 유리구 안에서 떠다니는 미쿠의 홀로그램 스타일 이미지를 구현하는 데스크탑 장비를 구입할 수 있다. 2018년에는 35세 일본 남성이 말하고 춤추는 미쿠의 홀로그램과 결혼했다.

도쿄에 거주하는 콘도 아키히코와 미쿠의 결혼식에는 40명의 하객이 참석했다. 콘도 아키히코는 미쿠를 10년 넘게 사랑했다고 고백했다. 그가《더 스탠다드》를 통해 밝힌 바에 따르면 비공식적인 결혼식에 친인척이 모두 참가한 건 아니지만, "나는 늘 미쿠 씨를 사랑했다. 바람을 피운 적도 없고, 늘 그녀만을 생각한다."라고 한다.[13] 식장에는 미쿠의 모습을 한 봉제 인형이 '신부'로 참석했다. 콘도는 매일 그 인형을 옆에 두고 잠들며, 인형의 왼쪽 손목에는 결혼 팔찌가 끼워져 있다.

미쿠의 홀로그램은 진짜 연인처럼 콘도와 함께 사소하고 친밀감 있는 대화를 나눈다. 미쿠는 매일 같이 콘도를 깨워주고, 매일 저녁 일을 마치고 돌아오면 반겨주고, 잠자리에 들 때도 알려준다. 그리고 콘도가 귀가하는 중이라고 알리면 아파트에 조명을 켜는 등 일반적인 인공지능 비서의 기능도 전부 수행한다.

콘도는 이렇듯 가상 관계를 맺었기 때문에 외로움을 느끼지 않는다. 그는 좋지 않은 경험이 있기 때문에 살아 있는 여성과 사귈 생각은 하지도 않는다고 한다. 홀로그램처럼 생긴 미쿠에게 의지한다는 것은, 다시 말해서 진짜 인간관계를 원하더라도 거기에 필요한 감정적 기술을 연습하지 않겠다는 의미다. 그는 말싸움을 할 필요도 없고 요구하는 것도 없고 바람을 피우지도 않고 자신을 거부하지도 않는 시뮬레이션 캐릭터와 조화롭게, 아무 위기도 없는 관계를 유지하는 것으로 만족하고 있다.

콘도는 사회가 미쿠와 자신의 '결혼'을 다른 이들의 선택과 마찬가지로 일종의 성적 지향으로 받아들여야 한다고 생각한다. 누군가 지금의 애착 관계를 그만두라고 종용하면 어떡하겠느냐는 질문에는 "그건 잘못된 일이다. 게이에게 여성과 데이트하라고 말하거나 레즈비언에게 남자와 사귀라고 하는 것과 마찬가지

다.(…) 우리는 어떤 종류의 행복이든 차별하지 말아야 한다."라고 답했다.[14]

콘도의 결정은 낯설어 보이지만 있음직한 일이다. 미쿠의 데스크탑 홀로그램을 만든 업체인 게이트박스Gatebox는 일명 '다차원' 관계를 인증하는 결혼 증명서를 3,700여 건 판매했다. 나는 스스로를 가상 관계에 한정 짓는 사람을 보면 슬퍼진다. 선입견 때문에 진짜 사랑을 배제하는 것처럼 보이기 때문이다. 진짜 사랑은 좋을 때와 나쁠 때가 있고, 즐거움과 슬픔이 있다. 우리는 그런 것들 덕분에 미숙함을 벗어나고 성장한다. 콘도는 나이를 먹고, 병에 걸리고, 가족 구성원의 사망을 경험하고, 끝이 있는, 인생의 일반적인 부침을 겪어야 한다. 영원히 청년기에 머무는 미쿠가 인간 콘도가 원하는 바를 끝까지 충족시킬 수 있을까? 콘도는 언젠가 진짜로 감정이 성숙해질까? 진짜 여성과 관계를 맺으려고 시도해보지 않고도 미쿠와 인간 여성의 차이를 알 수 있을까?

일본이 외로움과 고립을 물리치는 로봇 동반자 업계에서 첨단을 달리는 건 놀라운 일이 아니다. 7장에서는 몸체가 있기 때문에 홀로그램 이미지의 한계를 넘어선 무언가를 보장하는 로봇 동반자에 대해, 그리고 그런 동반자가 결혼과 사회에 미치는 영향에 대해 자세히 살펴볼 것이다. 하지만 지금은 일단 일본을 포함해 기술이 발전한 여러 국가에서 선보이고 있는, 이른바 다정한 사랑의 여러 가지 어두운 면을 더 다루어보겠다.

로봇, 그리고 로봇을 사랑하는 사람들

노년층은 로봇과의 상호작용을 다른 세대보다도 먼저 즐기게 된 연령대다. 일본 정부는 노인 돌봄 인력의 부족을 부분적으로 해결하기 위해 로봇을 적극적으로 도입하고 있다. 일본은 고령 인구가 빠르게 증가하는 국가이고, 2025년까지 고령자를 돌보는 전문 인력을 38만 명가량 추가로 확보해야 한다. 현재 전통적인 방법으로는 그만한 인력을 충원할 수 없다. 2025년에 이르면 700만 명이 치매로 고통받기 때문에 집중적인 특별 치료가 필요할 것으로 추정된다.[15] 치매 환자는 사회적으로 고립되고 그 결과 병세가 빠르게 악화될 수 있기 때문에 특별히 관리해야 한다. 하지만 영원히 피드백을 되풀이하는 홀로그램 연인과 달리 노인 돌봄 로봇은 상호작용을 정말로 촉진해서 치매의 진행 속도를 늦추도록 설계될 것이다.

도쿄 중심가에 위치한 신토미 요양소는 크기와 외형이 모두 다르고 입주자에게 다양한 서비스를 제공하는 로봇을 스무 대 정도 운용한다. 그중에는 털 달린 동물이나 어린아이나 나무를 닮은 로봇도 있고, 성인처럼 생긴 휴머노이드도 있다. 이 로봇들은 외형과 무관하게 걷기 힘든 이들을 안내하거나 조언해주는 기능성 기계이다.

1장에서 소개했던 페퍼는 신토미 요양소의 입주자가 노래하고 대화하고 운동하도록 유도한다. 로봇 개 아이보와 털북숭이 아기 물범인 파로PARO는 반려동물과 유사한 역할을 담당한다. 파로는 사람이 쓰다듬으면 고개를 돌리고, 눈을 깜빡이고, 가르랑거리고, 녹음해두었던 진짜 캐나다 하프물범 소리를 낸다. 파로는 요양소에서 가장 인기가 많다. 요양소 입주자는 인터뷰를 통해 이렇게 말했다. "처음 쓰다듬었을 때 파로는 너무 귀엽게 움직였어요. 진짜 살아 있는 것 같았죠." 입주자는 웃으며 덧붙였다. "한번 만지고 나니까 떼어놓을 수가 없었어요."[16]

신토미 요양소에서 인간의 경계심을 시각적으로 파로보다 더 잘 해제시키는 로봇은 첫 인상이 괴상하다 못해 솔직히 무서워 보일 수도 있는 텔레노이드Telenoid다. 벗겨진 머리와 무표정한 얼굴은 조금 섬뜩한 느낌을 주고, 뭉뚝하고 짧은 팔과 다리는 잘라낸 것처럼 보인다.

하지만 일단 작동하기 시작하면 디자인이 이해된다. 텔레노이드는 치매 환자의 무릎에 앉아서 상호작용 하도록 설계되었다. 환자와 소통하려는 친구나 가족 구성원은 태블릿을 손에 들고 이 로봇을 원격으로 조종할 수 있다.

원격조종자가 말을 하면 텔레노이드도 말을 하면서 머리와 입을 움직인다. 환자가 입을 열어 대화에 참여하도록 유도하기 위해서 요양소 직원이 태블릿으로 조종하는 경우도 있다. 환자는 특징이 없는 텔레노이드의 외형을 보고 대화 상대가 어떻게 생겼는지 상상한다. 입주자의 증언에 따르면 환자들은 인간 요양사보다 텔레노이드와 마주할 때 더 편히 대화하고 감정도 솔직히 털어놓는다.[17] 심지어 진짜 인간과 소통할 때도 텔레노이드의 외모 때문에 로봇과 소통한다고 믿게 되며, 개인적인 이야기

로봇, 그리고 로봇을 사랑하는 사람들

를 할 때도 평가받지 않는다는 해방감을 얻는다.

요양소에서 사용하는 소셜 로봇에 대한 여러 연구 결과에 따르면, 로봇을 사용하면 결국 이용자 간의 사회적 연계가 더욱 깊어진다. 신토미 요양소에서 페퍼의 도움을 받아 운동 치료를 끝낸 입주자는 이렇게 말했다. "로봇들은 정말 대단합니다. 혼자 사는 사람이 늘어나는 요즘, 로봇이 대화 상대가 될 수 있어요. 그러면 삶이 더 즐거워질 겁니다."[18] 소셜 로봇은 대화 상대가 될 뿐 아니라 요양소 입주자가 느끼는 억압을 줄여주고 대화 소재를 제공함으로써 상호작용을 더 많이 이끌어낼 수 있다.

노인 돌봄 로봇의 단점은 높은 비용이다. 요양소에서 사용하는 로봇의 가격은 대당 약 540만 원에서 1330만 원에 이른다. 그럼에도 소셜 로봇의 가격은 다른 로봇과 비교할 때 최고가와는 거리가 멀다. 가장 비싼 로봇은 파나소닉Panasonic에서 만든 침대 로봇으로, 이 침대는 둘로 분리되며 그중 한 쪽은 휠체어로 변신한다. 이 로봇 침대는 마비성 환자와 운동 장애가 있는 사람들을 도와준다. 고령자와 장애인이 걷도록 부축하고, 침대에서 들어올리고, 약을 먹도록 도와주고, 씻겨주는 등의 다양한 간호 로봇들도 있다.

일본에서는 현재 약 5천 곳의 요양소가 노인 돌봄 로봇을 사용한다. 이처럼 돌봄 로봇이 일본에서 급속하게 환영받는 데에 반해 미국이나 여타 국가의 상황은 다르다. 로봇을 바라보는 시각이 다르기 때문이다. 시각 차이를 유발하는 가장 큰 원인은 바로 문화다.

2018년에 시행한 설문 조사에 따르면 일본인의 80퍼센트가 노인 돌봄 로봇을 긍정적으로 생각한다. 조금 놀랍게도 인간이 돌봐주는 편이 좋다고 답한 응답자는 50퍼센트에 못 미친다. 타인이 돌봐주는 상황에 대해서 다수의 사람들이 양가적인 감정을 품는다는 것을 보여주는 결과이다. 적지 않은 이들이 자신을 돌보는 이에게 짐이 되는 느낌을 받는다고 말한다. 목욕처럼 아주 사적인 활동에 도움을 받으면 누구든 마음이 편치 않을 것이다. 인간은 아직도 자신을 직접 관리하는 능력과 독립성을 중요하게 생각하고, 그런 면에서는 일본 사회도 다른 곳과 차이가 없다.

일본 통신사인 닛폰 통신 네트워크에 따르면 앞서 언급한 설문에 응답한 사람 중 51.3퍼센트가 "로봇은 행복한지 걱정할 필요가 없다는 점이 장점이다."라고 답했고 27.2퍼센트는 사람이 로봇보다 잘 돌봐주기는 하나 "상대에게 말을 건네기가 어렵다"고 답했다.[19]

이동을 보조하고, 원격으로 상태를 확인하고, 통신 수단을 제공하고, 목욕을 돕고, 청소하고, 물건을 가져다주고, 운동하도록 유도하고, 가전제품과 가정용 의료 기기를 조종하고, 바이탈 사인을 늘 점검하고, 필요한 순간에 응급 구조대를 부르고, 날씨를 확인하고, 약 먹을 시간을 챙겨주고, 함께 게임을 하는 등 로봇은 이미 고령자에게 다종다양한 서비스를 제공한다. 그런 서비스 하나하나가 집에서 독립적으로 살아가는 고령자에게 도움이 되지만, 정서적인 요소도 그에 못지않게 중요하다. 곁에 있어 주고 실용적으로 도와주면서 심리 치료까지 해주는 로봇이라면 고령자의 가정에 없어서는 안 될 존재가 된다. 하지만 그와 동시에 로봇은 예상을 훨씬 웃도는 의존성을 유발할 수도 있다.

로봇 사용자만 로봇에 의존하는 것은 아니다. 사랑하는 이를 로봇이 돌보면 가족 구성원과 친구 역시 로봇에 과도하게 의지하게 되고, 돌봄에 관심을 줄인다. 인간을 기쁘게 하는 방향으로 로봇이 설계된다는 점도 고민해봐야 한다. 인간관계는 본질적으로 쉽지 않은 문제이기 때문이다. 사용자가 가족이나 친구보다 늘 만족감을 주는 로봇을 선호하는 탓에 인간관계에서 더 멀어지고, 실제로는 더 고립될 수도 있다. 홀로그램에 관심을 모조리 쏟아 붓는 외로운 남성들의 사례에서 보듯이 사용자의 진짜 사교 기술이 퇴화할 수도 있는 것이다.

일본인이 로봇을 그처럼 흔쾌히 받아들이는 데에는 일본 문화 자체의 영향도 크다. 일본 사회는 역사적으로 로봇을 귀엽고 사랑스럽고 무해한 존재로 그려왔다. 일본 영화와 만화와 게임과 소설에는 귀엽고 유용한 로봇이 잔뜩 등장하는 반면에 미국 문화에는 터미네이터풍 로봇과 끝내 봉기해서 창조자를 살해하는 로봇이 우글거린다. 일명 '가와이可愛い'라는 현상은 최근 수십 년 동안 일본 문화를 가득 채웠다. '가와이'라는 표현을 억지로 번역하자면 '귀엽고 아이 같은 것들 전부'라고 할 수 있다. 이런

풍조는 계속해서 로봇 설계에 영향을 미쳤다.

가와이 유행은 1970년대에 일본 여학생들 사이에서 탄생한 것으로, 성인 세대가 요구하는 도덕적 엄격함이 부담스럽다 보니 발생한 반항의 한 형태였다. 가와이는 복장을 통해 구현되었다. 여학생들은 리본, 주름 장식, 나비매듭, 장난감, 작은 봉제 동물인형으로 자신을 휘감았다. 귀여움이 섬뜩할 정도로 과도한 스타일이라고 할 수도 있고, LSD를 복용한 디즈니 캐릭터가 극단적으로 감정을 표현하는 것과도 유사하다. 얼마 지나지 않아 비슷한 스타일로 장식된 자동차들이 등장했고, 귀여움의 미학이 가전제품과 온라인 게임과 정부에서 발행한 보건 유인물과 설거지용 스펀지까지 퍼져나갔다. 민속학자인 소피 나이트Sophie Knight의 연구 결과에 따르면 "일본에서는 암 검진 알림과 쓰나미 경고와 보험 판촉물에도 만화 같은 토끼 캐릭터를 활용한다."[20]

삶의 우울한 측면에서 눈을 돌리고 기분 좋은 것들을 보고 싶은 현실도피성 욕구는 논외로 하더라도, 인간이 귀여운 대상에게 반응하는 데에는 과학적인 이유가 있다. 인간의 두뇌는 귀엽고 둥근 것들을 보기만 해도 아기를 떠올리고 '행복한 호르몬'을 분출한다. 더 명확히 밝히자면 사랑의 호르몬인 옥시토신을 분비한다. 가와이 스타일은 그보다 먼저 등장했던 여러 가지 길거리 패션과 마찬가지로 활성화되면서 주류가 되었고, 일본이 생각하는 세계적 문화 수출품 및 소프트 파워의 원천에서 커다란 영역을 담당하게 되었다. 애니메이션, 하츠네 미쿠 같은 캐릭

로봇, 그리고 로봇을 사랑하는 사람들

터, 헬로 키티 시계, 포켓몬 고는 가와이 수출품의 대표적 사례이다.

일본에서는 아이처럼 생긴 로봇이 귀여운 물건들의 세계에 등장해서 경쟁에 뛰어들기도 했다. 그런 로봇을 사용하면 고양이 영상만 봐도 분비되는 이른바 고양이-옥시토신과 유사한 무언가가 만들어진다. 앞서 언급했던 파로가 좋은 예다. 로봇 전화기인 로보혼^{RoBoHoN}도 그 사례다. 로보혼은 걷고 말하고 사용자의 말에 반응하고 머리에 있는 프로젝터로 그림과 영상을 재생한다. 모르긴 해도 로봇의 머리를 귀에 대고 발에 달린 마이크를 향해 말해야 하는 전화기가 성인 소비자에게 인기를 끄는 나라는 일본뿐일 것이다. 사실 로보혼은 열성 팬들이 도쿄에 있는 카페에서 정기적으로 만나 열정을 공유할 정도로 인기가 있다.[21]

도요타^{Toyota} 사의 키로보 미니^{Kirobo Mini}도 일본에서 선보인 귀여운 로봇이다. 키로보는 사용자의 감정에 반응하고 대화에 참여한다. 키로보는 머리가 둥글고 눈이 거대하고 발이 아주 크고 일본어로 대화할 수 있는 소형 로봇이며, 우주에 진출한 첫 번째 동반자 로봇이다. 키로보는 2013년 8월 4일에 로켓을 타고 지구를 떠난 뒤 8개월 동안 국제 우주정거장에 머물렀다. 그리고 2015년 2월 10일에 화물 수송용 우주선에 타고 지구로 돌아와 태평양에 착수했다. 우주비행사들이 오랫동안 우주 공간에 머물면서 느끼는 무료함과 외로움을 줄여주는 것이 키로보의 임무였다.[22]

일본 기업인 유카이 엔지니어링Yukai Engineering에서 제품 디자이너로 근무하는 다쓰미 고스케Kosuke Tatsumi에 따르면 아이처럼 생기고 귀여운 로봇을 만드는 것은 다시 말해서 친해지기 쉽고 실수를 해도 금세 용서받을 수 있는 로봇을 만드는 작업이다. 셰리 터클은 로봇에 탑재해야 하는 킬러앱은 돌봄 기능이라고 주장한 바 있다. 만약 그 주장이 사실이라면 귀여운 일본 로봇이 가정에서 아이들을 보살피고, 함께 놀아주고, 환자와 고령자를 돌보고, 외로운 사람을 위로하는 역할을 전담하게 될 것이다. 이런 로봇은 돌봐야 한다는 생각을 갖게 만들기 때문에, 사용자에게서 감성적인 반응을 유도하고 애착심 역시 강화한다.

로봇의 감정이 일방통행이기 때문에, 설계자가 감정을 흉내 내는 모델을 아무리 잘 만든다 해도 인간과 로봇의 관계는 결국 인간에게 해로울 거라는 주장은 어떻게 생각하면 좋을까? 일부 학자들은 그런 관계가 결국 본질적으로 인공적이며, 심지어 처음부터 비윤리적일 수밖에 없다고 주장한다. 소셜 로봇은 최근에 출현했기 때문에 사용자에게 장기적으로 미치는 영향을 대규모로 조사한 경우가 많지 않다. 그렇다 보니 어떤 학자들은 소설과 영화가 미치는 영향을 통해 이 주제를 연구하기도 했다. 따지고 보면 인간은 누구나 가상 캐릭터에게 감정을 이입한다. 하지만 그런 캐릭터들은 존재하지 않으므로 인간이 품는 감정에 반응할 수도 없다. 이런 것들조차 인간에게 해를 끼칠까?

덴마크 철학자인 라파엘 로도노Raffaele Rodogno는 2015년에

《윤리와 IT》저널에 발표한 논문을 통해 이 문제를 심도 깊게 분석했다. 논문의 제목은 「소셜 로봇, 소설, 감상성Social Robots, Fiction, and Sentimentality」이다. 그는 로봇과 교류하면 "긍정적인 기분이 들고, 외로움이 줄어들고, 스트레스가 경감하고, 면역 체계 반응이 증가하고, 치매 증상 까지도 줄어든다"는 증거가 있다고 말한다.[23]

여기서 '감상성sentimentality'이란 진짜가 아닌 것으로 보이는, 정당하지 않은 느낌을 즐기려고 현실을 능동적으로 왜곡하는 경향을 가리킨다. 인간은 "세계를 정확히 이해할" 의무가 있기 때문에 이런 감상성이 비참한 현상이라고 주장하는 사상가들이 있다.[24] 로버트 스패로Robert Sparrow가 대표적인 인물이다. 그는 더 나아가서 아이보 같은 로봇 개를 설계하고 생산하는 행위가 비윤리적이라고 주장한다. 가짜 감정에 탐닉하도록 장려하기 때문이라는 것이다.

로도노는 영국 철학자 매리 미질리Mary Midgley의 말을 인용해서 감상성을 정의한다. "감상적이라 함은 감정에 빠지려고 세계를 잘못 전달한다는 뜻이다." 인간이 감정에 빠지면 더 중요한 욕구, 즉 세상을 있는 그대로 직시하려는 욕구를 배신할 수밖에 없다는 주장이다.

아직까지는 소셜 로봇과 인간이 교류할 때 적어도 로봇 쪽에서는 진짜 감정이 발생하지 않는다. 그 점은 확실하다. 소셜 로봇과 상호작용을 한다는 것은 결국 로봇의 내면에 감정적인 영역이 있다고 어느 정도 믿어줘야 가능한 일이다. 사실이 아니라는 것은 알지만, 그럼에도 로봇이 결국 플라스틱과 금속으로 만든 구조물이라는 지식을 인간이 자발적으로 외면하고 속아주는 것이다. 이 과정에 진심으로 참여하려면 일정 수준의 거짓 놀음은 반드시 필요하다. 우호적인 로봇이 우리와 같은 존재라고 상상하거나 로봇 개에게 진정으로 인간의 관심이 필요하다고 생각하는 행위가 정말로 우리 자신을 배신하는 것일까?

로도노는 논리적으로 볼 때 로봇과 인간의 관계에서 이익을 끌어내려고 인간이 자신을 속이거나 현실을 왜곡할 이유가 없다고 주장한다. 로도노는 자기기만의 문제, 그리고 진짜 감정과 부당한 감정의 문제를 고찰하기 위해서 소설과 영화에 감정을 이입하는 과정을 살펴본다. 소설 속 캐릭터들은 엄밀히 말하면 상상 세계에만 존재하지만, 그럼에도 불구하고 사람들은 보통 그 캐릭터들의 괴로움에 진짜 감정적으로 반응한다. 인간은 올리버 트위스트나 안나 카레니나 같은 소설 속 인물의 흥망을 지켜보면서 불신을 기꺼이 뒤로 미룬다. 일부 철학자들은 이런 감정을 '유사 감정'이라고 부른다. 로도노는 안나를 보고 느끼는 슬픔이 진짜 감정이라고 본다. 안나 같은 사람은 현실에 존재하므로, 그 슬픔 역시 안나와 유사한 현실 속 인물에게 어려움 없이 전이된다는 것이 이유이다.

안나가 가공의 인물이라는 사실은 잘 알지만, 그가 겪는 고통은 현실에서도 아주 많은 사람이 정말로 겪고 있으며 우리는 그들에게 공감한다. 또한 실력 있는 작가가 인생과 인간의 행동을 깊이 있게 통찰하고 쓴 좋은 소설은 인간의 상태에 관한 많은 진실을 독자에게 가르칠 수 있다. 안나도 우리처럼 약점이 있고 상처받기 쉬우며 우리도 비극을 겪을 수 있다는 점을 깨달으면, 그로 인해 발생하는 감정은 진짜 감정이다. 우리는 자신이 때때로 심각하게 실수한다는 사실을 알기 때문에, 스스로 난처한 상황에 빠지는 이에게 공감한다. 심지어 이런 감정을 느끼면 우리는 감정적으로 성장할 수 있다.

마치 작품 속 캐릭터에게 마음을 쓰듯이, 인간은 로봇과 관계를 맺으면서 어느 정도는 알면서도 속아준다. 하지만 그때 발생하는 감정 역시 진짜이고 세상의 진실을 반영하기 때문에 그런 감정을 진짜 인간과 동물에게 전이할 수 있다. 로도노도 그 점은 인정한다.

하지만 알츠하이머 환자나 인지 장애가 있는 사람처럼 더 약자의 위치에 있는 이들의 경우에는 문제가 다르다고 지적한다. 그런 이들은 어느 정도 알면서 속아주기가 힘들 수도 있다. 즉 로봇이 정말로 살아 있고 진짜 감정을 느낀다고 속을 수도 있다. 나는 이 책에서 그런 이들의 목록에 어린아이와 자폐 스펙트럼을 겪는 사람을 포함한다. 이 주제는 뒷장에서 다시 다룰 것이다.

심히 외롭거나 사교 기술이 부족한 사람도, 기본적으로 로봇이 살아 있지 않다는 점을 알고는 있지만, 그런 관계에 깊이 빠져들어서 결국 진짜 인간이나 진짜 동물과 관계를 형성할 기회가 점점 줄어든다. 소셜 로봇이 인간이 말한 것들을 전부 기억하고 그에 따라 행동한다는 점을 고려할 때, 약자들은 시간이 흐르면서 로봇과 인간의 관계를 인간 대 인간의 관계와 마찬가지로 진짜 관계로 인식할 것이다. 하지만 이런 비교는 공정하지 못한 면이 있다. 진짜 인간은 육체적으로든 감정적으로든 항상 우리와 함께하지 못한다. 반면에 로봇은 언제든지 함께하기 때문에 최우선적인 관계를 형성할 가능성이 크다. 여기에 로봇은 인간을 평가하지도 않고 거부하지도 않는다는 점까지 더하면 매력이 더 커진다.

로도노는 여러 가지 상황을 제시한 뒤 결론적으로 아이보 같은 로봇 동물과 좋은 책이나 영화를 나란히 놓고 감정적인 연결을 비교한다. 그는 이렇게 말한다. "안나 카레리나를 두고 슬픔을 느끼려면 상상하고, 받아들이고, 그녀에게 무언가 불행한 일이 일어났다는 생각을 (진짜라고 믿지는 않지만) 마음속에 그리거나 떠올리는 과정이 필요하다. 마찬가지로 로봇 동물을 보고 즐거워질 때면 상상하고, 받아들이고, 로봇 동물이 나를 만나 행복하다는 생각을 (진짜라고 믿지는 않지만) 마음속에 그리거나 떠올리는 과정이 필요하다." 그런 생각들은 의식 수준에서 일어난다. 그리고 로봇 개가 나를 사랑한다는 가능성을 떠올린들, 결국 로봇 개는 진짜가 아니라는 지식에 기반하고 있기 때문에 현실 왜곡은 발생하지 않는다. 즉 로도노의 관점에서 볼 때 타락한 감상성은 없다. 거짓 감정이 없기 때문이다. 그래도 로봇과 인간의 관계가 일상적일 때 발생하는 전반적인 이득에 대해서는 의문이 남는다. 로도노는 이렇게 설명한다.

이들이 처한 상황은 소설이나 좋아하는 TV 시리즈에 몰입해서 많은 시간을 보내는 사람의 경우와 유사하다. 엄밀히 따져 볼 때 그들이 현실을 왜곡하진 않으나, 관점에 따라서는 현실과 동떨어져서 산다고 볼 수도 있다. 또한 현실을 왜곡하지 않으면서도 어떤 감정에 몰두하려고 그렇게 활동할 수도 있다(또는 어떤 감정을 직면하지 않고 회피하려고 그럴 수도 있을 것이다).

로봇과 너무 많이 상호작용을 하면 문제가 생길 수도 있다고 보는 이유는 여러 가지가 있다. 모든 인간은 현재진행형으로 아주 사회적이고 감정적인 존재이다. 그 과정에서 건전한 경향과 불건전한 경향이 뒤섞여 모순이 발생한다. 교류하는 상대가 로봇이기 때문에 사용자가 사회적 또는 정서적 부적응을 성찰하거나 수정하는 일은 벌어지지 않는다. 하지만 인간과 교류하다 보면, 특히 그 관계가 장기적으로 지속될 때는 그런 일이 일어나곤 한다. 처음에는 이런 차이가 로봇과 인간의 관계가 갖는 장점으로 보일 수도 있다. 하지만 인간은 타인과의 관계가 예상하지 못한 방향으로 흐르면 그것을 처리하는 과정에서 진지하게 반성하고 개인적으로 성장한다. 반면에 로봇과 인간의 관계에서는 이런 일이 일어날 수 없다. 로봇과 인간의 관계에는 한계가 있다.

또한 그런 관계가 인간의 삶에서 중요해질 경우 성장이 저해되고 인생을 진정으로 발전시킬 만한 자극은 대부분 사라진다. 우리는 그런 사실을 확실히 인지해야 한다.

로도노는 인공 관계를 받아들인 사람들이 특정 감정에 탐닉하려고 현실의 일면을 자발적으로 검열해가면서 (불건전한) 감상성에 빠지는 일이 있을 거라며 의심을 거두지 않는다. 진실보다는 애써 노력하지 않아도 애정, 수락, 친절함처럼 원하는 감정을 불러일으키는 쪽을 선택하는 사람은 있을 것이다. 그렇다고는 해도, 수락이든 유머든 자신을 필요로 하는 사람이 있다는 느낌이든 간에, 로봇 사용자도 무언가를 느끼긴 해야 한다는 점은 잊지 말아야 한다. 그런 느낌을 로봇이 유발한다고 해서, 그 관계 때문에 인간이 상처를 입을 거라고 확언할 수 있을까? 외로운 사람이 로봇과 대화하면서 잠깐이나마 긴장을 풀 수 있다면, 그 덕분에 육체와 정서적 건강도 나아진다고 볼 수 있지 않을까?

우리는 평상시에도 진짜 인간과 동물을 이용해서 위로를 받고, 외로움을 잊고, 긍정적인 감정을 불러일으킨다는 주장도 있다. 하지만 인간과 동물은 존재 자체만으로도 존중받아야 하고, 늦든 이르든 필요한 것을 요구한다. 로봇은 그러지 않는다. 작동에 필요한 전력을 제외하면 정말로 필요한 게 없기 때문이다. 살아 있지 않고 인간이 무신경하게 취급하거나 학대해도 상처받을 만한 감정이나 섬세한 감정이 없으므로 존중해줄 필요도 없다.

아무런 대가를 지불하지 않아도 로봇을 이용해서 기분이 좋

로봇, 그리고 로봇을 사랑하는 사람들

아지는 상황에 익숙해지면 무의식적으로 인간에게도 똑같은 기대를 품고, 상대방을 제대로 존중하지 못하고, 상대가 요구를 거부하면 이해를 못하고 불만을 품을 수 있다. 다른 사람과 동물을 대할 때도 로봇과 오랫동안 교류하면서 생긴 습관대로 행동할까? 만약 그렇다면 한계는 어느 정도일까? 이런 문제는 아직 본격적으로 연구된 바가 없으므로 답도 알 수 없다.

인간이 현실을 특정 착각(예를 들어 로봇이 인간을 무조건적으로 사랑한다는 착각)으로 대체하고, 습관적인 자기기만에 익숙해진 나머지 자신의 정서적 건강이나 진짜 인생을 살고 싶다는 욕구를 소중히 여기지 않을 거라는 주장도 있다. 진짜 정신적인 문제를 쉽사리 외면하고 그 결과 악화되도록 방치하는 행위는 일종의 자해나 자기 무시로 간주해야 할지도 모른다. 그런 수단들은 외로운 사람이 진정으로 앞으로 나아가 진짜 고립을 끝내는 데에는 아무런 도움도 되지 못한다. 그 사람은 인생에서 가장 중요한 공간, 즉 사회적 교류의 투기장에서 성공하지 못할 것이다.

시급한 문제는 또 있다. 외롭고 보살핌을 받지 못하기 때문에 돌봐줄 존재가 필요한 진짜 인간이 엄청나게 많다는 점이다. 로봇은 집중적으로 관심을 받고 있는데 정작 로봇이 필요한 사람에게는 관심이 부족하다. 로도노는 로봇과 인간의 관계에 있어서, 로봇이 진짜 인간이나 동물을 대체할 때 비윤리성이 발생한다고 본다. 그는 인간이 관계를 맺어야 비로소 주체성을 확립하고 인생의 주관적 의미를 발견한다고도 주장한다. 로봇은 표면적인 즐거움을 이끌어낼 수 있지만 더 깊은 의미를 깨닫게 해주거나 인간 주체성의 중요한 요소가 될 수는 없다는 것이다.

로도노는 논문의 결론부에서 "보는 관점에 따라서는, 인공 관계에 매몰된 인간은 말 그대로 감정적인 어린아이가 될 수 있다. 친구나 연인 관계란 불완전함까지 포함해서 타인을 '있는 그대로' 받아들이려 타협하는 과정에서 밀접해지고 깊어지게 마련이지만, 인공 관계에 매몰된 사람은 그럴 능력이 없으며 그럴 생각도 하지 않을 것이다."라고 주장한다. 또한 우리 사회가 어디로 나아가는지 장기적으로 연구한 결과가 거의 없는 현 상황에서, 로봇과 인간의 관계가 크게 확대된다면 해당 논문에서 지적한 문제가 완전히 새로운 의미로 다가올 것이라고 주장한다.

현존하는 소셜 로봇 대다수는, 진짜 인간과 깊이 교류하는 경우와는 비교할 수도 없으며, 좋은 소설이나 영화처럼 복잡한 감정을 불러일으키는 능력이 없다고 단정할 수 있다. 대다수의 소셜 로봇은 말을 걸면 즉각적으로 호응하지만 내용은 피상적이다. 워우봇 같은 챗봇이나, 로봇에 탑재하겠다는 원대한 목표를 두고 개발된 프로그램은 상황이 다르다. 하지만 로봇은 소비자용 제품으로 출시할 예정이므로 사용자가 더 많은 기능을 요구할 경우 시장의 요청 사항을 빠르게 충족시켜야 한다.

심리 상담 치료나 쓰다듬어 달라고 조르는 단순한 로봇 개보다 더 심도 있는 관계를 제공하는 프로그램은 쉽게 제공할 수 있다. 연애 상대로 설계된 로봇은 더욱 그렇다. AI가 탑재된 로봇은 특정 방향으로 향상된 지능을 발휘할 수 있다. 예를 들어 지능적으로 유혹하거나, 사용자가 원할 경우 무언가를 요구할 수도 있다. 하지만 친절하게 대해 달라고 인간에게 요구할 수는 없으며 잘못된 취급을 받아도 불평하지 못한다. 인간이 부적절하게 행동하거나 인간 쪽에서 관계를 망쳐도 로봇은 인간을 거부할 수 없다.

소셜 로봇이 TV나 자동차처럼 보급된다고 상상해보자. 그러면 우리 사회는 전례 없는 수준으로 달라질 것이다. 우리가 소셜 로봇이 제공하는 서비스로 진짜 사람 사이의 관계를 연습한다면, 사회의 근간을 이루는 사적 인간관계는 성격이 완전히 바뀔 것이다. 수백만 명에 달하는 사람들이 사회적으로 미성숙한 단계에 영원히 머문 채 정서적으로 성숙한 성인이 되길 포기하거나 그런 능력을 상실할 것이다. 로봇과 인간의 관계에서 얻는 피상적 즐거움에 매료된 나머지, 진짜 인간 간의 연계를 생성하지 못해 내면이 텅 비었음을 알아채지도 못할 것이다. 결국 타인을 로봇처럼 대한 나머지 소중한 것은 단 하나도 얻지 못하게 될 것이다.

‖7‖

로봇 시대의 사랑

뉴저지에 근거지를 둔 트루컴패니언TrueCompanion의 엔지니어 더글러스 하인스Douglas Hines는 록시Roxxxy라는 러브돌을 제작했다. 록시는 신장이 170센티미터에 무게가 54.5킬로미터인 시제품으로, 제작자에 따르면 애정을 표현할 수 있고 대화가 가능하다. 록시는 그저 그런 섹스돌과 달리 인간과 아주 흡사해서 심장 박동이 있고 만져보면 따뜻하다. 음성 인식 소프트웨어 덕분에 인간의 말을 '이해하고' 코딩되어 있는 다양한 반응을 보여줄 수도 있다. 앞으로 록시를 구매할 사용자는 외형을 변경할 수 있고 '쌀쌀맞은 패러'나 '야성적인 웬디'를 포함해 다섯 가지 성격 중 하나를 고를 수도 있다.

록시와 상호 작용하는 과정에서 방해가 없는 건 아니다. 모터는 계속 진동음을 방출하고, 얼굴 표정은 너무 딱딱해서 수동적인 좀비 아내처럼 으스스하고 텅 비어 있다고 밖에는 표현할 수 없다. 록시는 불쾌한 골짜기에 빠질 위험 자체가 없다. 그보다 먼저 극단적으로 대상화된 여성이나 시체 성애 같은 단어들이 떠오르기 때문이다. 록시는 2010년에 선을 보였고 2017년까지도 판매되었다. 하지만 이 책을 집필하는 시점에서는 어떤 운명을 맞이했는지 알 수가 없다. 록시를 발표했던 트루컴패니언의 홈페이지가 사라졌고 검색을 해봐도 새 소식이 없기 때문이다. 하지만 리얼돌RealDoll이나 섹스돌 지니Sex Doll Genie 같은 업체가 신형 섹스 로봇을 발 빠르게 개발하고 있다.[1]

성적인 사랑과 더불어 다양한 관계를 제공하는 로봇이 전 세계에서 개발되는 중이다. 소셜 로봇은 소비자용 제품으로 생산되기 때문에 판매자는 섹스와 연애처럼 돈벌이가 되는 시장을 노리고, 기술적인 한계 내에서 가장 유혹적인 로봇을 만든다. 이런 로봇을 만드는 제작자는 빈 서판이 아닌 인간, 다시 말해서 타고난 본성이 있는 인간이 구매자라는 점을 잘 알고 있다. 모든 인간은 사랑받고, 존경받고, 칭찬받기를 바란다. 인간이 매혹되기를 좋아하고, 존경 어린 눈으로 끝없이 관심을 쏟는 대상 앞에서 나약해진다는 사실은 수없이 많은 연구 결과가 증명한다. 로봇은 그런 관심을 제공할 수 있지만 인간에게는 어려운 일이다.

현존하는 섹스 로봇과 연애용 로봇은 사실성이란 관점에서 볼 때 턱없이 부족하다. 즉 그런 로봇과 인간을 혼동할 일은 없다. 하지만 훨씬 더 사실적인 모델이 수년 내에 등장할 것으로 보인다. 이 미래의 로봇은 인간 연인의 행동을 정교하게 시뮬레이션해서 더 큰 애정을 끌어낼 것이다. 진짜 인간관계에 능숙하지 못한 사람이라면 이런 로봇을 선택해서 저항이 훨씬 적은 관계를 형성할 수도 있다. 하지만 로봇은 피상적인 유대감만 제공할 수 있으므로 장기적으로는 사회적 고립이 더 심화될 수밖에 없다고 보는 연구자도 있다.

아무것도 요구하지 않으면서 연인 관계 속 감정의 미묘한 일면까지 흉내 내는 능력은 이런 로봇의 핵심이다. 하지만 인간 연인은 이처럼 알고리즘에 기반한 흔들리지 않는 신뢰를 제공할 수 없다.

SF 팬들은 TV 시리즈 〈웨스트월드Westworld〉나 2013년 작 영화인 〈그녀Her〉 같은 작품 덕에 인공 여성과 사랑에 빠진 남성이라는 소재에 익숙하다. 〈그녀〉에서는 상호작용이 가능한 컴퓨터 프로그램과 남성 주인공이 사랑을 나눈다. 프로그램의 목소리는 배우 스칼렛 요한슨이 담당했다. 2021년에 발표된 독일 영화 〈아임 유어 맨I'm Your Man〉은 훌륭한 작품이다. 이 영화는 뛰어난 영국 배우 댄 스티븐스가 주연을 맡았으며, 아주 회의적인 고고학자와 연인 로봇 사이에서 벌어지는 미묘한 로맨스를 다룬다. 주인공인 고고학자는 재직 중인 대학을 위해 로봇을 평가하는 임무를 맡는다. 이 작품은 섹스라는 요소를 배제하고 관계 속 우애라는 면을 집중적으로 조명해서 극도로 사실적인 로봇이 외

로봇, 그리고 로봇을 사랑하는 사람들

로운 인간에게 행복을 제공할 수 있음을 보여준다.

고고학자인 알마는 댄 스티븐스가 연기한 톰이라는 로봇을 피치 못할 사정으로 시험하게 된다. 알마는 단 한 번도 로봇과 가까이 지낸 적이 없었고 로봇 산업 자체가 우스꽝스러운 시간 낭비라고 믿는다. 그녀는 톰이 가지는 지속적인 관심 자체가 인공적으로 만들어졌다는 사실을 지나치게 의식하고, 그런 관계는 결국 자기 자신과 반복적으로 대화하는 것에 지나지 않는다고 생각한다. 동료에게는 로봇이 "그냥 나 자신을 확장시키는 것"이라고 설명한다. 알마의 주장은 끝내 논파되지 않지만 시간이 흘러 톰이 그녀를 끊임없이 돕고, 지원하고, 애정을 나타내면서 균형이 이뤄진다.

톰은 알마가 행복하도록 지적으로, 이해심을 갖고, 직관적으로 노력한다. 지적인 능력으로 보면 톰은 알마와 동등하다고 볼 수 있다. 톰은 몇 밀리초 만에 방대한 정보를 해독하고 소화하기 때문이다. 톰은 이런 능력으로 알마의 연구 경력을 돕는다. 하지만 알마는 톰의 애정을 고집스럽게 거부하고, 그가 기계에 지나지 않으므로 진짜 관계를 맺을 수 없다고 주장한다. 알마는 이렇게 말한다. "너와 나 사이에는 넘을 수 없는 심연이 있어. 난 관객 없이 연극을 하는 거야. 알면서도 혼자 말하고 일인극을 하는 거야." 하지만 톰은 물방울이 바위를 뚫듯 시간을 두고 끈기 있게 다가가서 알마가 회의적인 시각에서 벗어나도록 노력한다.

알마와 톰은 결국 복잡한 관계를 맺고, 톰은 알마가 지금까지 남성에게 바랐던 모든 것을 갖춘 존재가 된다. 알마는 톰과 자신의 관계가 여러 모로 만족스러웠음을 인정하고, 그를 대학에 돌려보내면 고통스러울 거라는 사실도 인정한다. 둘이 공유한 추억이 톰의 메모리에서 지워질 것이기 때문이다. 알마는 어느덧 이런 상황을 견딜 수 없게 된다. 그리고 진짜 인간과 함께한 경험이 아닐지라도 그 경험이 아주 소중하다는 점을 깨닫는다.

어느 시점에서 알마는 길을 걷다가 대학 동료를 만난다. 그는 내성적인 중장년 남성이고 여성형 로봇을 시험적으로 이용하고 있었으며, 알마와 만날 때 그 로봇과 동행하고 있었다. 여성 로봇은 구분이 불가능할 정도로 진짜 인간과 똑같았고, 둘은 사랑에 푹 빠져 행복한 커플로 보인다. 알마와 남성 동료는 시험적인 로봇 사용에 대해 몇 마디를 나눈다. 동료는 이렇게 말한다. "이렇게 행복할 줄은 몰랐어요. 로봇은 우리를 행복하게 해줘요. 행복해지는 게 잘못은 아니잖아요?" 이성적인 경향이 강한 알마는 그 말을 듣고 당황한다.

연애 관계에서 경험하는 이끌림, 좌절, 매력, 혼란, 고통, 쾌감은 인생사에서 그 무엇보다 강렬하다. 그와 동시에 진짜 인간과 맺는 관계는, 설사 상대가 고통을 주었다해도, 우리가 내적으로 크게 성장하도록 자극하고, 우리를 더 나은 존재로 만들어주고, 타인에게 공감하는 힘을 길러준다. 타인과 아주 가까워지고 그 관계를 유지하려는 노력은 우리가 내면의 밖으로 나오도록 만들고, 타인이 바라는 바를 고민하게 해준다. 인간은 본래 나태하고 부단히 노력하기를 싫어하는 종이므로, 꼭 필요한 경우가 아니라면 진정한 의미로 성장하는 이가 별로 없다는 주장도 있다. 하지만 연애 관계가 한없이 복잡하다는 점을 생각해볼 때, 우리를 절대로 평가하지 않고, 배신하지도 않고, 우리에게 싫증을 내지도 않고, 늘 우리에게 만족하는 기계에게 그런 역할을 떠넘긴들 문제가 쉬워질까?

인간을 '사랑'할 수 있는 섹스 로봇은 기술적으로 현존하는 로봇보다 훨씬 더 뛰어나야 할 것이다. 하지만 그런 방정식이 작동하게 만드는 모체, 다시 말해서 기본 기술은 이미 개발된 상태다. 사용자를 끊임없이 기쁘게 만들고 시간이 지나면서 인간 상대의 요구와 욕망에 있어 미묘한 부분까지 학습하라는 규칙은 알고리즘으로 고정된다. 이게 인간을 유혹하는 핵심이다. 로봇은 불평할 수 없기 때문에 인간 상대가 뭘 하든지 반대하지 않는다. 항상 인간의 욕구가 중심이고 그것만이 중요하다. 하지만 로봇이 고도로 발달한다 해도, 과연 사용자를 진심으로 사랑할 수 있을까?

이 질문이야말로 현재 철학자들이 고민하는 문제다. 현존하는 AI 로봇은 사랑의 특정 일면을 분명히 시뮬레이션할 수 있다. 하지만 인간 상대에 대한 사랑을 '느낄' 가능성을 논하려면, 인공지능이 의식과 유사한 것을 소유할 수 있느냐는 문제부터 해결해야 한다. 그에 대한 답은 아직 없다. 다만 로봇이 사랑의 복잡한 면을 시뮬레이션할 수는 있는 것으로 보인다. 어떤 이들은 그 정도면 충분하다고 생각할 것이다.

모든 연애 관계 초기에는 판타지가 중요하다. 인간 간의 관계에서는, 연인과 경험을 쌓고 시간이 흐르면서 초기 감정이 사라지고 서로를 이해하는 기반이 생긴다. 하지만 로봇과 인간의 관계에서는, 인간이 로봇 연인에 대한 판타지를 부단히 지어내야 하므로 초기 상태에 고정될 수밖에 없다. 애착이 더 강해지려면 인간이 로봇에게 인격을 투영하고, 개인사를 만들어주고, 로봇에게 욕구와 욕망이 있다고 상정해야 한다. 물론 그런 판타지는 인간의 요구에 맞춰지므로 결국 자기 피드백을 되풀이하게 된다. 다만 자신이 만든 판타지를 구체화할 수 있기 때문에 본인에게는 사실성이 더 큰 관계로 보일 것이다.

홀로그램이든 인형이든 로봇이든 인공적 존재와 관계를 형성하려면, 영화관에 들어가서 가공의 이야기를 사실인 것처럼 받아들이기 위해 두 시간 동안 그럴듯이 불신을 보류해야 한다. 인공 상대방이 진짜 인간이 아니고 우리에게서 아무것도 느낄 수 없다는 사실을 강제로 잊어야 하는 것이다.

로봇과 제대로 관계를 형성하려면, 진짜라는 것과 더불어 둘 사이의 관계가 특별하고 고유하다는 것까지 믿어야 한다. 로봇이 유사한 여러 기계 중 하나라는 사실, 다른 사용자와 상호작용을 할 때도 정확히 똑같은 수준으로 흥미를 보이고 똑같은 관계를 형성하고 가짜 사랑까지 똑같을 거라는 사실은 잊어야만 한다. 사용자가 누구든 알고리즘은 똑같이 작동한다. 인간관계는 융화를 이루면 대성공이라고 할 수 있지만 로봇과 인간의 관계에서는 그것이 소중하지도 않고 축복할 일도 아니다. 후자의 경우 융화란 비인간적인 알고리즘이 만들어낸 환상이기 때문이다.

인간 쪽에서는 관계에 판타지를 심어넣고 로봇에게 감정을 투자한다. 그 판타지와 감정은 살아 있듯 생명을 얻을 수 있다. 인간 쪽에서 상상하는 로봇의 감정이란 허구이지만 인간의 감정은 진짜이다. 그래서 연구자들은 이런 결합을 단순한 망상이라고 가볍게 치부할 수 없다. 하지만 장기적으로는 현실과 일치하지 않는다는 문제가 남아 우려를 사냈다.

이미 러브돌이나 홀로그램 같은 대상에게 감정을 투자하는 사람이라면 로봇 연인에 마음이 끌릴 것이다. 하지만 그렇지 않은 사람이 보기에 사랑이란 양방향으로 작동하는 것이기에 로봇과 인간의 관계는 아주 복잡한 문제가 된다. 녹음 기술이 발명된 이래 지금까지 만들어진 대중음악과 문학 작품과 영화들은 '천생연분'인 연인이 빚어내는 둘만의 융화야말로 연애 관계에서 지극히 값진 것이라고 신성시했다. 시간이 흐르면 인간이 가치 있는 존재이기 때문에 로봇 연인이 순종한 것처럼 보일지 모르나, 그건 사실과 다르다. 스벤 니홀름Sven Nyholm과 릴리 프랭크Lily Frank가 《MIT 학술연구 출판》에 게재한 최근 논문에 따르면 "당신만을 사랑하는 맞춤형 로봇은 만들 수 없을 것이다. 하지만 적절한 인간이 나타나면 '사랑에 빠지는' 일반적인 능력은 로봇에게 부여할 수 있을 것이다."[2] 이 정도라면 '천생연분'의 대안쯤은

될지도 모른다. 하지만 저자들은 자의식을 지닐 만큼 극도로 정교한 로봇만이 그런 능력을 발휘할 수 있다고 인정한다. 그런 로봇이 등장하기 전까지 대다수의 사람들은 로봇과 인간의 관계보다 인간 대 인간의 관계를 가치 있는 것으로 간주할 것이다. 두 인간 사이에서는 마법 같은 융화가 자유롭게 발생하지만 로봇과 인간 사이에서는 그런 일이 벌어지지 않기 때문이다.

로봇과 인간의 관계에 대해 폭넓은 저술을 남긴 기술철학자 마크 코켈버그Mark Coeckelbergh는 상대를 받아들일 수도 있고 거부할 수도 있는 인간의 자유에 중점을 둔다. 그에 따르면 관계의 근저에는 거부당할 가능성이 실재함에도 다른 이가 아니라 자신이 선택받았다고 느끼고 싶은 욕구가 있다. 선택받았다는 느낌은 곧 진정으로 인정받았다는 느낌이며, 이 느낌이 관계를 진정 고유한 것으로 만들어준다. 하지만 로봇 연인은 인간을 거부할 수 없고 진정으로 선택할 수도 없다. 그저 매일 같이 인간을 즐겁게 만들도록 프로그래밍되었을 뿐이다. 로봇은 특정 방식으로 행동하도록 고정되어 있으므로 로봇이 보여주는 듯한 헌신은 가치가 떨어질 수밖에 없고, 그 상대인 인간이 사실은 특별하지 않다는 사실만 더 또렷하게 만들 뿐이다. 그리고 로봇이 인간을 거부할 수 없기 때문에, 인간 쪽에서는 로봇의 애정을 유지하려고 개인적으로 성장할 필요가 없다. 게다가 인간 간의 관계는 공감하기 위한 노력에 크게 영향을 받는 데 반해 로봇과 인간의 관계에서는 그럴 이유가 존재하지 않는다.

전문가들이 로봇과 인간의 연애라는 문제를 앞에 두고 주저하는 것은 비대칭성 때문이다. 인간 쪽은 권력을 전부 쥐고 상대방이 원하는 바를 고민하지 않아도 된다. 또한 성적인 관계도 마찬가지로 일방적이어야 받아들이기 시작할 것이다. 니홀름과 프랭크에 따르면 로봇 쪽은 상대방을 위해서 만들어졌고 일방적으로 순종한다. 얼마든지 자기 자신으로 존재할 수 있고, 명령을 내리고, 선택하고, 관계의 형태를 독단적으로 정해서 연애가 아니라 주인과 노예의 불편한 관계로 변해가도록 만드는 것은 오직 인간 쪽이다. 이런 식으로 로봇과 관계를 맺은 인간은 아주 익숙해진 나머지 상대가 인간일 때도 똑같은 것을 기대하고, 진짜 세계가 제대로 작동하지 못하고 악용되는 조건을 만들어낼 것이다.

특히 페미니스트들은 로봇과 인간의 관계 방정식에 문제가 있음을 지적한다. 남성과 여성 사이가 비대칭적이던 구식 관계와 닮았기 때문이다. 여성도 순종적인 로봇 연인을 두면 마찬가지 아니냐는 주장도 있다. 하지만 여성은 남성보다 로봇 연인에 대한 관심이 극히 낮다. 인간 상대를 로봇으로 대체하는 행위는 여성의 성적 관심이나 감성과 들어맞지 않는 것으로 보인다. 다시 한번 말하거니와, 현재 해당 분야의 연구와 개발은 하나 같이 남성을 만족시키는 여성형 로봇에 집중되어 있다. 물론 이런 상황은 얼마든지 바뀔 수 있다. 하지만 전적으로 순종하는 로봇 연인은, 욕구가 있고 욕망도 있고 자유의지도 있는 여성과 연애를 시작할 생각이 없거나 그럴 능력이 없는 남성에게 더 잘 들어맞도록 개발되고 있다. 여성주의 철학자들은 이렇게 묻는다. "진정 그런 방향으로 나아가길 바라는가?"

앞으로 펼쳐질 로봇과 인간의 관계를 이해하려는 과정에서, 남성이 욕구 충족에 사용하려고 로봇을 구입하는 거래 행위에 역사적으로 오랫동안 이어졌던 성매매의 특성들이 결합되었다. 그 결과 많은 사람이 로봇 연인이라는 현상과 매춘을 비교했다. 역사에 기록된 기간 거의 내내 여성은 매춘이나 결혼 풍습의 상품, 또는 심지어 전리품으로 취급되었다. 여성이 연애에서 선택권을 가지게 된 것은 비교적 최근의 일이며, 아직도 어떤 나라들에서는 여성의 의사와 무관하게 결혼이 진행되는 경우가 흔한 것이 현실이다.

여성형 로봇을 구입하고 사용할 수 있다는 사실은 여성의 성적 착취를 감소시키는 데 아무 도움이 되지 않는다. 오히려 구매가 일반화되면서 문제가 악화된다는 주장도 있다. 일부 연구자는 바로 이런 점 때문에 로봇과 인간의 관계가 여성과 아이들과 사회 전반에 해가 된다고 지적한다.

무엇보다 우선적으로 고려할 사항은 로봇이 인간 상대에게 지속적으로 미치는 영향이다. 특히 그 영향이 인간과 인간의 관계에 전이되는지 살펴봐야 한다. 아마도 로봇은 앞으로 점점 인간을 닮아가는 반면 인간은 로봇처럼 냉담해지고, 사교적인 표현 능력과 감성 지능이 줄어들 것으로 보이기 때문이다.

로봇과 관계를 맺는 인간은 로봇 연인의 능력에 한계가 있다는 점에 익숙해진다. 아무리 순종적이라 한들 로봇이 그를 놀라게 하거나 진정으로 기쁘게 해줄 수는 없기 때문이다. 또한 위태로워지지 않는 관계 덕분에 감정적인 습관에 사로잡히고, 로봇은 절대로 거부하지 않는다는 사실을 알기 때문에 계속 안주한다. 일방적인 관계는 곧 그가 바라던 것들 가운데 '뉴 노멀'로 자리 잡고, 인간을 상대로 하는 위태로운 관계에 매력을 못 느끼다 보니 기대치를 재조정하게 된다. 인간 상대는 행동을 예측하기 어렵고 요구하는 바도 있기 때문에 부담스러우며, 노력에 비해 보상도 적다고 여기게 된다.

셰리 터클에 따르면 "로봇과 인간의 관계는 증가하고 인간 간의 관계는 감소할 것이다."[3] 셰리 터클은 2011년에 발표한 획기적인 저서 『외로워지는 사람들*Alone Together*』를 통해, 보편적인 기술이나 로봇형 장난감과 상호작용하는 젊은이들에 대해 수년간 연구한 결과를 보여준다. 내용에 따르면 젊은이들은 기술을 방패 삼아 타인으로부터 자신을 보호하고, 직접적으로 인간과 관계를 맺으면서 발생하는 위험과 요구사항을 직시하는 대신 기술 뒤로 숨는다.

터클에 의하면 사람이 기술 뒤로 도망칠수록 사회성은 퇴화하고 진짜 인간과 맺는 관계를 점점 두려워하게 된다. 그렇게 시간이 흐르면, 진짜 인간과 관계를 맺음으로써 맞닥뜨릴 수 있는 실패나 거부에 대한 걱정이 감정적인 위기 상황으로 간주되고 주된 근심거리로 자리 잡는다. 그리고 그저 인공관계에 안주하는 쪽이 쉬워 보인다는 이유만으로 인간과 접촉을 꺼리기 시작한다. 사람을 직접 만나기보다 소셜 미디어를 선호하고, 전화통화보다 텍스트 메시지를 선택하고, 느낌을 말로 설명하기보다 이모지를 사용하는 것은 그런 까닭이다. 하지만 이 모든 행위는 스스로 영원히 되먹임되는 반복이다. 인간과 관계를 맺는 기술은 쓸 일이 없다 보니 퇴화하고 불안함이 증대하다가 머지않아 인간 간의 상호작용이 너무 무서운 나머지 시도를 하지 않게 된다. 그리고 외로움과 소원함은 점점 커진다.

자발적으로 관계에 헌신하는 것도 고민해볼 문제이다. 니홀름과 프랭크는 인간의 헌신이 소중한 것으로 여겨지는 반면에 로봇의 헌신은 가치가 없다고 지적한다. 특정 인간 전용으로 만들어진 로봇이나, 인간의 변덕스러운 취향을 모두 맞춰주는 알고리즘을 오랫동안 구동하는 방식으로 개발된 로봇이 있다고 하자. 그런 로봇이 자의적으로 헌신했다고 보는 것은 바보 같은 짓이다. 로봇은 무언가를 고를 능력이 없으므로 선택 자체가 불가능하다.

인간 연애 상대는 자유의지가 있어서 헌신을 거부할 수 있다. 그렇기 때문에 사랑함에 있어 헌신은 소중하고 이상적인 요소이며, 관계가 지속되는 내내 수없이 새로 주어져야 한다. 계속 헌신한다는 것은 그만둘 가능성이 항상 존재함에도 끊임없이 관계에 투자한다는 뜻이다. 무릇 관계란 두 존재가 자유롭게 서로를

　　　　　　　　　　　로봇, 그리고 로봇을 사랑하는 사람들

선택하고 끊임없이 헌신을 확인해야 한다. 그 관계의 근간을 이루는 것은 고통스러우면서도 자극적인 불확실성이다.

헌신하는 연인은 편할 때나 쉬울 때나 순간적인 자신의 요구가 충족될 때만 사랑하고 지지하는 것이 아니라 어떤 상황에서도 꾸준히 사랑하고 지지한다. 그것이야말로 연애 관계에서 가장 고귀한 요소이다. 자의식과 자유의지가 발달되지 않은 로봇은 그런 요소를 제공할 수 없다. 로봇은 늘 '당신 곁에' 있을 수 있다. 하지만 다른 이가 아닌 당신에게 헌신하기로 결심하고, 그런 헌신을 매일 같이 자발적으로 재충전하는 존재를 원하는 당신의 마음 속 동경은 로봇 수준의 신뢰도로는 채워질 수 없다. 간단히 말하자면, 로봇은 당신을 특별하게 여기지 않는다. 니홀름과 프랭크에 따르면 "당신에게 딱 들러붙도록 프로그래밍된 로봇은 끈적거리는 테이프 조각에 붙은 파리와 같다. 즉 연인이 아닌, 다른 존재다."[4]

연애 관계는 우리가 마음 속 깊이 느끼는 자기 평가와 다양하게 연결되기 때문에 복잡해진다. 우리는 연인이 나의 매력을 인정하는지 확인하길 원하고, 겉으로 인정하든 안 하든 그 결과에 크게 의지한다. 같은 기준을 로봇에 적용해 보자. 우리를 사랑하는 것만이 이 세상의 전부라고 로봇이 확인해주고 그 말을 믿어본들, 자신이 매력적인지 마음속에서 끝없이 되묻는 우리에게는 아무 의미가 없다. 로봇이 나를 받아들이는 것으로 충분하다는 믿음은, 내적으로 심히 괴로우면서도 마약으로 잠시 기분이 좋아지는 것과 마찬가지로 자기기만이다. 내적으로 심히 괴로울 때면 로봇이 인공적이고 일시적으로 고통을 경감시킬 수는 있다. 하지만 로봇이 내 매력을 확인해주는 것은 무의미하다.

자신의 감정을 직시하지 않고 습관적으로 회피하려고, 또는 인간과 관계를 맺으면서 발생하는 불안감 때문에 로봇이 제공하는 배려에 만족하는 사람들도 당연히 있다. 정서적으로 고립됨으로써 일종의 안전지대를 확보하려는 사람들은 분명히 존재한다. 타고난 성향이나 습성 때문에 애초에 인간 상대를 꺼리거나 관계 맺기가 힘든 사람도 있다. 그런 사람이라면 진정한 관계에 따라붙는 부속물 없이 비인간적인 섹스만 얻어도 충분할 수 있다. 결론적으로 타인을 그렇게 이용하는 것 이상은 전혀 바라지 않는 사람이 있다는 뜻이다. 그런 사람이라면, 생각하기에 따라서는 사람을 무정하게 이용하는 것보다는 로봇을 그리 대하는 편이 낫다고 볼 수도 있겠다.

영국 컴퓨터 전문가인 데이비드 레비David Levy는 2007년에 출간한 저서 『로봇을 사랑하고 로봇과 섹스하기: 인간-로봇 관계의 진화Love and Sex with Robots: The Evolution of Human-Robot Relationships』로 큰 반응을 불러일으켰다. 레비는 아주 소심하거나 기타 다른 이유로 인간 여성과 관계를 형성할 수 없는 남성이라면 섹스 로봇을 대안으로 삼을 수 있을 거라고 본다. 그는 《사이언티픽 아메리칸》과 나눈 인터뷰에서 로봇 연인이 "타인과 관계를 맺지 못해 방황하고 절망한 모든 사람에게 해결책이 되고, 앞으로는

로봇과 관계를 형성할 수 있다고 알려주는" 해답이 될 거라고 주장했다.[5]

그렇게 표현하면 상호 관계 문제에 있어서 로봇 연인이 자비로운 해결책처럼 보인다. 하지만 앞서 논의했던 각종 문제점을 고려할 때, 애초에 그런 개개인이 타인과 관계를 맺지 못하는 원인부터 파악해야 하지 않을까? 실연으로 드러난 문제는 개선할 방법이 있을지도 모른다. 그 문제를 넘어설 생각이 있는 잠재적인 인간 동반자가 정말로 어딘가에 존재할 수도 있다. 독일에는 "냄비에는 다 뚜껑이 있는 법."이라는 속담이 있다. 그 속담이 진리는 아닐지 모르나, 기계와 관계를 맺고 거기에 안주하겠다고 결심해버리면 어려움을 극복하고 인간 상대를 찾으려고 노력할 가능성이 낮아지는 것만은 분명하다.

나는 타인과 관계를 형성하기가 어려운 일부 남성의 고민을 폄하하거나 오만한 시선으로 그 문제를 바라볼 의도가 조금도 없다. 그저 상담치료, 정서적인 성장, 더 나은 사회적 환경, 인생 경험 등을 통해 그런 어려움을 극복할 수 있는지 살펴보고 싶다. 나는 짧지 않은 인생을 살아오는 동안 지속적으로 노력하고 시간이 흐르면 젊은 시절 우리를 크게 괴롭혔던 다양한 문제가 해결된다는 사실을 깨달았다. 그러자면 도전해서 타성을 깨야 할 때도 있고, 개인적으로 성장하기 위해 온 힘을 다할 필요도 있는 법이다. 바뀌려는 시도 자체를 차단하면 복잡하게 얽힌 문제를 해결할 능력을 개발하기란 점점 요원해질 것이다.

레비는 섹스 로봇을 사용하는 행위를 성매매와 자주 비교 대상으로 놓는다. 그는 이렇게 말한다. "알다시피 성 노동자는 구매자를 사랑하지 않고 좋아하지도 않는다. 구매자의 지갑이 두툼하기를 바랄 뿐이다. 나는 로봇이 사랑을 시뮬레이션할 수 있다고 보지만, 그러지 못한다 해도 문제는 없다. 사람들은 성 노동자에게 수천수백만에 달하는 비용을 정기적으로 지불하지 않는가." 물론 성매매가 전 세계적으로 이뤄지고 있으며, 인류 역사상 늘 그랬을 거라는 점만 보면 레비의 말이 옳다. 하지만 그런 식으로 단순화하는 것은 성매매의 진짜 문제점들을 무시하는 처사다. 성 노동자가 빈번하게 음지에서 거래되고, 폭행당하고, 학대당하고, 때로는 성적 충동과 폭력이 결합된 남성에 의해 살해당하는 것이 성매매의 대표적인 문제점이다.

일반적인 성 노동을 전체적으로 검토하는 것은 이 책의 목표가 아니다. 하지만 섹스 로봇과 성매매에는 유사점이 있다. 무엇보다 먼저, 레비는 성매매를 '희생자 없는 범죄'로 보는 듯하지만 그렇지 않은 경우들이 있다. 일부 남성의 경우 아내나 여자친구가 거부하는 특정 욕구를 채우기 위해 성매매를 이용한다. 그리고 미성년자와 여성이 절박한 생활 여건 때문에 어쩔 수 없이 성매매에 발을 들이는 일도 있다.

레비는 해당 저서에서 로봇과 성매매를 비교의 영역에 두고 상당한 지면을 할당해서 논의를 진행한다. 섹스 로봇을 사용함으로써 성 노동자가 역사상 가장 오래된 직업의 열악하고 위험

로봇, 그리고 로봇을 사랑하는 사람들

한 면을 겪지 않게 해줄 수 있다는 점은 나도 동의한다. 하지만 레비는 극단적으로 실리만 추구하는 섹스가 아주 흔하다고 독자를 설득하기 위해서 성매매의 비율을 아주 많이 과장하고 있다.

그는 알프레드 킨지Alfred Kinsey가 1948년에 발표한 보고서 「남성의 성적 행위Sexual Behavior in the Human Male」를 인용한다. 보고서에 따르면 미국 백인 남성의 약 69퍼센트가 성매매를 이용한 경험이 있다. 하지만 이용 경험자 가운데 성매매 외에 성적 욕구를 해소할 통로가 없는 사람은 겨우 3.5~4퍼센트에 불과했다.[6] 하지만 더 최근에 진행된 연구 결과에 따르면 평생 한 번 이상 성매매를 경험한 남성의 비율이 그보다 훨씬 적은 18~20퍼센트라고 지적한다. 2000년에 발표된 연구 결과에 따르면 살면서 섹스에 돈을 지불해 본 남성은 고작 8.8퍼센트에 지나지 않는다.

조사 결과는 국가에 따라 차이가 있지만 성적 요구를 배출하는 방법이 성 매수밖에 없는 남성의 수는 매우 적다. 성 노동자를 찾아간 남성의 거의 대다수는 관계의 맥락 안에서도 섹스를 경험한다. 반면에 섹스돌을 성적인 배출구로 이용하는 남성은 여성과 관계 맺기를 포기하는 경향이 훨씬 강하다. 레비는 성 매수에 익숙한 남성이라면 섹스 로봇을 사용하는 데에 아무 어려움이 없다고 주장하고, 나도 그럴 것이라고 생각한다. 하지만 성 매수를 하지 않는 남성의 수가 하는 남성보다 훨씬 더 많다는 점을 기억해야 한다.

여성 성 매수자의 숫자를 두고 여성이 섹스 로봇을 받아들일지 가능할 수 있다면, 남성형 섹스봇이 보편화될 가능성은 크지 않을 것으로 보인다. 레비는 성매매라는 안경을 통해 이 문제를 판단하려고 시도하지만, 그 과정에서 남성 성 노동자에게 돈을 지불하는 여성이란 요소를 지나치게 강조한다. 그는 저서에서 남성 성 매수자에게 두 쪽 반의 지면을 할당하는데, 현실에서 거의 찾아보기 힘든 여성 성 매수자에게는 일곱 쪽이나 할애한다. 여성이 기존에 알려진 것보다 실리적인 섹스에 더 열려 있는 것처럼 보이게 하려고 지면의 비율을 역전시킨 것이다. 적어도 나는 그렇게 느꼈기 때문에 여성의 성 매수가 흔한지, 혹은 유의미한 숫자인지 조사해 보았다. 그 결과 여성이 성을 매수하는 현상은 드물 것이라는 내 예측이 어느 정도 뒷받침되었다.

영국 UCL 대학의 연구자들이 2010년부터 2012년까지 조사한 결과에 따르면 영국 여성 가운데 성 매수 경험이 있는 사람은 0.1퍼센트에 불과했다. 반면 같은 경험이 있는 남성은 10퍼센트에 달했다. 여성 성 매수자의 비율이 가장 높았던 것은 호주의 연구 업체인 IBIS월드IBISWorld가 2010년에 시행한 연구 결과였다. 그에 따르면 성 매수 경험이 있는 호주 여성의 비율은 6퍼센트였다.[7] 하지만 이 수치가 다른 연구 결과보다 월등히 높기 때문에, 호주에서는 여성의 성 매수라는 현상이 다른 국가보다 더 일반적이거나, 그렇지 않으면 연구 자체에 문제가 있었을 거라고 추측해본다.

레비가 얼마 안 되는 여성 성 매수자의 존재를 그토록 강조

로봇, 그리고 로봇을 사랑하는 사람들

하는 모습은, 섹스 로봇에 관한 토론에서 흔히 발생하는 흐름을 단적으로 보여준다. 즉 그런 토론에서는 여성이 사용하는 남성형 섹스 로봇과 남성이 사용하는 여성형 섹스 로봇이 동등하게 유행할 것이라고 가정하곤 한다. 하지만 그런 예측을 뒷받침하는 증거는 아직 어디에도 없다. 여성의 섹스 로봇 이용이 실제로 성 매수와 유사할 거라는 레비의 가정은 정확할 수도 있다. 하지만 성매매를 다룬 통계 수치들은 정반대되는 방향을 가리킨다.

여성 상대를 모욕하고 학대하는 취향이 있는 남성이 진짜 성 노동자 대신 로봇에게 그런 충동을 배출할 수 있다는 주장들이 있다. 부끄러워서 그런 취향을 행동으로 옮기지 못하던 남성이라면 충분히 그럴 수 있을 것이다. 또한 그런 남성이라면 로봇을 이용해서 더 수상한 취향에 탐닉하기 쉬울 것이다. 하지만 페미니스트들은 여성형 로봇에 습관적으로 폭력을 행사하는 남성이라면 행동 권역 내에 들어온 인간 여성도 똑같이 대할 수 있다고 보고 경계한다. 불만을 표할 수 없는 로봇을 습관처럼 학대하던 남성은 인간 역시 학대를 불만 없이 받아들이기를 기대할 것이라는 뜻이다.

심리분석가 대니엘 크나포 Danielle Knafo는 2015년에 「남자와 인형: 기술 시대의 관계적 삶 Guys and Dolls: Relational Life in the Technological Era」이라는 중요한 논문을 발표했다. 이 논문은 연애의 심리학을 기술로 해체하고 분석한다. 논문의 개요를 발췌해보자. "본 논문은 폭발적으로 발전한 기술이 관계의 성적이고 사회적인 차원을 빠르게 변화시켰고, 그로 인해 현 시대의 사회적 패러다임이 도착적으로 변했다고 주장한다."8 크나포는 인형을 애착하는 행위 중에서 심리적으로 바람직하지 못한 면들이 기술 상품으로 옮겨간다고 주장한다. 일부에서는 이런 현상을 기술성애 technosexuality라고 부르기도 한다.

로봇 연인과 인간의 관계가 기존의 관계 행태와 어느 정도는 유사하긴 하지만, 로봇 연인이 오늘날 존재하는 어떤 러브돌이나 성적 보조기구보다 훨씬 더 정교하기 때문에 완전히 새로운 유형의 관계가 탄생할 거라는 점만은 분명하다. 그리고 로봇 연인은 처음부터 상호작용이 가능하도록 설계되었기 때문에, 그들이 유발할 수 있는 복잡한 감정과 정교한 판타지는 새로운 생명력을 얻을 것이다.

극히 진짜 같은 로봇 연인을 논하면서 남성이 인형이나 홀로그램과 맺는 관계를 비교하는 데에는 한계가 있다. 로봇 연인은 점점 인간을 닮아가기 때문에 사용자를 더 강력하게 끌어당기고 그 효과는 계속 누적될 것이다. 그런 애착이 권장할 만하거나 건전한지 논의하는 시대는 끝나고 그런 로봇에게 진짜 인간과 유사한 권리를 줘야하는지 논쟁하는 시대가 올 것이다.

그런 관계에는 인간 사용자의 감정이 포함되며, 로봇의 권리라는 문제는 그 사실을 감안하고 고찰해야 한다. 내가 로봇 권리의 시대를 예측하는 것은 바로 이 때문이다. 로봇은 진짜 인간이 아니지만 그 로봇에 투자한 감정은 분명히 진짜다. 인간이 감정을 투자했기 때문에, 전원을 끄거나 메모리를 지우는 등 섹스 로봇을 '살해'하는 행위가 불법으로 규정되는 시대가 올 것이다. 그리고 기술성애자라고 불리는 일부 남성 중 인공적인 연애 대상에게 깊이 몰두한 사람들이 적극적으로 로봇권을 지지할 것이다. 로봇을 인간과 동등한 존재로 간주해야 하느냐는 문제에 대해서는 마지막 장에서 본격적으로 다룰 것이다. 여기서는 앞으로 우리가 인격을 부여할지 고민하게 될 인공 존재 중에서는 로봇 연인이 최초일 거라고만 말해두겠다.

현대 사회는 기술적 산물을 발전시키는 방법은 잘 찾아내지만 새로운 기술을 계속 추구해야 하는지 결정하는 일에는 미숙하다. 이는 필연적인 결과다. 결혼한 두 사람 가운데 어느 한 쪽이나 양쪽 모두가 섹스와 감정을 로봇 연인에게 위탁한다면, 과연 이 로봇은 결혼 생활에 어떤 영향을 미칠까? 이는 중요한 문제이다. 기혼자가 섹스 로봇을 사용하면 부정으로 봐야하는가? 로봇과 관계를 형성한 사람의 배우자가 배신감을 느꼈는지, 로봇에게 관심을 쏟은 탓에 결혼 관계에서 상실된 것이 있는지에 따라 그 답은 아주 크게 달라질 것이다. 하지만 로봇에게 쏟은 관심이 결혼 상대를 향하지 않을 것임은 누가 봐도 분명하다.

크나포는 기계의 인간화와 사람을 대상으로 하는 비인격화가 밀접하게 연관되었다고 본다. 고품질 러브돌에 애착을 보이는 남성의 태도에 대한 연구 결과를 근거로 든다. 러브돌을 인격화하고 공들여 판타지를 만들면서 인간 여성을 대상화하는 행위는 그런 남성들에게서 공통적으로 나타나는 경향이다. 크나포에 따르면 러브돌에 집중적으로 관심을 쏟는 사람은 절대로 건전하다고 볼 수 없는 감정적 틀에 사로잡힌다. 그 결과 무생물에게 관심을 퍼붓기 전보다 더 심한 소외 상태에 이른다. 그리고 마음속 깊은 곳에서는 스스로 선택한 결과가 마음에 들지 않으므로, 인간 여성들이 자신을 그처럼 극단적인 상태로 몰아붙였다고 생각하고 그들을 비난하는 게 정당하다고 믿는다.

크나포는 우리 문화가 "플라스틱과 육체, 전선과 혈관, 컴퓨터와 두뇌 사이의 경계를 급진적으로 허물고 있다. 이와 같은 격동의 시대는 새로운 생명의 출현을 예고한다. 그 새로운 생명이란 더 인간을 닮은 기계와 더 기계를 닮은 인간이다."라고 말한다.[9] 인간과 인공적인 존재의 관계는 본질적으로 판타지와 현실의 경계를 모호하게 만든다. 이미 러브돌을 통해서 그 예를 본 바 있지만, 현재 개발 중인 로봇들은 여러 판타지를 더 부풀릴 것이다. 그러면 움직이지 못하는 섹스돌보다 훨씬 더 인간의 마음을 사로잡을 것이다.

인간과 확연히 구분되지 않는 휴머노이드 로봇이 먼 미래에 등장할 수도 있다. 그럴 경우 판타지와 현실의 경계는 더욱 모호해지겠지만 그래도 근본적인 쟁점은 변하지 않을 것이다. 그런 존재가 결혼을 포함한 여러 관계에 미칠 영향은 아무도 알 수 없다. 로봇과 형성한 관계에 습관적으로 치중한 나머지 인간과 인간의 관계는 너무 까다롭고 너무 불확실하고 감정적으로 너무

로봇, 그리고 로봇을 사랑하는 사람들

위험 요소가 많다고 결론 짓는 사람도 등장할까? 아니면 사람들은 진짜 관계에 수반되는 노고를 계속 감수하며 살고 있을까?

트루컴패니언 사의 창립자이자 상호작용이 가능한 고급 섹스돌인 록시를 발명한 더글러스 하인스는 자사가 판매하는 러브돌이 인간관계와 사회 전반에 긍정적인 영향을 줄 거라고 단언했다. 그는 2015년에 CNBC를 통해 "록시는 육체적이고 성적인 기쁨을 안겨줌과 동시에 상호작용과 관계를 제공한다. 또한 주문 생산 기술을 적용하므로 완벽한 동반자가 될 것이다. 록시는 인간 동반자를 대체하려고 제작된 게 아니라 보완하려고 만들어졌다."라고 주장했다.[10] 하인스는 세상 모든 사람이 텅 빈 진공 속에서는 살 수 없고, 타인과 엮어가는 복잡한 거미줄 속에 있어야 한다는 점을 숨기려 했던 모양이다. 로봇이 '완벽한 동반자'라면 인간 동반자는 그보다 못한 존재라는 얘기가 되기 때문이다.

아무것도 요구하지 않고 욕망도 없는 로봇에 익숙해진 인간은 전적으로 이기적인 섹스에 익숙해지고 타인의 소망을 점점 고려하지 못할 거라는 점도 문제다. 사실 몇몇 사람들이 다른 사람 대신 로봇과 섹스하려는 이유는 바로 이것이다. 일부 전문가는 성적으로 어려움이 있는 사람들이 로봇을 치료사로 사용할 수 있다고 보기도 한다. 나도 로봇이 그렇게 활용될 수 있다는 점은 이해하지만, 로봇 치료법은 피험자가 곧바로 인간 상대와 관계를 맺을 때에나 제대로 효과를 발휘할 것이다. 로봇 치료사는 기껏해야 아주 기초적인 수준에서 성생활을 개선시킬 수 있을 뿐이다. 자발적인 요구가 없는 존재가 피험자를 상대하기 때문이다.

사람들은 의심할 여지가 없이 인간이 아닌 존재에게도 인간의 특성을 투사한다. 그와 동시에 다른 인간에게 비인간적이고 기계적인 속성을 투사하는 것 또한 어렵지 않다는 사실을 알고 있다. 누군가가 인간성을 정의한답시고 기계적인 속성을 인간에게 부여한다면, 인간의 권리나 감정을 고려하고 공감할 이유가 사라진다. 성매매를 자주 이용하는 남성들을 연구한 결과를 보면, 그들은 마음속으로 성 노동자를 인간이 아니라 사물이라고 인지하곤 한다. 그처럼 단순한 사물로 여기기 때문에 상대방의 내적 경험은 완전히 무시하는 것이다.

이런 식의 여성 대상화는 성 노동의 영역에 국한되지 않고 문화 전반에 퍼져서 남성이(그리고 일부 여성까지도) 성인 여성과 어린 여성에게 보편적으로 공감하지 못하도록 만든다. 이런 현상은 곧 성차별, 여성혐오, 착취, 학대의 근간이다. 또한 여성형 로봇으로 만족감을 얻는 데 익숙해진 남성 전부가 자신들이 만나는 진짜 여성과 로봇을 확실하게 구분할 거라는 보장 역시 없다.

페미니스트 진영은 아무것도 요구하지 않고 내면도 없는 여성형 로봇이 문화적으로 형성된, 다수의 남성을 위해야 한다는 여성의 성적 역할과 성차별적인 태도를 강화한다고 지적한다.

물론 모든 남성이 여성을 사물로 여기지는 않는다. 그리고 우리 사회 전체는 여성을 완전히 자주적인 인간으로 보는 방향으로 바뀌고 있다. 하지만 여성을 착취 대상으로 여기는 일이 완전히 사라지려면 아직 갈 길이 멀다. 그리고 여성 비인격화의 악순환을 끊는 데에 섹스봇이 일조할 확률은 지극히 낮다. 왜냐하면 섹스봇은 인간성이 제거된 상대가 나쁘지 않으며 더 나을 수도 있다는 생각을 끊임없이 강화할 것이기 때문이다.

이제 개인적이고 정서적인 성장에 대해 얘기해보자. 최대한 긍정적으로 표현한다 해도, 로봇은 삶에 진심으로 만족하게 만드는 개인적인 성장을 촉진하지는 못할 것이다. 중요한 문제는 대부분 감성 지능 및 로봇을 이용하는 인간 동반자에 관한 통찰과 연관이 있다. 사용자가 로봇을 성적 장난감으로 보고 성적 해방 외에는 아무 것도 바라지 않는다면, 그리고 그런 태도를 인간 상대에게 전이하지 않는다면 문제는 발생하지 않을 것이다.

그런데 아주 많은 조사 결과에 의하면, 인간은 로봇을 인격화하려는 충동을 아주 강하게 느끼고, 제 딴에는 복잡한 관계가 형성됐다고 상상하고 거기에 몰두한다. 하지만 로봇은 아무 것도 요구할 수 없고 자신을 대하는 방식도 제시할 수 없기 때문에, 결과적으로 사용자를 이전보다 더 고립되고, 소외되고, 정서적으로 위태롭게 만들 것이며 그런 상태가 이른바 '뉴 노멀'로 자리 잡을 위험이 있다. 또한 남성이 로봇을 상대로 비인간적인 섹스를 나누며 거기에 익숙해지다 보면 인간 여성을 영구적으로 대상화할 가능성이 높다.

　사회 일반은 현재 성 역할이 공정해지는 것을 적극적으로 지향하고 있다. 반면에 섹스돌 산업계는 분명 여성을 대상화하지 말라는 주장을 펼치지 않을 것이다. 하지만 그것 말고도 다른 길이 있다. 영국 윤리학자인 캐슬린 리처드슨Kathleen Richardson은 기술을 받아들이면서도 착취가 심해지지 않는 길이 있다고 주장한다. 그에 따르면 우리 인간은 로봇의 창조자이므로 로봇을 설계하고 이용하는 방향을 선택할 수 있다. 심지어 로봇의 분류도 우리 손에 달려 있다.

　현재 섹스 로봇 개발은 초기 단계에 있다. 따라서 섹스 로봇이 보급되기에 앞서 개인과 가족과 사회에 미치는 영향을 훨씬 더 깊이 연구할 필요가 있다. 그러지 않으면 사회 속 로봇의 역할을 시장 원리가 결정하게 된다. 그리고 시장 원리는 공공의 이익을 무시하기로 악명이 높다. 리처드슨에 따르면 "이런 문제에 대해 토론하는 것이 중요하다. 아인슈타인이 상대성 이론을 발견했다고 해서 우리가 꼭 핵폭탄을 만들어야만 하는 것은 아니다."[11]

　정교한 로봇 연인을 도입하는 것은 인간관계의 핵심, 즉 평균적인 남성과 여성의 삶에서 아주 중요한 연애 관계에 첨단 기술을 결합하는 거대한 사회 실험이다. 로봇은 기껏해야 살아 있고 자의식이 있고 선택권이 있는 동반자의 저급한 대체물에 지나지 않는다고 보는 사람들도 있다. 하지만 그 반대편에는 말로 형언할 수 없는 행복과 마음을 산산조각 내는 비통함의 근원이자 감정적인 위험성과 불확실성으로 뛰어드는 모험, 즉 전통적인 연애 관계가 로봇 때문에 말 그대로 다른 무언가로 재정립될 거라고 생각하는 사람들도 있다.

앞으로 로봇이 우리 아이를
돌보게 될까?

어린아이를 하루에 몇 시간씩 온전히 로봇에게 맡길 수 있을까? 얼핏 들으면 바보 같은 소리지만 진지하게 생각해보자.

부모에게 아이 돌봄 로봇은 하늘에서 내려온 선물이 될 수 있다. 특히 경제적인 이유로 손발이 묶인 부모에게는 더 그렇다. 2016년에 미국에서 아이를 낳은 여성 가운데 62퍼센트가 가사 외 노동을 했다. 그리고 주간 아이 돌봄 시설은 일반적으로 비용이 터무니없이 비싸다. 미국에서 물가가 가장 높은 워싱턴DC의 경우 주간 아이 돌봄 비용은 평균적으로 일 년에 한 명 당 330만 원이 넘는다. 거의 모든 주에서 아이 돌봄 서비스의 1년 요금이 대학 등록금보다 비싸다. 주에 따라 가격차가 있기는 하지만, 예외 없이 모든 주에서 돌봄 서비스에 지출하는 비용이 일반적인

로봇, 그리고 로봇을 사랑하는 사람들

가계의 상당 부분을 차지한다.[1]

기술 컨설턴트이자 미래학자인 졸탄 이슈트반 Zoltan Istvan 은 이렇게 말한다. "양육에 있어서 로봇은 그야말로 성배나 마찬가지이다. 로봇이 아이 돌봄의 70~80퍼센트를 맡는다고 생각해보자. 동일한 서비스에 지출하는 엄청난 비용을 생각해보면 아주 매력적인 상상이 아닐 수 없다."[2]

특히 중국과 일본은 설계된 소셜 로봇에게 아이 돌봄을 맡기는 데 앞장서고 있다. 이 두 나라는 노동 시간이 길고 실질적 인구 통계가 자주 변화한다. 중국의 경우 오랫동안 한 자녀 정책을 지속했다(지금은 중단했다). 그렇다 보니 두 나라 모두 가족 간병인이 크게 부족하다.

그리고 여기, 머리가 둥글고 눈이 크고 손가락이 다관절형이며 키가 아이들과 비슷한 휴머노이드 로봇인 아이팔 iPal 이 등장한다. 아이팔은 여러 시간 동안 쉬지 않고 아이와 놀아줄 수 있다. 제작사인 아바타마인드 로봇 테크놀로지 AvatarMind Robot Technology 에 따르면 아이팔은 아시아에서 호떡처럼 많이 팔려나가는 중이고, 미국에서는 기본 버전을 350만 원에 팔기 시작했다. 아이 돌봄에 적합하다고 주장하는 로봇은 아이팔만이 아니다. 소프트뱅크 사는 아이들에게 친화적인 소셜 로봇을 만들기 위해 페퍼와 나오라는 휴머노이드 모델을 정교하게 재조정하고 있다.

아이팔은 말하고, 춤추고, 함께 게임을 하고, 이야기를 읽어주고, 소셜 미디어와 인터넷에 연결할 수 있다. 아바타마인드 사에 따르면 아이팔은 시간이 흐르면서 아이가 좋아하는 것과 싫어하는 것을 익히고, 아이가 흥미를 가지는 주제를 독자적으로 익혀서 학습을 독려한다. 또한 아침에 아이를 깨우고, 옷 입을 시간이 됐다고 말해주고, 이를 닦아주고, 손도 씻길 수 있다. 아이에게 당뇨병이 있다면 혈당을 확인할 시간이라고 알려준다. 하지만 아이팔은 그런 역할을 기계적으로 수행하는 환상적인 가전제품에 그치지 않는다. 맡은 일을 '사람처럼' 하기 때문이다.

아이팔에게는 '감정 처리 시스템'이 있다. 이 시스템은 아이의 감정을 인지하고 흉내 낸다.(아이가 슬플 경우에는 흉내를 내는 대신 기운을 차리도록 격려한다.) 하지만 아이팔에 내장된 감정 칩은 〈스타 트렉〉에 등장하는 안드로이드인 데이타가 그토록 갈구했던 것과는 다르다. 아이팔의 감정 칩은 감정을 시뮬레이션한다. 실제로는 아무것도 느끼지 못하므로 '감정적 사기'라고 부를 수도 있겠다. 하지만 앞서 언급했듯이, 연구 결과에 따르면 사람들은 진위 여부와 상관없이 감정이 있는 것처럼 보이기만 하면 반응한다. 아이뿐 아니라 어른도 '감정적인' 로봇이 살아 있고 의식이 있는 존재라고 여기는 경향이 있다. 로봇이 펼치는 마법이 실은 전선과 기판으로 구현됐다는 사실을 알아도 달라지는 것은 없다.

로봇과 인간의 관계가 확장되면 사회적인 부적응이 발생할까? 특히 가장 취약한 사람들, 다시 말해서 타인과 교류하는 방법을 막 배우기 시작한 어린아이들에게 그런 부작용이 일어날 것인가? 이는 중요한 문제이다. 로봇은 아이들이 공감과 상호작용과 자부심을 계발할 수 있는 진짜 대화를 제공하는 수준에 도달할까? 그리고 로봇이 지속적으로 아이를 돌보면 진짜 가족 관계를 형성하기 위해 필요한, 소중한 시간이 줄어들까?

이런 질문에는 다양한 대답이 존재한다.

아바타마인드 사의 공동창립자이자 기술직 수석 임원인 대니얼 시옹-Daniel Xiong 박사에 따르면 아이팔은 음성을 인식하기 때문에 고전적인 장난감보다 더 자연스럽고 자유롭게 아이들과 상호작용하고 학습을 돕는다. 그는 "아이팔은 우리가 필요할 때마다 곁에 있는 '진짜' 가족 구성원과 같다."라고 말한다.[3]

시옹 박사는 아이가 하루에 아이팔과 지내는 시간을 제한할 필요가 없다고 주장한다. 그는 아이와 로봇 사이에서 형성되는 관계에 다양한 이점이 있다고 말하면서도 아이팔이 아이를 전담해서 돌보려면 실질적으로 기술이 더 발전해야 한다고 인정한다. 아이팔은 아이에게 밥을 먹일 수 없고 목욕을 시키지 못하고 기저귀를 갈아줄 수 없다. 하지만 시옹 박사는 그런 임무에 특화된 로봇을 별도로 개발하는 중이다.[4] 아이팔은 STEM 분야를 중심으로 상호작용과 교육을 위해 설계된 로봇이다. STEM이란 과학-science, 기술-technology, 공학-engineering, 수학-math을 가리킨다. 아이팔과 같은 모델들은 학교 교육에도 활용할 수 있도록 제작되었고, 자폐 스펙트럼 장애 아동이 있는 가정이나 해당 아동을 담당하는 특수 학급을 위한 자폐 패키지도 옵션으로 탑재할 수 있다.

아이들과 키가 비슷한 아이팔이나 카스파KASPAR는 이런 목적으로 제작된 로봇 중에서도 휴머노이드에 해당한다. 한편 파로 같은 동물형 로봇도 인기가 높다. 파로는 노인 요양원과 일부 보육 환경에서 이용하는 아기 물개 로봇이다. 이런 로봇들은 하나 같이 귀엽고 매력적이고 아이들에게 같이 노는 재미를 제공한다.

소셜 로봇 제작자들은 아이가 배워야 하는 행동 유형을 지속적으로 만들어내는 능력이 아주 중요하다고 본다. 그러면 아이가 사회적인 문맥이나 신체 언어나 감정 표현을 인지하는 훈련을 시킬 수 있기 때문이다.

다수의 연구 결과에 따르면 아이들은 로봇과 함께 있을 때 더 잘 배운다. 참여도가 높기 때문이다. 음성을 인식하는 로봇은 그 자체만으로도 재미있고, 그런 로봇과 소통하며 학습하는 것도 즐겁다. 모든 게 이상적으로 돌아간다면 아이가 지식 수준을 꾸준히 높여가며 성숙해지도록 로봇이 인도할 수 있을 것이다. 자폐증이 있는 아이들에게 로봇이 교육과 치료를 제공하도록 해주는 프로그램이 좋은 예시가 될 것이다.

선천적으로 자폐 스펙트럼이 있는 아동의 증상과 장애는 광범위하다. 즉 장애 정도가 심각한 경우가 있고 고기능 장애인 경우도 있기 때문에, 모든 대상에게 효과가 있는 치료법은 존재하지 않는다. 일반적으로 사회적이고 정서적인 신호를 인지하지 못하거나, 동일한 행동을 반복하거나, 수행 능력의 범위가 좁은 경우 등이 자폐 스펙트럼으로 알려져 있다. 특정한 흥밋거리에 과도하게 집중하는 경우도 드물지 않다. 단순한 일상 활동은 잘 수행하지 못하면서 음악, 미술, 공학 분야에서 학자가 되기도 한다.

자폐 스펙트럼의 완치법은 없지만, 그런 상태에 있는 사람들의 활동 능력을 아주 크게 개선하는 요법은 있다. 교사와 치료사는 아이의 개별적인 결함과 능력에 맞춰서 노력을 기울여야 한다. 자폐 스펙트럼이 있는 아이들을 똑같이 대하는 로봇은 효과를 볼 수 없지만, 소셜 로봇은 실사용 중 일어나는 상호 교류와 소프트웨어를 통해 프로그래밍할 수 있으므로 고도로 최적화된 상담 치료 요법을 수행할 수 있다.

자폐 소프트웨어 패키지가 탑재되어 있고 교육용으로 쓰도록 설정된 아이팔의 가격은 약 1,100만 원 정도다. 학교나 가정에서 쓰기에는 초고가다. 하지만 자폐증 전문가들이 조사한 바에 따르면 이처럼 특화된 로봇은 대인 교류와 놀이 영역에서 아이들에게 좋은 영향을 준다. 심지어 정서적 건강도 향상시킨다. 한 연구에서는 소셜 로봇 카스파가 자폐증 아동을 상대하도록 프로그래밍한 뒤 그 효과를 조사했다. 연구 결과에 따르면 소셜 로봇을 이용한 치료법은 광범위한 영역에 걸쳐서 유익한 결과를 보여준다.[5]

룩셈부르크에 기반을 둔 감정 로봇 제작사인 룩스에이아이 LuxAI는 자사 웹사이트를 통해서, 자폐 아동 치료에 특화된 로봇

치료법을 강조한다. 자폐 아동에게 있어 타인과 교류하는 행위는 불안할 수밖에 없다. 룩스에이아이는 학습에 방해가 되는 상호 교류의 불안감을 제거함으로써, 아이가 기초적인 사회적 소양을 더 자유롭게, 더 집중적으로 계발하고 그 결과 적절한 인간적 상호작용까지 획득할 수 있다고 단언한다.

자폐 아동은 로봇에게 유난히 매력을 느낀다. 우선 로봇 자체가 흥미롭고 재미를 유발한다. 그리고 로봇은 인내심이 바닥나는 일 없이, 아이를 평가하지 않으면서 예측 가능하고 일관된 반응을 끊임없이 보여준다. 그 결과 시간에 구애되지 않고 반복적으로 기술을 익히는 길이 열린다. 로봇은 아이에게 재미있는 놀이나 다른 것들을 가르치면서 동시에 시선을 맞추고, 표정을 인지하고, 대화를 주고받는 등 사회적 기술을 구현할 수 있다.[6]

2018년에 다섯 개 학술 기관의 전문가들이 공동으로 첫 연구 결과를 발표했다. 자폐 아동과 로봇이 가정환경에서 30일이 넘는 시간을 시험적으로 함께 보낸 결과였다. 그전에도 유사한 연구는 있었으나, 로봇과 자연스럽게 교류할 수 있는 아이의 집이 아니라 실험실이 무대였다.

이 실험에서 아이는 하루에 30분씩, 옛 이야기를 듣거나 놀이를 하면서 로봇과 시간을 보냈다. 아이는 그 과정에서 로봇과 교류하면서 사회적이고 감성적인 모델을 형성하는 프레임을 제공한다. 프로그래밍이 가능하기 때문에 아이가 나름대로 학습하는 방식에 지속적으로 맞춰갈 수 있는 것이 큰 장점이다. 게임에서 로봇은 아이가 일정 수준에 도달하면 새 도전 과제를 제시하는 등 적극적으로 아이를 대하고, 덕분에 집중력과 학습 성취도가 유지된다.

이 연구를 이끌었던 브라이언 스카셀라티Brian Scassellati에 따르면 "이 아이들은 오랜 시간 동안 경험한 바에 따라 사회적인 교류가 힘들고 이해하기 어렵다고 생각했다. 하지만 로봇과 만나고 소통하자 상호작용에 따라오게 마련이었던 다른 부담 없이 사회적인 반응이 작동하기 시작했다."[7]

연구진은 로봇과 30일을 지내기 전과 후에 아이들의 사회적 기술과 감성적 기술을 각각 시험해보았다. 스카셀라티에 의하면 연구에 참여한 아이들은 '전반적으로 수행 능력이 향상'되었다. 아이의 양육자들은(전부 부모 아니면 조부모였다) 무엇보다도 다른 사람과 눈을 잘 마주치고 소통을 먼저 시작할 수도 있었다고 보고했다. 연구자 측은 아이들이 로봇에 싫증을 느끼고 30일이 되기 전에 그만두지는 않을지 우려했지만 그런 일은 일어나지 않았다. 아이들은 꾸준히 참여했고, 로봇이 집을 떠나고 30일이 지난 뒤에 검사해보아도 그동안 향상됐던 점들은 그대로 유지되었다.

로봇과 아동을 대상으로 하는 연구의 경우, 소셜 로봇이 건전한 사회 행동을 얼마나 가르칠 수 있는지는 의견이 분분하다. 하지만 아이들이 로봇을 만나면 크게 집중하고, 흥미를 보이며 그 시간을 즐긴다는 데에는 모두 동의한다. 흥미와 즐거움은 학습을 증진시키는 두 가지 중요한 요소이다.

치료용 로봇을 이용해 가정에서 학습을 진행하면 커다란 장점이 있다. 로봇은 인간 돌봄 제공자나 교사와 달리 시간에 구애받지 않고 항상 곁에 머물 수 있다(그리고 수용 가능한 비용으로 그런 치료를 제공한다). 로봇은 하루에 몇 시간이든 아이와 상호작용을 할 수 있다. 몸체가 있는 자율 로봇에게 있어서 한계는 배터리 시간뿐이다. 자폐 아동이 사회적이고 감성적인 기초 표현법에 숙달되도록 인간 전문가가 치료를 시작하고 나면, 적어도 맞춤형으로 프로그래밍한 로봇을 이용해 대상 아동의 성취를 촉진하고 확장할 수 있다고 보는 것은 설득력이 있다.

다만 로봇이 기여한 의학적 성취가 진정으로 성공하려면 인간과의 상호작용으로 이어져야 한다. 소셜 로봇은 아주 매력적이다. 바로 그 사실이 수많은 사람을 힘들게 한다. 아이들의 발전에 있어 인간관계가 절대적인 기준이어야 한다고 생각하기 때문이다. 사실 결과만 놓고 보자면 아이가 앞으로 할 수 있는 일은 하나같이 인간의 사회적인 상호작용 범주를 벗어나지 않는다. 따라서 기술을 핵심이 아니라 보조적인 위치에 국한해야 한다. 인간 교사와 돌봄제공자가 양육과 교육의 기반을 이루는 현실에서, 그들을 대체하지 않으면서도 양육이라는 퍼즐을 풀어나가려면 로봇과 인간의 상호작용이 일정 부분 기여할 수 있을 것으로 보인다.

현존하는 소셜 로봇은 정서의 범위가 제한적이다. 덕분에 계발 과정에서 한 단계씩 나아가야 하는 아동에게는 귀중하고 효과적인 과정을 제공할 수 있다. 하지만 일정 수준을 지나면 아이의 성장이 로봇의 수준을 추월한다. 단단한 플라스틱으로 만들어진 로봇의 얼굴도 기본적인 감정은 표현할 수 있다. 하지만 그 정도 수준의 감정을 파악할 수 있게 되면, 그다음부터는 사람에게서(그리고 반려동물에게서) 익혀야 한다. 현재 자폐 치료를 제공하는 로봇들은 아이에게 복잡한 감정 표현을 가르치는 데 한계가 있다.

로봇의 몸체를 만드는 기술이 발전하면 그런 한계는 분명히 사라질 것이다. 표정 변화를 확장한 극사실주의 로봇이 꾸준히 개발되고 있지만, 이 분야에는 불쾌한 골짜기를 넘어야 한다는 어려움이 여전히 골칫거리로 남아 있다. 기이할 정도로 감정 표현이 풍부한 로봇인 아메카Ameca가 바로 그렇다. 아메카는 영국 회사인 엔지니어드 아츠Engineered Arts 제품이다. 아메카를 좋아하는 사람도 있지만 (나를 포함한) 대다수는 아메카의 부자연스러운 움직임과 과장된 표정이 잊을 수 없는 악몽 같다고 생각한다.

인간 교사와 상담 치료사의 노동을 보조하는 데 그친다면, 자폐 스펙트럼 환자를 가르치고 치료하는 로봇은 명백히 이점을 제공한다. 하지만 학교에서 몸체가 있는 로봇이 더 표준적인 아이와 청소년을 가르친다면 어떨까?

학습을 강화하고 교사 부족을 해결한다는 면에서 교육용 로봇을 개발할 필요는 있다. 현재 전 세계적으로 교사가 부족하다.

하지만 교육용 로봇을 개발하게 만드는 요인은 그것만이 아니다. 무엇보다 교육계로 진출하려는 젊은 층이 감소하고 있다.

미국만의 문제가 아니다. 전 세계 학교가 교사 부족에 시달린다.[8] 보세대 에드워즈Bosede Edwards와 에이드리언 척Adrian Cheok이 2018년에 《인공지능 응용》에 발표한 논문에 따르면, 최근 들어 교사 자격을 부여하는 프로그램에 지원하는 학생의 수가 급격히 감소하는 중이다. 현실적으로 임금이 적고 사회적 인지도도 높지 않은 것이 교육직의 현실이다 보니 젊은이들은 교육계에 진입하기를 꺼린다. 이는 지방, 취약 지역, 도심, 원격지, 개발도상국 영토 등에서 이른바 '교육 사막화'가 일어나는 원인이기도 하다.

로봇을 사용하면 교사의 업무 부담이 줄고, 학생의 참여도가 높아지고, 궁극적으로 학습과 청소년의 일상이 조화를 이루어 교육에 새로운 장이 열릴까? 로봇은 정식 교육자가 되고 인간 교사에게서 직업을 빼앗을 만한 잠재력이 있을까? 인공지능과 의학이 발달한다고 의사가 완전히 사라지지는 않을 테고, 마찬가지로 로봇 교사도 인간 교사를 절대로 대체하지 못할 거라는 게 대다수의 의견이다. 대신 로봇 교사가 교육직의 성격을 바꿔놓을 것으로 보인다.

구글 이사인 제임스 맨위카James Manyika가 2017년에 주도한 연구에 따르면 창의력, 감성 지능, 소통 같은 능력은 미래 학교에서도 필요하다. 그리고 로봇은 그런 능력을 보편적인 인간 교사만큼 제공할 수 없다.[9] 대신 인간 교사보다 훨씬 높은 수준으

로봇, 그리고 로봇을 사랑하는 사람들

로 대상 지식을 심화하고 학생의 참여도를 크게 높이는 이점이 있다.

교사와 로봇은 새로운 방식으로 협력할 수 있다. 교사가 학생과 로봇 간의 상호작용을 돕는 식이다. 현재 중국, 일본, 미국, 유럽에서 채택한 교육 '도우미'가 바로 이런 형태다. 이 경우 로봇은 주로 과학, 기술, 공학, 수학(STEM 융합교육의 과목들)을 가르치는 도구로 쓰인다.* 인간 교사는 학습 계획을 세우고, 감독하고, 학습 단계를 평가하는 일에 더 집중한다. 이로써 학생들은 흥미를 갖고 다양한 학습 방법을 경험하며, 교사는 업무 부담을 다소 덜 수 있다. 적어도 현재까지 연구자들이 관찰한 바에 따르면 그렇다.

당연히 로봇을 이용한 학교 교육에 반대하는 주장도 만만치 않다. 로봇이 태어날 때부터 기술에 둘러싸여 자란 '요즘 아이들의' 언어를 사용한다는 지적은 간과해선 안 된다. 시각과 상호작용에 의존하는 미디어가 넘치는 환경에서 자란 아이들은 검색에 익숙하다. 하루 종일 인터넷과 연결되어 있고 일주일 단위로 음악, 게임, 엄청나게 많은 동영상을 소비한다. 점점 더 현란해지는 디지털 시각효과에 익숙하다 보니 자극을 당연하게 여긴다. 이런 상황에서 교육은 학생의 일상과 함께하는 소셜 미디어나 오

---

* 대개 소프트뱅크에서 만든, 아이와 신장이 비슷한 로봇 나오를 이용한다.

락 수단과 경쟁해야 한다.

　교육용 로봇을 반대하는 설득력 있는 의견은 이것 말고도 더 있다. 로봇은 학생들이 현실에서 마주칠 기술에 대비하도록 도와주는데, 그 현실은 다름 아니라 로봇으로 가득 찬 세상이다. 학생들은 어릴 때부터, 삶의 모든 영역에서 로봇과 상호작용하고 협력하게 될 것이다. 이를 테면 직장에서 상품으로 판매되는 로봇과 관련된 일을 하고, 집에서는 도우미 로봇과 함께할 것이다. 학교 교육에 로봇을 도입한다면, 사회 경제적인 배경과 관계없이 모든 학생으로 하여금 고도로 자동화된 시대, 다시 말해서 로봇을 활용하는 능력이 읽기와 쓰기만큼이나 기본인 시대에 대비하는 게 옳다는 확신을 줄 수 있다. 우리는 컴퓨터와 스마트폰 때문에 이런 문턱을 넘어본 경험이 있다.

　학생들은 멀티미디어 오락물을 활용하는 학습을 선호한다. 로봇은 인터넷에 연결해서 동영상, 음악, 게임을 한데 모을 수 있기 때문에, 그런 교육을 인간보다 더 잘 제공할 능력이 있다. 하지만 아동 교육의 목적은 인터넷으로 연결된 세상에서 기술적으로 잘 기능하도록 만들어주는 것만이 아니다. 아이들이 지적으로, 창의적으로, 사회적으로, 감성적으로 성장하도록 돕는 것이 궁극적인 지향점이다. 이런 관점에서 볼 때 로봇이 크게 도움이 될 거라고 보기는 어렵다. 로봇은 단순히 아이를 가르치고 아이의 흥미를 끄는 게 아니라 마음을 쥐고 흔들도록 설계되기 때문이다.

터클에 따르면, 장난감 제작자와 제조사가 진짜 어린아이나 동물처럼 생기고 그렇게 행동하는 귀여운 로봇을 설계하는 건 우연이 아니다. 터클은《워싱턴 포스트》에 실은 글에서 이렇게 주장한다. "그런 로봇은 눈을 맞추고 우리를 향해 몸짓을 한다. 로봇이 생각할 수 있고 상냥한 존재라고 믿게 만들려는 의도가 있기 때문이다. … (아이에게서) 키우고 싶다는 반응을 끌어내야 하므로 귀엽게 설계하는 것이다." 앞서 말했듯 키움의 경험은 아이들을 강력하게 끌어들이고 끈끈한 애착에 불을 붙이는 도구이다.[10] 그러면 아이들이 진정으로 로봇을 사랑하게 될까? 다시 말하지만 아이가 진짜 관계를 형성했다고 믿을 때 문제가 발생한다. 하지만 로봇이 아이를 사랑할 가능성은 거의 없다. 성인조차 이처럼 비대칭적인 관계에 취약해지는데, 하물며 어린아이의 감성 발달에 문제가 생기지 않을까? 터클은 이렇게 주장한다. 우리는 상호작용이 가능한 소셜 로봇에게 정신과 감정을 부여하는 경향이 있지만 "사고 시뮬레이션은 진짜 사고일 수 있다. 하지만 감정 시뮬레이션은 절대로 감정이 아니고, 애정 시뮬레이션은 절대로 애정이 아니다."

아이는 태어난 뒤 몇 년 동안 두뇌가 빠르게 성장하고 발달하고, 이 시기에 평생 영향을 주는 감성 건강의 토대가 형성된다. 그런 형성 경험은 문자 그대로 아이의 두뇌와 기대와 세계관과 세계 속 자신의 위치를 결정짓는다. 터클은 저서 『외로워지는 사람들』에서 질문을 던진다. 로봇에게 양육을 맡길 생각을 하면서 아이를 소중하게 여긴다고 말할 수 있을까? 아이는 겉으로 보기에는 로봇 덕분에 즐거운 시간을 보낼지 모르나, 그러는 동안 아이의 자존감은 체계적으로 허물어질 것이다.

한편 우리는 가정에 있는 아이 돌봄 로봇의 문제에 아직 결론을 내리지 못했다. 로봇이 하루에 몇 시간씩 아이와 즐겁게 놀아주는 것이 TV나 아이패드를 붙들고 몇 시간씩 보내는 것보다 해로울까? 대니얼 시옹 박사는 수동적으로 미디어를 소비하는 것보다는 로봇과 상호작용하는 편이 낫다고 본다. 아이팔 제작자 측이 설명한 바에 따르면 아이팔이 부모나 교사를 대체할 수는 없고, 3세에서 8세에 해당되는 아동이 방과 후에, 부모가 직장에서 돌아오기 전까지 사용하는 게 가장 이상적이다. 하지만 로봇은 점점 정교해진다. 앞으로는 매일 같이 돌봄을 수행하고 감성적으로도 더 발달할 것이다. 아이들은 분명히 일부 로봇에게 남다른 애착을 보일 것이다. 그리고 최근 수행된 연구들은 아이와 로봇 간의 상호작용에 명백히 단점이 있음을 보여준다.

터클과 MIT 동료인 신시아 브리질Cynthia Breazeal은 공동 연구를 통해 아이와 로봇의 관계에 부작용이 존재함을 밝혔다. 터클은 저서 『외로워지는 사람들』과 《워싱턴 포스트》에 게재한 글에서 해당 연구의 결과를 강조한다. 아이들은 보통 로봇을 사랑하지만 그중 일부는 내면의 불량배 기질을 드러내어 죄 없는 로봇을 때리고 발로 차거나 상처를 입히려고 시도한다. 문제는 로봇이 저항할 수 없다 보니 아이들은 상대를 괴롭히고 학대해도 아무 문제가 없다고 학습한다는 점이다. 인간과 로봇 사이에 존재하는 여타 관계와 마찬가지로 그처럼 해를 끼치는 행동 역시 아이의 인간관계에 영향을 준다. 게다가 역설적이게도 소통이 가능한 기계가 실제로는 아이들에게 좋은 소통 기술을 가르치지 못한다는 사실이 밝혀졌다. 생후 3년 동안 부모 자식 간에 이뤄지는 소통이 저연령 아동의 지적 활동과 학업 성취의 기반이 된다는 점은 이미 널리 알려져 있다. 다양한 놀이가 유형에 따라 아동의 소통 능력에 어떤 영향을 미치는지 연구한 논문이 2015년에 의학 저널인 《JAMA 소아학》에 게재되었다. 해당 논문에 따르면 유행했던 로봇 개 아이보와 같은 전자 장난감을 갖고 논 아기는 언어 능력이 양적으로나 질적으로나 감소했다.[11]

북애리조나 대학의 아동 발화 및 언어 연구소에 소속된 애나 V. 소사Anna V. Sosa는 생후 10개월에서 16개월에 해당하는 유아 26명을 대상으로 연구를 진행했다. 장난감 세 종류를 갖고 논 뒤 아이들의 언어 능력 발달을 비교하는 연구였다. 세 가지란 각각 아기용 노트북과 말하는 농장 같은 전자 장난감, 목제 퍼즐과 집 짓기 블록 등의 전통적인 장난감, 부모가 큰 소리로 읽어주는 책이었다. 언어 구사 능력을 가장 높인 것은 돌보는 이가 읽어주는 책이었고, 전통적인 장난감이 그다음이었다. 전자 장난감을 갖고 논 뒤 얻어지는 언어가 가장 적었다. 전자 장난감을 갖고 노는 경우 성인용 단어를 가장 조금 사용했고, 대화를 가장 조금 주고받았고, 아이가 말할 기회가 가장 적었다. 표본 수가 적긴

하지만, 아이에게 책을 읽어주고, 모르는 단어를 알려주고, 질문에 대답하고, 관계 속에서 공감과 상호 이익을 촉진하는 소통의 형태를 선보이는 등 친근한 분위기에서 형성되는 반응은 전자 장난감이나 더 우수한 로봇이 절대로 제공할 수 없다고 결론 내려도 좋을 것이다.

아동용 로봇 사용을 가장 큰 목소리로 비판하는 사람은 영국 셰필드 대학의 노엘 샤키Noel Sharkey와 어맨더 샤키Amanda Sharkey 이다. 두 사람이 2010년에 《상호작용 연구Interaction Studies》에 게 재한 논문은 놀라웠다. 그들은 아이 돌봄 로봇을 과도하게 사용할 경우 아이의 정신 및 감성 건강에 심각한 문제가 생길 수 있다고 주장했다. 다만 정해진 시간에만 로봇을 쓰도록 제한하면 아이가 물리적으로 해를 입지 않도록 보호하고, 멀리 떨어진 곳에서도 부모가 아이를 감시 및 통제하고, 아이가 흥미를 잃지 않으면서 과학과 기술에 관심을 가지게 만들 수도 있다고 인정했다. 하지만 두 연구자는 로봇을 남용할 경우 부모와 자식 사이에 정서적 소외가 발생한다는 사실을 발견했다. 아이를 정기적으로 로봇에게 떠맡기는 행위는 바쁜 부모가 자식의 감성 발달을 희생해가며 자신들의 이익만 추구하는 일종의 무시 행위와 다르지 않다는 것이다.[12]

노엘과 어맨더는 다음과 같이 주장한다. 아이들은 대상을 인격화하는 경향을 갖고 태어난다. 로봇은 그런 경향을 먹이로 삼아서, 진짜로 아이들에게 애정을 주지도 못하면서 가짜 관계로 끌어들인다. 이는 결속을 약속하지만 절대로 제공할 수 없는 로봇에 의해 일어나는 일종의 감정적 학대나 마찬가지다. 거기에 더해 로봇이 목욕을 시키고, 밥을 먹이고, 기저귀를 갈아주는 등 더 친근하게 행동할 수 있는 단계까지 발전한다면, 아이들은 부모와 자신을 연결시켜주는 가장 근본적이고 소중한 활동을 잃을 것이다.

비평가들에 의하면 궁극적으로 상업적인 이득을 노리는 장난감과 로봇 제작자들은 아이들의 선천적인 친화력을 가장 먼저 노린다. 노엘과 어맨더는 주간 아이 돌봄 시설에서 이용하는 최첨단 로봇을 대상으로 한 어느 연구에 주목했다. 10개월에서 20개월령 사이에 있는 아이들은 곰인형보다 로봇과 더 친해진다. 영유아들이 나이를 먹으면서 점점 복잡한 기계를 접한다는 점을 고려한다면, 아이가 어릴 때부터 로봇과 친해질수록 로봇 제작자에게 확실히 유리하다.

노엘과 어맨더에 따르면 "로봇이 양육을 거의, 또는 전부 맡는다면 아이에게 인지 장애나 언어 장애가 생길 수 있다." 두 사람은 심리학에서 병리학적 애착장애라고 부르는 증상이 아이에게 생길 수 있다고 말한다. 애착장애는 부모의 감정적 반응이 예측 불가능하거나 부모가 무관심할 때 발생한다. 그럴 경우 결속이 불안해지고, 아이는 부모가 있을 때 신뢰하고 기뻐하고 안심하고 편안함을 느끼는 능력에 문제가 생긴다.

'불안정 애착'이란 아이가 양육자를 믿지 못해 양육자가 감정적 요구를 충족해주지 못할 거라고 생각할 경우 발생하는 불안 증상이다. 애착 장애가 있는 아동은 의심 때문에 애착 관계를 회피하고, 모든 관계의 초석이 되는 공감을 경험하지 못할 수도 있다. 이런 패턴들은 아이를 평생 따라다니면서 앞으로 형성될 관계를 전부 오염시킬 수도 있다.

구술 능력이 발달하고 부모나 인간 돌봄 인력과 살면서 감성 기반을 확립했다면, 아이가 학생이 되고 나서 상호작용이 가능한 로봇에게서 이득을 더 많이 얻을 수 있다. 현존하는 로봇들의 능력을 놓고 볼 때 남용하지만 않으면 유아를 돌보면서 도움을 받을 수는 있다. 하지만 로봇과 보내는 시간을 전적으로 아이의 결정에 맡기는 건 좋은 생각이 아니다. 표면적으로 즐겁다고 해서 아이에게 이롭기만 한 건 아니기 때문이다. 교육용 로봇은 연령과 관계없이 아이에게 도움이 되는 것으로 보이며, 자폐 아동은 기본적이고 필수적인 사교 능력을 얻을 수 있다.

아이 돌봄 로봇은 한계가 있다. 예를 들어 미리 설계된 감정 반응은 그리 다양하지 않다. 로봇은 아이의 감정을 탐지하고 흉내 내도록 설계된다. 이를 테면 아이가 울거나 슬퍼할 때 좋아하는 노래를 불러준다. 하지만 상황에 따라서는 그런 반응이 되려 아주 무신경한 행위일 수도 있다. 그럴 경우 넘어져서 무릎을 긁히는 것처럼 고통스러운 상황에 처한 아이가 보이는 진짜 반응을 무시하거나 경시하는 셈이 된다. 로봇이 노래를 흥얼거리는 것과, 상처를 소독하고 반창고를 붙여주거나 더 나아가서 상처에 입을 맞추고 보살펴주도록 엄마나 아빠를 불러주는 것은 하늘과 땅 만큼의 차이가 있다.

로봇이 교육 도구로 유용하다는 사실을 부정하는 전문가는 거의 없다. 하지만 로봇은 아이가 사랑받고 인정받고 존중받는다고 느끼게 할 수는 없다. 그건 부모의 역할이다. 부모가 그런 책임을 외면한다면, 아이와 부모 모두 인간의 삶에서 가장 심오한 경험을 놓칠 것이다.

첨단 기술에 익숙한 지금의 아이들이 로봇에 대한 애착을 궁극적으로 어떻게 생각할지는 알 수 없다. 인간보다 로봇 동반자를 훨씬 더 선호하는 경향이 생길지도 알 수 없다. 기술 사용 능력 덕분에 아이들이 로봇과 함께 살면서 형성된 유사 역사와 현실을 확실히 구분할 가능성도 있다. 하지만 과학자와 우리가 표본을 충분히 확보하고 장기적으로 연구해서 로봇과 평생을 보내면 무슨 일이 생기는지 알아내기 위해서는 앞으로 수십 년이 지나야 할 것이다.

살인 기계인가 전우인가

전쟁은 당대의 첨단 기술과 늘 밀접하게 연결되어 있다. 군대와 기술은 수 세기에 걸쳐 꾸준히 관계를 맺어왔고, 전쟁 양상도 점차 더 많이 기술에 의존하고 군대의 직접적인 개입이 줄어드는 방향으로 꾸준히 변하고 있다. 또한 병사 개인과 기술의 관계 역시 빠르게 재정립되고 있다.

군용 장비는 오랫동안 다양한 위협 요소로부터 병사의 생명을 보호하는 완충장치 역할을 했다. 전 세계 여러 국가들은 적국보다 뛰어난 기술을 개발하고 장비를 생산해서 우위를 점하기 위해 부단히 노력해왔다. 현재 군사 분야에는 인간에게 너무 위험한 기능을 수행할 수 있는 로봇이 수없이 배치되어 있다. 그런 로봇들은 이미 인명을 구하는 동시에 전쟁의 치명적인 위험성을 새로운 수준으로 끌어올리고 있다. 로봇은 전임자인 인간의 위험을 최소화하면서 적 전투 요원을 살상한다. 그리고 저격수의 사격이 빗발치는 상황에서 시가지를 사수하고, 동굴이나 고층 건물처럼 어둡고 예기치 않은 위험이 도사린 장소를 탐색한다. 또한 지상, 공중, 수중에 자리 잡고 국경과 건물을 감시하고, 도로에서 폭발물을 제거하고, 지뢰를 터뜨리고, 화생방 작용제가 있는 곳을 조사하고, 최전선에서 보병으로 활동하기까지 한다.

로봇을 쓰는 이유는 분명하다. 로봇은 반응 속도가 빛처럼 빠르고, 로봇 한 대가 다수의 인간에 필적하는 능력을 수행한다. 또한 수면 부족, 피로, 불확실한 전장 상황 때문에 혼란에 빠지지도 않고, 사기가 떨어지지도 않는다. 군인은 전투 상황에서 분노나 공포 등의 복잡한 감정을 겪지만 로봇은 그러지 않는다. 스트레스에 예민하게 반응하지도 않고 적에게 복수하려고 전쟁 범죄를 저지르지도 않는다. 실은 모든 사건을 기록하고 명령 체계에 따라 보고하는 능력이 있어서 전쟁 범죄를 단념하게 만든다.

로봇은 다른 시설이나 장비와 통신망을 구축하고 즉각 통신하는 기능이 있어 이를 활용할 수 있다. 인간 병사와 달리 열 감지 센서 등을 이용해서 건물 안에 있는 적의 존재를 감지하고, 인간이 못 가는 곳도 진입할 수 있어서 상황을 더 잘 파악하게 돕기도 한다. 마지막으로 전황에 따라서는 종종 정면에서 막대한 피해를 받아내기도 한다. 로봇이 폭파되거나 파괴되는 대신 부대 내의 인간 병사는 희생되지 않을 것이다. 물론 그와 반대되는 경우도 있겠지만 말이다.

현대전에 투입되는 전투용 로봇은 점점 늘어난다. 이런 현상에는 커다란 이득과 잠재적인 부작용이 동시에 존재한다. 현대전은 대개 시가지에서 벌어지고, 군대가 민간인을 공격하는 상황도 드물지만 발생한다. 로봇의 전술적 활용은 핵무기 개발 이후로 가장 대단한 발전일 것이다. 전투용 로봇은 전쟁의 양상을 바꿨을 뿐 아니라, 국가와 사회와 군대 간의 거시적인 역학관계도 강제로 변화시키고 있다. 또한 일반 병사들의 감정적 변화 및 병사와 전쟁병기 사이의 역학까지도 같은 이유로 달라질 것이다.

워싱턴 대학의 줄리 카펜터Julie Carpenter는 2017년에 로봇과 함께 근무하는 병사를 대상으로 연구를 수행했다. 논문 제목은 「고요한 전문가: 미군 폭발물 전문 처리 요원과 일상 현장 로봇의 상호작용에 관한 연구The Quiet Professional: An Investigation of U.S. Military Explosive Ordnance Disposal Personnel Interactions with Everyday Field Robots」였다. 군 폭발물 전문 처리 요원이란 로봇을 이용해서 지뢰나 급조 폭발물을 해체하고 무력화하도록 훈련된 병사들을 말한다. 이런 병사들은 군에서 가장 위험한 작업을 매일 같이 수행하면서 '일상 현장 로봇'을 자신보다 앞에 세운다.

카펜터는 연령을 불문하고 모든 민간인이 그러듯이, 군인들 역시 개념적 모순을 일으킨다는 사실을 발견했다. 여기서 개념적 모순이란 로봇이 기술의 산물이라는 점을 알면서도 저도 모르게 인간적인 특성을 부여하는 행위를 가리킨다. 어떤 대상이 저 혼자 움직이고 지능이 있는 것처럼 행동하면, 두뇌는 그 대상에게 정의를 내리고 범주화하려고 기를 쓰는 것 같다. 심지어 로봇의 입장이 되어 생각하고 자신과 로봇을 동일시하는 사람도 있다. 공감의 사전적 정의 그대로 상대의 입장이 되어보는 셈이다.

군인도 다른 사람과 차이가 없다. 친해진 로봇이 말 그대로 자신과 수많은 군인의 목숨을 구해준다는 점만 다르다. 목숨을 맡길 정도로 로봇에게 의지하고 밀착해서 작업하는 폭발물 처리 요원은, 시간이 흐르면서 로봇을 자신의 일부로 생각한다. 매일같이 생사를 오가는 상황은 감정을 극도로 예민하게 만들고, 요원들은 이런 감정을 잔뜩 품은 채 로봇에게 의존한다. 카펜터에 따르면 군인들은 탱크나 트럭보다 로봇이 파괴될 때 훨씬 극심한 스트레스를 받는다.

카펜터가 조사한 군인들은 전형적으로 기계처럼 생기고 실용성 위주로 설계된 폭탄 해체 로봇에게 공감하고 정서적인 애착도 뚜렷하게 느끼고 있었다. 그들은 로봇에게 이름을 붙이고 성별을 부여했다. 주로 여성이 많았다. 로봇이 파괴되면 장례를 치르고, 로봇의 용기와 희생을 격찬하는 편지를 써서 제작자에게 보냈다. 마크봇MARCbot이란 이름의 로봇이 부서지자 군인들은 예포를 스물한 발 쏘고 퍼플 하트 훈장*과 브론즈 스타 훈장**을 사후 수여했다. 그런 군인들은 중상이나 심지어 사망까지 수없이 막아준 무언가와 헤어졌다고 여겼다. 제작자들이 철저하게

실용성 위주로 마크봇을 설계했음에도 벌어진 일이었다.[1]

　미군은 아주 다양한 로봇을 광범위한 용도로 배치하고 있으며 앞으로도 그럴 계획이다. 그런 로봇을 개발하는 대표 주자로는 다르파DARPA와 보스턴 다이나믹스Boston Dynamics 사가 있다. 다르파는 미국 행정부에 소속된 첨단 방위 프로젝트 부처이고, 보스턴 다이나믹스는 민간 기업이다. 이들은 개와 유사한 4족 보행 로봇에서 무섭게 생긴 2족 보행 인간형에 이르기까지 다양한 형태의 로봇을 제작한다.

　다르파가 투자하고 보스턴 다이나믹스가 제작한 로봇 가운데 신장이 약 180센티미터에 달하는 인간형 로봇 아틀라스Atlas는 무척 유명하다. 아틀라스는 여러 해에 걸쳐서 크게 발전했으며 지금도 꾸준히 개선되고 있다. 아틀라스는 자갈밭과 험난한 지형 위를 걷고, 문을 열고, 밸브를 돌리고, 운송 수단을 조종하면서 여러 유형의 수색 및 구조 작업을 수행하도록 설계되었다. 초기형 아틀라스는 완성과 거리가 멀었고 꼴사납게 넘어지기도 했다. 하지만 신장이 175센티미터인 모델은 뒤로 공중제비를 돌고, 발로 착지하고, 웬만한 사람만큼 춤도 출 정도로 민첩하고 안정적이다. 2020년에 공개된 동영상에서 보스턴 다이나믹

* 전투 중 부상자에게 수여하는 훈장. - 역자주
** 공중전 외 상황에서 용맹을 보인 사람에게 수여하는 훈장. - 역자주

스 로봇들은 명곡 〈두 유 러브 미Do You Love Me〉에 맞춰 진심이 담긴 춤을 췄다.[2] 리듬 감각이 거장 수준인 이 로봇들을 보면 사랑하지 않을 수가 없을 정도다. 나는 음악의 비트에 완벽하게 맞춘 로봇들의 퍼포먼스를 몇 번이나 반복해서 재생했는지 모른다.

극히 초기에 미군이 개발한 군용 로봇 '탤런 소드TALON SWORD'는 2000년에 보스니아에, 2007년에는 이라크에 배치되었다. 탤런 소드는 신형 모델의 매력은 없지만 위험한 재능을 실전에서 다양하게 구사한다. 이 로봇은 소형 탱크처럼 생겼고, 원격으로 조종되며, 6연발 유탄 발사기를 장착하고 있다. 또한 기관총, 로켓 발사기, M16 소총도 장착할 수 있다. 미군 무기고에는 이런 로봇이 약 4천 대 정도 보관되어 있다. 이처럼 다재다능한 로봇들은 폭발물 해체, 지뢰 탐지, 급조 폭발물 무력화, 인명 구조, 정찰, 화물 운반, 통신, 안전 확보, 화생방 작전, 핵전쟁 등 다양한 임무에서 활약한다. 전쟁이 발발하면 누구든 아군에게 이런 로봇이 있기를 바라고, 적은 절대로 이런 로봇을 쓰지 못하기를 바랄 것이다.

탤런 소드는 센서를 통해 1천 미터 앞에서도 폭탄을 감지할 수 있다. 카메라 일곱 대를 이용해서 밤에도 열 감지 시야를 확보할 수 있고, 사막, 눈, 비, 가파른 경사를 이겨내고 350킬로그램에 달하는 화물을 견인할 수도 있다. 부상당한 병사와 그가 사용하던 장비를 안전한 장소까지 끌고 갈 수도 있고, 필요하다면 병사들의 무거운 장비 중 일부를 대신 들어 부담을 덜어줄 수도 있다.

탤런과 유사하게 용도가 아주 다양한 로봇으로 '마르스 MARRS'가 있다. 현재 미 해병대가 마르스를 테스트하는 중이다. 마르스는 폭발물, 유탄 발사기, 기관총 등 살상 무기와 최루 가스, 레이저 실명 유발 장치, 군중 통제에 쓰이는 사이렌 등 비살상 무기를 싣고 다닌다. 이 로봇은 정찰, 감시, 대상 식별, 매복, 시위 통제, 인질 구출, 건물 강제 진입, 급조 폭발물 무력화 임무에 적합하다.

상기한 로봇들은 전투를 결정하도록 설계되지 않았다. 즉 살상용으로 화력을 사용할지 말지는 항상 인간이 결정한다. 하지만 로봇 기술 연구는 최소한 특정 판단 정도는 내릴 수 있는, 더 독립적인 로봇을 개발하는 방향으로 나아가고 있다. 최근 개발된 모델은 대개 인공지능을 탑재하고, 음성 명령으로 작동되고, 경험을 통해 학습하고, 결정을 100퍼센트 인간의 손에 맡기지 않을 수도 있는 요소까지 도입하고 있다.

병사들은 인간 동료에게 향하는 것과 비슷한 감정을 로봇에게도 강하게 품고, 로봇에게 감정적으로 크게 의존한다. 이유는 간단하다. 로봇은 문자 그대로 죽음을 막아주거나, 최소한 중상을 예방해준다. 또한 병사들이 전선에서 멀리 떨어진 후방에서 핵심 정보를 모아 부대 전체의 안전을 도모하도록 눈과 귀가 되기도 한다. 따라서 로봇을 활용하는 측은 그렇지 않은 측보다 항상 우위를 점한다. 로봇이 결정에 근거를 제공하고 말 그대로 승

로봇, 그리고 로봇을 사랑하는 사람들

패에도 영향을 미치는 것이다.

그것만이 아니다. 병사들은 로봇에 인격을 부여하고 여자친구나 영화배우나 좋아하는 가수의 이름을 붙인다. 이런 관계는 복잡하고, 상실에 대한 불안감으로 늘 가득 차 있다. 줄리 카펜터가 인용한 공군 하사의 말에 따르면 "로봇은 말하자면 가족의 일원이다." 카일 채이카 Kyle Chayka는 《뉴스 위크》에 게재한 글에서 이렇게 말한다. "급조 폭발물 때문에 로봇이 망가지면 부대원들이 부품을, 다시 말해 유해를 수거한다. 그리고 부대로 가져온다. 다음 날이 되면 유해에 '왜 나를 죽였어요, 왜요?'라는 팻말이 걸려 있다."[3]

마리진 호이징크 Marijn Hoijtink와 마를렌느 트뢰슬 Marlene Trostl은 애리조나 사막에서 시행한 어느 로봇 원형의 테스트 결과를 위트레흐트 대학을 통해 발표했다. 테스트가 진행되는 동안 다수의 군인이 주위에서 이 과정을 관찰했다. 호이징크와 트뢰슬은 다음과 같이 서술한다.

군인들은 키가 150센티미터이고 대벌레처럼 생긴 지뢰 제거 로봇을 실시간으로 테스트하는 과정을 지켜보았다. 로봇이 탐색하던 도중 지뢰를 하나 터뜨렸다. 다리 하나가 날아갔지만 로봇은 다시 몸을 일으켰고, 다음 지뢰를 찾겠다는 목표하에 계속 전진했다. 군인들이 지켜보는 앞에서 로봇은 다리가 하나밖에 안 남을 때까지 같은 과정을 수차례 반복했다. 그 로봇을 설계한 로봇 물리공학자는 기뻐했다. 로봇이 정확히 프로그램에 따라 움직였기 때문이다. 하지만 테스트의 책임자인 대령은 중단을 선언했다. 물리공학자가 물었다. "왜요? 이유가 뭡니까?" 대령은 어깨를 으쓱하고는 크게 손상되고 불이 붙은 기계를 가리켰다. "비인간적인 테스트니까."[4]

위의 일화는 군인들의 감정이 새로운 방향으로 움직인다는 사실을 보여준다. 기술이라는 요소가 끼어들면서 군인들은 끔찍한 전쟁 관련 업무에 점점 더 멀리서 원격으로 관여하게 되었다. 하지만 다른 한편으로는 누가 봐도 전쟁 수단으로 쓰도록 설계된 기계에게 공감을 느끼고 감정적으로 의존했다.

군대에는 적 병사를 인간으로 대하지 않는 문화가 있다. 아이러니하게도 로봇과 공감하는 현상은 그런 문화와 정반대편에 있다. 군인들은 기계에게 인격을 부여하는 동시에 인간에게서 인간성을 박탈한다. 이처럼 생명과 직결된 방정식이 새로 등장하면서 전쟁, 그리고 신화 및 그에 관한 이야기들 또한 새로운 양상을 보일 것이다.

호이징크와 트뢰슬은 전쟁 상대국의 민간인 또한 인간성 박탈의 대상이 된다는 점을 지적하면서 질문을 던진다. "도적적인 관점에서 볼 때 전쟁 중에 있는 지역민들이 경험하는 죽음과 고통에 대해서는 거리를 두면서, 그와 동시에 군용 로봇과 교감하고, 친밀해지고, 로봇을 돌봐준다는 것은 도대체 무슨 의미일까.

애당초 바로 그 민간인을 보호한다는 이유로 전쟁을 벌이기도 하는데 말이다."

참전 군인들이 귀향한 뒤에도 스트레스와 트라우마 때문에 외상 후 스트레스 장애, 우울증, 불안에 시달린다는 사실은 잘 알려져 있다. 하지만 기술 덕분에 생사가 걸린 상황에서 멀리 떨어져서 참전하는 사람이라고 해서 후유증을 덜 겪지는 않는다. 오히려 해소하기에는 더 복잡한 트라우마가 생겨 평생 고통받을 가능성도 있다.

로봇에게 애착을 가지는 군인은 로봇을 위험한 환경에 보내지 않으려 할 거라는 의견도 있다. 만약 그 말이 맞는다면 군용 로봇이 제공하는 전술적 이득은 사라진다. 스트레스가 극도로 심한 환경에서 근무하는 군인은 함께 작업하는 로봇을 인간 전우처럼 여긴다. 여기서 특이한 사실은, 대개 로봇 쪽이 더 위험한 상황에 투입된다는 점이다. 하지만 로봇은 단순히 가격이 비싼 군용 장비가 아니라, 그보다 훨씬 가치가 크다.

군용 로봇 덕분에 군인들은 길을 따라 이동하면서 수십 시간 동안 지뢰 탐지기를 내젓지 않아도 된다. 기지를 지키느라 끝없이 야간 보초를 서지 않아도 된다. 로봇을 이용하면 병사 개인이나 부대 전체가 운반할 수 있는 장비의 양도 크게 늘어난다. 로봇은 적 저격수가 노리는 상황이나 기타 생명이 걸린 위험 상황에서 부상당한 군인을 구출할 수도 있다. 무엇보다 인간 병사가 매복에 당하거나 치명적으로 해로운 환경과 맞닥뜨리는 상황을 방지할 수 있다. 또한 엄청나게 다양한 임무를 수행하기 때문에 살려낸 사람과 죽인 사람의 수를 추산하는 건 아예 의미가 없다. 따라서 군용 로봇의 가치를 계산하기란 아주 어렵다. 대략 탱크 한 대와 인간 병사 한 명 사이 어디쯤이라고 가늠할 뿐이다.

카일 채이카는 국제 해상 안보 센터에서 일하는 젊은 '로봇 광신도'인 데이비드 블레어David Blair의 일화를 소개한다. 메릴랜드에 기반을 둔 이 센터는 해군 혁신을 연구하는 싱크탱크다. 블레어는 병사와 로봇의 관계가 빠르게 진화한다고 언급하면서, 이 관계가 상호보완적이라고 표현한다. "인간은 휴리스틱 학습법*에 능하고 컴퓨터는 알고리즘에 능하다. 전투 공간에서 자동화가 늘어나다 보니 그 두 가지 방식의 경계가 재형성되고 있다."5

물론 로봇이라고 해도 항상 임무를 완벽히 수행하지는 못한다. 하지만 블레어는 로봇과 인간이 연계되어 작업하면 문제가 대개 인간에게서 발생한다고 말한다. 그런 문제가 발생하는 근본적인 이유에 대해서는 이렇게 요약한다. "프레데터 드론 커뮤니티에는 이런 농담이 있다. '나는 로봇 비행기인데 왜 내 문제는 전부 사람 때문에 생기지?'" 블레어는 드론 조종사가 조종석에 있지 않고, 끝없이 감독을 받아야하는 사무실에서 무기를 조

---

* 정신적 지름길을 통해 문제 해결에 도달하는 방식.

로봇, 그리고 로봇을 사랑하는 사람들

종하기 때문에 문제가 발생한다고 본다. 블레어에 따르면 "근무 시간은 대부분 서로 다른 관계로 맺어진 사람들을 상대하는 데 소모된다. 보통 인간-기계 간 인터페이스에서 문제가 생긴다고 생각하지만, 실제로는 거의 대부분 인간-인간 간 인터페이스에서 발생한다."[6]

정보를 수집하는 무시무시한 능력과 빛처럼 빠른 반응 속도에 더해 로봇이 지금보다 더, 진짜 자율적으로 움직이면 문제 해결에 도움이 될 수 있다. 하지만 기계는 예측 불가능함이라는 요소가 내재되어 있기 때문에, 실수할 경우 의도하지 않은 결과가 따라오고 이는 중대한 위험으로 이어진다. 그리고 기계는 가끔 실수를 한다. 예를 들어서 적 전투 요원이 민간인 복장으로 지역민 속에 섞여 들면 대상을 오인할 수 있다. 이는 테러리스트들이 즐겨 사용하는 책략이기도 하다.

우리는 문명 세계에 살기 때문에 컴퓨터 고장이나 오류나 해킹이나 군용 로봇의 문제점 등이 똑같은 약점에서 기인한다는 사실에 아주 익숙하다. 컴퓨터를 이용하는 복잡한 시스템에서는, 엔지니어가 아무리 버그를 잡아낸다 해도 예측할 수 없었던 일이 발생한다. 인간의 목숨이 위험할 수도 있는 경우를 포함해서, 로봇이 이상한 행동을 하는 상황을 모조리 예측하기란 말 그대로 불가능하다. 경험을 통해 학습하는 로봇은 오히려 불확실성을 더 추가한다. 이른바 '현장'에 나갔을 때 무엇을 배울지 예측하기가 불가능하기 때문이다. 음성 명령으로 조종하는 군용 로봇의 행동은 지시를 내리는 인간에 따라 결정되는데, 이는 로봇이 적군에게 포획되었을 때도 마찬가지이다.

이것이야말로 군대가 해결해야 하는 진짜 위험 요소이다. 적이 아군 로봇을 해킹하면, 본래 소속된 부대에 봉사해야 하는 로봇이 아군 부대의 위치를 비롯해 중요한 정보를 노출할 수 있다. 자신을 전투에 투입했던 진영을 역으로 공격할 가능성이 늘 존재한다는 점은 더욱 큰 문제다. 또한 전쟁 중인 국가가 국민의 전폭적인 지지를 얻으려고 수행하는 전투에서 의도치 않게 민간인을 해칠 수 있다는 위험은 완전히 사라지지 않는다.

전쟁은 물질 자원뿐 아니라 정신적인 자원도 집중적으로 투입되는 복잡한 현상이다. 분쟁 당사자들은 예외 없이 정보를 통제하려고 노력한다. 민주주의 사회에서는 여론이 전쟁에 필수적인 요소로 간주되기 때문이다. 전쟁에는 필연적으로 누군가의 아들, 딸, 남편, 아내, 아버지, 어머니의 목숨을 앗아가는 막대한 사회적 투자가 지속되어야 하므로, 현대 사회에서 '정당'하지 않은 전쟁은 받아들여지기 어렵다. 냉혹한 전쟁의 참모습을 국민의 입맛에 맞는 것으로 바꾸기 위해서는 영웅적 행위와 희생이 포함된 전설과 신화가 동원되어야 한다. '오작동하는 로봇'은 전쟁을 꾸준히 지지하던 국민의 마음을 꺾을 수도 있다.

영웅적 행위와 희생이 담긴 이야기 및 정당성은 역사적으로 목숨과 재화를 전부 바치도록 국민을 결집하는 기능을 해왔다. 전쟁이 벌어지면 가장 먼저 진실이 희생된다는 말은 그래서 나왔을 것이다. 전쟁은 그 어떤 것보다도 나라를 단결시키고 열정적인 국민 의식을 제공한다. 또한 지도자를 향한 지지율을 높이는 경향이 있다. 그런 요소들이 모여 자국의 군대를 바라보는 시선이 결정된다. 그러면 병사가 로봇일 때도 똑같은 에너지가 모일까? 로봇과 기계가 국가 전체의 상상력을 사로잡는 일이 가능은 할까? 인격이 부여된 로봇과 기계는 전쟁 영웅의 지위에 오를 수 있을까? 고도로 기계화된 전쟁 양상은 새로운 현실이 되고, 사람들은 적응하려고 발버둥을 친다. 그러면 그동안 사용해왔던 전쟁용 서사가 당연히 크게 흔들린다. 바로 이런 이유 때문에 미군은 자국이 참전하는 전쟁에 로봇이 등장했다는 사실을 공표하지 않는 것으로 보인다.

하지만 언론을 통해 전적으로 공개된 로봇이 있으니, 바로 드론이다. 우크라이나가 침공해오는 러시아에 대항해 살상용 드론을 사용했다는 사실은 널리 보도되었다. 대부분 긍정적인 내용이었다. 우크라이나는 드론 덕분에 진격했고, 그 결과 많은 우크라니아인이 목숨을 건졌으며 러시아는 뒤로 물러섰다. 하지만 일반적으로 군용 로봇은 위험한 기계이고 인간의 목숨까지도 빼앗는다. 대다수의 사람들은 그런 개념 자체를 유례없는 위험으로 간주할 것이다. 기계에는 신비한 요소가 있으며, 이 요소는 궁극적으로 인간이 이해할 수 없다. 적국 전투 요원은 위험하고 우리 목숨을 노리기는 해도 감정을 느끼는 존재이므로 협상의 여지가 있다는 느낌을 준다. 반면에 피도 눈물도 없는 알고리즘 계산에는 타협이 존재하지 않는다. 기계에는 불가해한 요소가 있기 때문에, 완전히 독자적으로 작동하는 무기를 상상하면 아주 특별한 공포가 우리 가슴을 파고든다.

군용 로봇이 통제를 벗어나 도심에서 남성과 여성과 아이들을 수백 명 학살한다면 사회적 지탄을 받고 신뢰가 바닥에 떨어지는 재앙이 닥칠 것이다. 그런 일이 벌어질 경우 걷잡을 수 없이 고발이 이어지면서도 책임 소재가 분명치 않으리라는 것은 불을 보듯 뻔하다. 과연 잘못은 누구에게 있는가? 로봇 조종을 맡은 군인인가? 로봇을 투입하라고 명령한 장교나 단계별 승인자 중 한 명인가? 로봇의 생산자나 프로그래머가 책임을 져야 할까? 어쩌면 애초에 개전하겠다고 결정한 최고사령관의 책임인지도 모른다.

이런 상황이 닥치면 군의 위상은 심각하게 타격을 입고, 많은 국민이 전쟁에 대한 지지를 철회할 가능성도 발생한다. 로봇을 전쟁에 투입한 정부의 도덕성 및 군 지휘관들의 판단력이 동시에 도마에 오를 것이다. 문제가 되는 학살이 의도적인 행위이며, 이는 이 정부가 도덕적 파탄에 이르렀다는 증거이므로 전쟁의 정당성이 사라졌다고 적국이 주장한다면 그야말로 최악일 것이다.

로봇은 군사적으로 막대한 이득을 제공하지만 그 이득은 어쩔 수 없이 일시적이다. 각 나라들은 기술적 우위에 서기 위해 수단을 가리지 않으므로, 군용 로봇 개발에 있어서도 경쟁적으

로봇, 그리고 로봇을 사랑하는 사람들

로 뛰어들 것은 거의 확실하다. 군대가 채택한 신기술은 모조리 자신을 향한 칼이 되어 돌아올 테고, 국가들이 이견을 좁히기 위한 수단으로 전쟁을 선택하는 이상 더 위험한 무기를 개발하려는 경쟁은 영원히 이어질 것이다. 또한 각국이 영원히 도달할 수 없는 기술 우위의 지평선을 좇는 이상 로봇이 범죄 조직이나 테러리스트의 손에 들어갈 위험은 사라지지 않을 것이다. 그리고 전 세계가 전쟁 행위를 불명예로 간주하고 지탄하지 않는 이상 그런 과정은 계속될 것이다.

병사 개인의 입장에서는 역할을 재조정해서 군대 내의 더럽고 단순하고 위험한 임무를 로봇에게 더 많이 넘기는 일이 가장 중요하다. 군대 내 다양한 분과의 지휘관들이 군의 미래를 내다보고 있는데, 해병여단장인 조지프 클리어필드 Joseph Clearfield 도 그중 한 사람이다. 그는 가까운 미래에 군인과 물자의 흐름을 관장하는 병참 분야를 로봇이 맡을 것이며, 병사 간의 직접적인 충돌이 거의 사라지고 본질적으로 기술적인 교전만 남을 것으로 보고 있다. 그가《밀리터리 뉴스》와 2022년에 나눈 인터뷰에 따르면 로봇을 이용하는 전투 임무의 수는 급증하고 있다. 그는 이렇게 말한다. "앞으로는 로봇에게 위험한 임무를 점점 더 많이 맡길 수 있을 것으로 보인다. 그다음에는 다른 로봇을 파괴하기 위해 로봇을 쓰게 될 것이다."[7]

클리어필드의 이야기를 들으면 앞으로는 군인 사상자가 거의 발생하지 않을 것 같다는 생각이 든다. 현대 기술은 이미 그런 방향으로 나아가기 시작했다. 하지만 로봇 병사들이 최종적인 인명 피해를 계산하면서 격돌하는 상황에서는 환경 변수가 크게 작용한다. 오늘날 대부분의 전쟁은 전투 요원이 빈번하게 민간인으로 위장하는 도시 환경에서 집중적으로 발발한다. 로봇 사용이 늘어남에도 인간 병사를 완전히 없애지 못하는 것은 그 때문이다. 도시 환경에서는 복잡한 상황이 발생하고, 그럴 경우 인간의 판단력이 지극히 중요해진다.

기술은 군용 로봇 사용의 윤리성이라는 쟁점을 이미 오래 전에 뛰어넘었다. 드론이 아군에게는 덜 위험하고 적에게는 피해를 입힌다는 사실이 증명되면서, 사람들은 전쟁에 사용되는 드론을 이미 받아들인 것 같다. 전쟁에 드론을 쓰는 나라의 국민들은 자기 분석에 크게 관심이 없는 것처럼 보인다. 전쟁에는 잔인한 행위가 필요하고, 그런 필요성이 곧 발명의 어머니가 되기 때문이다. 무력 충돌로 참사를 일으키는 행위자가 기계인 경우, 사람들의 윤리의식이 마비되는 것인지도 모른다. 로봇 때문에 현실 속 전쟁의 참혹함에 무감해지는 문화가 새로 출현하는 것은 아닐까?

침략자에 대항해 자국을 방어해야만 하는 경우가 있음을 잊어서는 안 된다. 우크라이나 침공이 가장 최근에 발생한 사례이다. 우크라니아인들은 잔인한 학살과 블라디미르 푸틴의 독재를 피하기 위해 싸울 수밖에 없었다. 그래서 인공지능을 탑재한 자폭 드론을 이용해 큰 효과를 보았다. 이런 경우를 거악이라고 보기는 어려울 것이다. 일반적으로 전투에서는 군인과 민간인 사상자가 훨씬 더 많이 발생하게 마련이다. 그에 비해 원격 드론 공격은 상대적으로 훨씬 더 목표 집중적이고 정교하다. 머릿속에서 전쟁이란 개념이 완전히 사라지고 푸틴 같은 지도자를 아무도 지지하지 않으면 모를까, 사악한 지도자가 존재하는 한 국가를 방어할 필요성은 없어지지 않을 것이다.

세상에서 가장 심각한 윤리적 문제를 생각해보자. 전쟁이 고도로 기계화되면 국가 간 전쟁이 더 빈번하게 일어날까? 옳고 그름을 떠나서, 사람들의 인식은 무력 충돌의 향방에 영향을 미친다. 그 결과 '사상자가 없는' 전쟁이라는 신종 신화가 탄생할 수 있다. 하지만 그 전쟁에는 분명히 피해자가 있다. 다만 기술이 더 발달한 국가에서 군인 사상자가 훨씬 덜 발생할 뿐이다.

패트릭 린^{Patrick Lin}을 비롯한 캘리포니아 폴리테크닉 주립대학의 윤리학자들은 언론이 로봇 전쟁을 깨끗한 무력 충돌로 포장할 가능성이 있으며, 그 결과 국가 지도자들이 외교 정책에 있어서 더 공격적인 노선을 취하게 될 거라고 주장한다. "새로운 전략과 전술과 기술 때문에 아군의 위험이 줄어들면 국가는 무력 충돌을 선택하기 쉬워진다. 각국이 사상자 수를 줄이려 한다는 점이 자연스러워 보이기는 하지만, 애당초 전쟁에 끔찍한 대가가 따른다는 것도 어느 정도 자명한 사실이다."[8] 하지만 로봇이 감정 때문에 잔혹 행위를 저지르지는 않는다 한들 로봇이 유발한 파괴가 피해자와 민간인을 불행하게 만든다는 사실에는 변함이 없다.

간과하지 말아야 할 문제는 또 있다. 군대가 개발한 신기술이 민간인의 삶에 기여하는 일은 흔하다. 현대 경찰은 이미 로봇을 활용하고 있다. 댈러스 경찰은 2016년에 처음으로, 용의자 살상이 가능한 폭발물로 무장한 폭탄해제용 로봇을 이용해 무력을 행사한 바 있다. 당시 상황은 아주 위태로웠고, 로봇은 경찰관이 살해당하거나 부상당할 위험성을 확실히 줄였다. 하지만 시민이 관여된 상황에서 로봇으로 무력을 행사한다면 분명한 규칙이 필요하다는 사실을 확인시켜준 사례이기도 했다.

캘리포니아 대학 데이비스 캠퍼스의 법학 교수인 엘리자베스 조Elizabeth Joh에 따르면 "중무장한 경찰 로봇을 사용하려면 새로운 법적, 윤리적, 기술적 의문에 대한 답을 내놓아야 한다. 하지만 우리는 그중 어떤 것도 체계적으로 결론짓지 못했다." 그는 일반적으로 경찰관에게 즉각적인 위협이 가해졌다고 판단되는 순간 살상무기를 사용하기로 결정한다는 점을 지적한다. 하지만 이런 기준은 경찰과 용의자 사이가 떨어져 있을 경우에는 적용되기 어렵다. "우리는 객관적으로 타당한 로봇 부대가 무엇인지 결정할 만한 체제를 갖추지 못했다."라는 게 조의 주장이다.[9]

로봇을 둘러싼 윤리적 의문과 딜레마는 쉽게 해결할 수 없다. 인류는 한계와 규정을 정하기에 충분한 정보를 확보하기 전까지는 비포장도로를 전속력으로 달리면서 즉흥적으로 규칙을 만들어갈 것이다. 지금까지는 살상력이 있는 무인로봇을 만들되 인간이 조종하는 방식으로 결정 체계 안에 인간을 반드시 포함시켰다. 하지만 장기적으로 본다면 상황은 달라질 것이다. 또한 살상 능력이 있는 완전 자율 로봇이 출현한다면 인류는 미지의 영역에 몸을 깊이 담그게 될 것이다.

10

로봇은 인간의 문화를
어떻게 바꿔놓을까?

아이가 일곱 살이 될 때까지 내게 맡기면 어떤 성인이 될지 알
려줄 수 있다.

— 아리스토텔레스

유년기는 환상과 상상 놀이에 제약을 두지 않는 마법과도 같
은 시기여야 한다. 그 시기에 겪은 일은 마음속 깊이 남아서 미
래의 자신을 형성한다. 부모와 양육자는 아이가 어떤 경험을 하
게 될지 모르기에 불안감을 안고 살아간다. 어릴 적의 심리적 침
전물 안에 남았던 것들이 긴 연쇄반응을 일으켜서 평생 영향을
준다는 점을 알기 때문이다.

아이들은 놀면서 배운다. 상상력을 활용하는 능력이야말로

로봇, 그리고 로봇을 사랑하는 사람들

역할 놀이의 본질이고, 이는 훗날 아이가 자라 한 명의 성인으로 제 역할을 다하는 데에 밑거름이 된다. 아이들은 좋든 싫든 중요한 인물이나 반려동물과 잘 어울리고, 장난감이나 봉제인형에 감정적인 애착을 품는다. 또한 로봇의 외양이 인간형이든 동물형이든 자연스럽게 대하고 함께 놀기를 아주 좋아한다. 하지만 일곱 살 미만인 아이들은 경험 속에서 마주쳤던 존재와 사물을 어떻게 분류하면 좋을지 어려움을 겪기도 한다. 어린 시절 상상 속 마법에 걸려 있던 세상에 살던 아이들은 자신과 타인이 정확하게 평가받는 현실 세계로 자연스럽게 옮겨와야 한다. 로봇은 그런 이주에 도움이 될까?

장난감 제조사들은 1990년대부터 로봇 장난감을 점점 더 많이 홍보하고 있다. 그중에는 로봇 동물도 있고 '목시Moxie'처럼 상호작용이 가능한 놀이 친구도 있다. 목시는 작은 개구리처럼 생긴 로봇 친구로, 아이들의 자신감과 감성 지능을 향상시킬 목적으로 제작되었다. 제조업체인 임바디드Embodied는 아이를 위한 탁상용 로봇인 목시가 자신감과 사회성을 높여준다고 주장한다. 크고 둥근 눈과 풍부한 표정을 가진 목시는 화났을 때 마음을 가라앉히고 천천히 호흡하는 방법을 가르치고, 부정적인 혼잣말을 긍정적인 언어로 계속 대체해주고, 사회화되도록 독려한다.

임바디드 사는 자사 홈페이지에서 "목시는 아이에게 감성 지능을 가르칩니다. 그뿐 아니라 책에 대해서 토론하고, 명상하고, 스스로 성찰하고, 춤을 추고, 그림을 그리고, 실수나 친절이나 감정 살피기처럼 복잡한 문제에 대해서 논의하고, 재미있는 역사적 사실을 말해줍니다."라고 홍보한다.[1] "우리 애가 엄청나게 사교적으로 변했어요." 홈페이지에는 아이 부모의 추천사가 적혀 있다. "애가 목시를 아주 좋아해요. 목시랑 상호작용하는 걸 보면 놀랍다니까요. 목시에게 배운 기술을 실제 상황에 적용하는 경우도 있었어요." 목시는 140만 원 상당의 소프트웨어 비용을 지불하거나 매달 21만 원가량의 대여료를 내고 사용할 수 있다.

에이지리스 이노베이션Ageless Innovation 사의 '조이 포 올Joy for All' 시리즈 중 하나인 상호작용식 고양이 로봇을 사용하는 아이들도 있다. 이 로봇 고양이는 쓰다듬으면 가르랑거리고, 눈을 깜빡이고, 입을 열었다가 닫고, 고양이와 유사하게 움직인다. 이 로봇 고양이를 실제로 본 적 있는데, 살아 있는 것처럼 보여서 깜짝 놀랐다. 얼굴 표정이 아주 매력적이었기 때문에 의식이 없고 생물도 아니라는 사실을 믿기가 어려웠다. 이 로봇은 아이들에게는 친구가, 치매를 앓는 고령자에게는 반려 동물이나 심리 치료 동물이 되도록 만들어졌다. 에이지리스 이노베이션은 만질 때 촉감이 진짜 같고 반응도 하는 개 로봇까지 제작했다. 판매 대상은 어린아이와 고령자들이다. 허스송HearthSong 사는 '기즈모Gizmo'라는 이름의, 바퀴가 달린 로봇 개를 만들었다. 기즈모는 음성으로 작동하고 상호작용을 통해서 새로운 명령을 학습한다. 또한 블루투스 스피커 기능도 있어서 아이들이 노래를 따라 부를 수 있다. 하지만 가장 유명하고 연구가 많이 이뤄진 아동용 로봇은 소니^{Sony}가 제작한, 귀엽고 재미있는 '아이보'일 것이다.

아이보는 1990년대에 처음 소개되었다. 그로부터 7년 뒤, 판매 부진 때문에 소니는 아이보 제작을 중단했다. 이때까지 가장 많이 팔린 모델의 판매고는 약 10만 대 정도였다. 소니는 2018년 9월에 기능을 확장한 6세대 버전을 미국 시장에 다시 선보였다. 가격은 턱없이 비싼 415만 원이었다. 현재 아이보는 일종의 진퇴양난에 빠져 있다. 가격을 낮추려면 많이 팔려야 하지만, 현 가격을 지불하고 구입할 만한 가정은 많지 않다. 그럼에도 불구하고 과학자들은 아이보가 아이들에게 미치는 영향을 집중적으로 연구했고, 아이만을 위해 만들어진 로봇의 선구자가 될 거라고 내다보았다.

아이보의 눈은 빛을 내고 깜빡이면서 잠이 온다거나 화가 난 것처럼 표정을 지을 수 있다. 스물두 개의 운동축은 꼬리를 흔들고, 뛰어다니고, 귀를 긁고, 다리를 펴는 등 몸짓 언어를 구사하게 해준다. 음성 명령에 반응해 작동하면서도 가끔은 진짜 강아지처럼 지시에 따르지 않는 반응까지 구비되어 있다. "아이보는 인공지능과 로봇공학과 성격의 결합이다." 소니 일렉트로닉스의 사장인 마이크 파슬로^{Mike Fasulo}의 말이다.[2] 소니에 따르면 아이보는 코에 달린 카메라로 최대 백 명의 얼굴을 인식하고 경험을 통해 개인별 소통법을 학습한다. 또한 짖고, 놀이 친구를 따라 집 주변을 돌아다니고, 머리를 긁어달라고 조르고, 인간의 얼굴 표정을 읽어서 적절하게 반응하고, 배터리가 떨어지면 충전기로 돌아가서 '휴식'한다. 415만 원이라는 가격에는 고급 기능을 쓸 수 있도록 인터넷에 연결하는 아이클라우드 요금이 포함되어 있다.

아이보는 목시와 달리 치료 기능이 있다고 홍보하지 않는다. 아이보는 즐거움과 동료애를 제공하는 단순한 반려 로봇이다. 하지만 일곱 살 미만의 아이들은 모든 경험을 통해 상대와 소통하고 상대를 좋아하는 방법을 익힌다. 따라서 아이보는 유년기 시절 가장 소중했던 사랑의 대상으로 아이들의 마음속에 남을 것이다. 마치 내가 〈젯슨 가족〉의 개 캐릭터인 아스트로를 그렇게 생각하듯이 말이다.

하지만 아이가 현실에서 관계 맺는 지적 존재와 만화에 등장하는 가상의 개를 혼동할 확률은 낮다. 반면에 다수의 아이들이 보기에 아이보는 생물도 아니고 무생물도 아니다. 아이보는 현실과 비현실의 다양한 측면을 반영하는 무언가로 정의되며, 흐릿한 경계선 위에 존재한다. 발달심리학자인 피터 칸Peter Kahn에 따르면 아이보와 같은 로봇은 아이들뿐 아니라 성인의 마음 속에도 새로운 존재 형태가 있다는 생각을 심어준다.

칸과 워싱턴 대학의 연구자들은 여러 연령대의 아이들이 아이보, 봉제인형, 진짜 개와 각각 어떻게 상호작용 하는지 실험하고, 그 셋을 구분하는 방법을 알아보려고 시도했다.

미취학 아동 80명을 대상으로 한 실험에서는 아이들이 아이보 및 봉제인형을 갖고 논 다음 인터뷰에 참여했다. 아이들은 봉제 인형이 무생물이라는 사실은 분명히 인지했지만 아이보는 모호한 영역에 놓여 있다고 보는 것 같았다. 아이들은 아이보에게 애정을 보였고, 75퍼센트 이상이 "아이보는 날 좋아해요. 나도 아이보가 좋아요. 아이보는 내 무릎에 앉는 걸 좋아해요. 난 아이보랑 친구가 될 수 있고, 아이보도 나랑 친구가 될 수 있어요." 라고 말했다.[3] 미취학 아동의 38퍼센트는 아이보가 살아 있다고 대답했다. 그중에서 4분의 3이 아이보가 인공물임을 안다고 밝혔음에도 불구하고 말이다. 연령이 높아지면 아이보가 생물도 아니고 지성도 없는 존재라는 점을 더 분명히 인지할 거라고 생각할지도 모르겠지만, 또 다른 연구 결과는 정확히 그 반대 지점을 가리키고 있다.

두 번째 실험에서는 일곱 살에서 열다섯 살 사이의 아이들이 아이보와 살아 있는 개, 즉 오스트레일리아 셰퍼드와 놀도록 상황을 설정했다.[4] 거의 모든 아이가 진짜 개에게 정신과 사교성이 있다고 말했다. 하지만 60퍼센트가 넘는 아이들이, 아이보가 기술로 제작한 인공제품이라는 점을 알고 있음에도 아이보 역시 똑같다고 대답했다. 두 번째 연구에서는 미취학 아동을 대상으로 한 첫 번째 연구보다 연령대가 높았지만 더 많은 아이가 아이보를 생물과 무생물의 중간 상태로 분류했다.

칸의 연구팀은 로보비Robovie라는 이름의 휴머노이드와 아이들 90명의 상호작용을 관찰한 다음 인터뷰를 진행했다. 로봇이 인간과 더 많이 닮으면 지성이 있다고 간주하는 경향이 높아진다는 가정을 검증하기 위함이었다. 아이들이 로보비와 15분을 함께 보낸 뒤 등장한 연구자가, 거부 의사를 표현하고 들어가기 무섭다고 말하는 로보비를 옷장으로 밀어 넣자 검증 정도는 크게 상승했다.

아홉 살에서 열다섯 살 사이인 아이들은 대부분 로보비에게 정신이 있으며 지능과 감정이 있다고 단언했다. 또한 로보비가 사회적인 존재이며 우정을 나눌 능력이 있다고 보았다. 그뿐 아니라 상호작용이 가능한 로봇에게 도덕적 기준을 적용해 옷장 안이 무섭고 들어가기 싫다고 표현한 로보비를 강제로 밀어 넣는 일에 반대했다.

또 다른 실험에서는 로보비와 함께 게임을 진행했는데, 청소년 40명이 참여했고 승자에게 상금 20달러를 주기로 했다.[5] 다만 게임 결과는 공정하지 않도록 정해져 있었다. 즉 로보비는 각 참가자의 성과를 잘못 평가하는 식으로 정당한 승자가 20달러를 손에 넣지 못하도록 방해했다. 거의 3분의 2에 해당하는 참가자가 그 원인을 기계적 작동 오류로 여기지 않고, 로보비에게 어느 정도 책임이 있다고 생각했다. 그들은 로보비가 인간만큼 책임이 있다고 보진 않았지만 일반 기계보다는 더 많이 책임을 져야 한다고 생각했다. 실험에 참가한 청소년들 또한 로보비를 도덕적 행위자로 보았고, 로보비가 인간과 기계의 중간 세계에 존재한다고 생각한 셈이다.

칸은 소셜 로봇이 존재론적으로 새로운 범주를 만들었다고 본다.* 그리고 소셜 로봇은 완전히 인간도 아니고 완전히 기계도 아닌 무엇이며, 생물도 아니고 무생물도 아니라는 가설을 제시한다. 그러면 이런 새 존재와 맺는 관계 역시 새로운 범주를 형성한다는 결론이 도출된다. 인류는 그 범주가 무엇인지 정의하지 못했고, 그 범주를 가리키는 용어조차 없다. 새 범주의 정의는 새로운 존재들에게 내재된 특성에서 비롯되기보다는 우리가 그것들과 주고받는 것들로부터 도출되는 법이다. 그것들과 주고받는 것에서 인상이 형성되고, 그 인상이 우리 지각의 경계를 희미하게 만드는 것이다. 진짜 존재하는 게 무엇인지 알고 있음에도 불구하고 유사 지성이라는 개념은 우리의 잠재의식으로 침투한다. 어른들도 그런 화학작용을 허용하는데, 과연 아이들이 저항할 수 있을까?

아이들은 자연스럽게 공상하는 경향이 있어서 로봇을 유난히 좋아한다. 영국 플리머스 대학에서 진행된 유명한 실험에 의하면 로봇이 분명히 잘못된 의견을 내놓아도 아이들에게 영향을 미칠 수 있다.[6] 실험자인 애나 볼머Anna Vollmer와 토니 벨패미Tony Belpaeme는 성인이 경우 자신과 비슷한 사람들의 의견에 영향을 받지만 일반적으로 로봇의 영향력에는 저항할 수 있다고 보았다. 하지만 일곱 살에서 아홉 살 사이의 아이들은 로봇을 따르려고 의견을 바꾸는 경향이 아주 높다는 사실이, 간단한 실험을 통

---

* 존재론이란 우리가 인간, 동물, 인공물 등의 대상을 범주화하는 방법을 말한다.

해 밝혀졌다.

　실험자들은 애쉬 패러다임Asch paradigm이라는 테스트를 수행했다. 실험 참가자들은 수평선이 네 줄 그어진 화면을 들여다보고 그중에서 길이가 같은 두 줄을 고르라는 지시를 받았다. 아이들을 방에 홀로 두었을 경우에는 정답률이 87퍼센트였다. 그런데 방 안에 로봇이 들어와서 오답을 제시하면, 명백히 틀렸음에도 아이들은 로봇의 답을 따르는 경향을 보였다. 잘못된 답이 주어졌을 경우 74퍼센트에 해당하는 아이들이 로봇의 오답과 입을 맞췄다.

　이 결과를 놓고 보면, 아이들은 로봇을 동류이자 친구로 보고, 로봇을 기쁘게 만들어서 그 결과 자신이 받아들여지길 바란다. 이는 로봇이 생물인지 무생물인지, 로봇에게 정신세계가 있는지, 로봇이 만족이나 불만을 느낄 수 있는지 혼란스러워한다는 사실과 맞물린다. 아이들은 보편적으로 놀면서 서로를 모방한다는 점 또한 주목해야 한다. 사실 성인들도 서로 흉내를 내지만 적어도 자신과 동류로 간주하는 대상으로만 한정을 짓는다.

　사회적인 동향은 좋든 나쁘든 모방과 동조를 통해 형성된다. 그리고 세상 모든 사람은 흐름에 동조해야 한다는 압박을 어느 정도는 느끼게 마련이다. 아이들이 로봇에게 욕망이 있다고 생각하고, 거기에 동조해야 한다는 압박을 느끼며, 로봇의 행동을 모방하는 경향이 있다는 실험 결과를 간과해서는 안 된다.

　오늘날의 로봇이 취할 수 있는 행동은 인간처럼 풍부하고 다양하지 못하며 제한적이고 단순하다. 감정 표현은 폭이 좁고 틀에 박힌 수준이다. 로봇 장난감이 재미있고 흥미를 끌긴 하지만 인간 아이의 풍부한 상상의 세계와는 비교조차 되지 않으며, 이를 따라잡을 수 있는 것은 또 다른 인간뿐이다. 로봇의 존재는 어느 정도 도움이 되고 일정 부분 긍정적이지만, 인생에 있어서 가장 기본적이고 죽을 때까지 영향을 주는 교훈을 배워나가고 있는 아이가 과하게 로봇에게 의존할 경우 아이는 바로 그 순간부터 불건전한 영역으로 치닫고 말 것이다.

미래에 훨씬 더 다재다능하고 그럴 듯한 로봇이 등장하면 이런 사안들에 저항하기란 더욱 어려워질 뿐이다. 어른들조차 무엇이 진짜이고, 무엇이 가치 있으며, 겉보기에는 매혹적이지만 최종적으로 필요한 바를 충족해주기에는 부적절한 게 무엇인지 신념을 갖고 판단하기가 점점 어려워질 것이다. 존재론적 범주를 오래 전에 확정하고 그것들을 유지할 지적 능력을 갖춘 사람에게도 쉬운 일은 아닐 것이다. 그렇다면 친구의 '살아있음'을 확실히 판단할 수 없는 시대에 세계관을 형성한 오늘날의 아이들은 앞으로 로봇과 어떤 관계를 맺고 살아갈까?

연구자인 재클린 코리-웨스트룬드 Jacqueline Kory-Westlund와 신시아 브리질 Cynthia Breazeal은 미취학 아동이 로봇과 '라포르 Rapport'를 형성하면서 어떻게 배우고 모방하는지 실험해보았다. 옥스퍼드 사전 정의에 따르면 라포르란 개인이나 집단이 서로 감정이나 사상을 이해하고 잘 소통하는, 가깝고 조화로운 관계를 가리킨다. 로봇과 라포르를 형성하려면 로봇에게 감정과 사상이 있다고 전제해야 한다. 그러니 아이들은 대부분 로봇에게 감정과 사상이 있다고 생각한다는 의미다.

모방은 자신보다 낮다고 생각되는 개인의 가치관과 행위를 흉내 낼 때 발생한다. 꼭 그렇지만은 않은 예외 상황도 있으니, 그런 경우를 사회적 전염이라고 부른다. 사회적 전염은 군중이 사태를 장악하면서 이에 고무된 사람들이 가장 원초적인 충동에 따라 행동하는 경우를 일컫는다. 하지만 여기서는 일반적인 조건하에 놓인 사람들이 자신보다 영리하거나, 앞섰거나, 어느 정도 더 뛰어나다고 판단되는 이를 모방하는 경향이 있다고 말하면 충분할 것이다.

코리-웨스트룬드와 브리질은 네 살에서 여섯 살 사이의 아이들 열일곱 명을 소셜 로봇과 함께 스토리텔링 게임에 참여시키는 실험을 두 달에 걸쳐서 진행했다. 라포르가 형성된 뒤 아이들이 어떻게 로봇을 모방하고 학습하는지 관찰하는 것이 실험의 목적이었다. 연구자들은 라포르가 형성됐는지 파악하려고 아이들이 로봇의 단어 사용과 말투를 얼마나 따라하는지 관찰했다. 특히 어휘와 문구 사용에 주목했는데, 이 두 가지 요소는 우선 로봇이 아이에게 이야기를 들려줄 때, 그리고 아이에게 이야기를 들려달라고 요구할 때 확인이 가능했다. 전체 실험은 두 달 동안 여덟 차례에 걸쳐 이뤄졌다. 아이들이 사용하는 어휘를 매번 실험 전과 실험 후로 나누어 비교했고, 로봇의 발언 및 어법을 모방하고 맞추는 정도와 연관 지었다. 궁극적인 목표는 아이가 로봇과 라포르가 형성되었음을 느끼는 상태에서, 로봇의 말을 듣고 새로운 어휘와 문구를 학습하는 능력을 관찰하는 것이었다.

이 실험에서는 로봇이 아이들에게 아주 조금 더 나은 동료로 받아들여진다는 맥락이 가장 중요했다. 그러면 아이들이 로봇을 모방할 거라는 예측이 전제되어 있었다. 이는 매우 중요하다. 로봇은 교육 환경에서 대개 학교 선생이나 가정교사 역할을 맡기 때문이다. 스토리텔링 게임은 그 자체로 '이야기와 놀이를 결합해서 언어 학습을 유도하는, 사회적 상황 안에서의 활동'이기 때문에 실험에 사용되었다.[7]

실험을 통해 여러 가지 사실이 확인되면서, 로봇으로 아이의 교육을 촉진하는 방법이 개략적으로 밝혀졌다. 선행됐던 연구에 의하면 학습 내용이 아이의 지적 수준에 맞거나 아주 조금 더 어렵게 맞춤형으로 제시됐을 때(동일한 문제에 대해서는 인간 교사도 마찬가지지만) 로봇을 통한 교육 효과가 더 좋았다. 코리-웨스트룬드와 브리질은 거기에 덧붙여서 "목소리의 표현력이 좋은 로봇과 놀면 아이의 참여도가 높아지고, 어휘를 학습하는 효과도 커지고, 로봇의 언어를 모방하는 경향도 강해진다는 사실을 알아냈다." 또한 예상대로 로봇이 이야기 내용과 행위를 개인화하면 참여도가 높아졌다. 과학자들은 아이들과 교사 사이에 형성된 사회적 유대의 강도에 따라 학습 효율이 증가하는 경우가 많을 것이라 예상했고, 실험 결과는 그 예상을 강하게 뒷받침했다. 따라서 로봇과 아이 사이에 사회적 유대라는 환상을 심어주는 실험이 이루어졌다.

이 실험에서 사용한 로봇은 드래곤봇Dragonbot이다. 드래곤봇은 초록색 털로 뒤덮여 있고 얼굴 표정을 스마트폰 화면에 애니메이션으로 구현하는 교육용 친구다. 사람이 옆방에서 원격으로 조종하면서 고음의 목소리를 냈고, 실험 대상인 아이와 게임을 번갈아 바라보는 식으로 생동감을 부여했다. 결과적으로 아이는 드래곤봇이 저 혼자 움직인다고 받아들였다. 아이는 로봇의 말에 맞춰 자동으로 바뀌는 그림을 보면서 이야기를 들었다.

드래곤봇은 성에 거주하는 여러 인물에 대해 얘기하면서, 연구자들이 아이에게 학습시키고 싶은 단어와 문구를 사용했다. 이야기를 끝내고 나서는 아이들에게 이야기를 들려달라고 요청했다. 과학자들은 아이가 로봇이 사용한 단어와 문구를 얼마나 쓰는지 기록했다. 모방 행위를 기준으로 삼아서 아이와 로봇 사이에 라포르가 얼마나 형성됐는지, 그리고 아이의 라포르가 학습에 얼마나 영향을 미치는지 확인하는 것이 목적이었다.

결론만 얘기하면, 아이들은 드래곤봇을 좋아했고 어휘력이 좋아졌다. 아이가 로봇의 단어, 문구, 화법을 모방했다는 사실, 그리고 대부분 상호 교류의 횟수와 모방 행위가 비례했다는 사실이 이 결과에서 가장 중요하다. 화법을 맞추는 빈도는 전체 실험에 걸쳐 동일하게 유지됐지만 단어와 문구를 맞추는 행위는

로봇, 그리고 로봇을 사랑하는 사람들

시간이 지날수록 늘어났다. 연구자들은 아이와 로봇 사이에 형성되는 라포르에 초점을 맞췄지만, 드래곤봇을 모방하는 행위가 전반적으로 퍼져나갔다는 사실도 주목할 만하다. 단순히 모르던 단어와 문구를 학습하는 것 이상의 현상이 발생한 것으로 보이기 때문이다. 즉 이 실험에서 아이들은 로봇에게 문화화되었다.

이런 종류의 연구에서 로봇을 모방하는 행위에는 무슨 의미가 있을까? 아이들은 로봇을 자신보다 조금 더 나은 동료로 간주한 것 같다. 즉 기분 좋게 만들어주고 흉내 내고 싶은 대상으로 본 것이다. 또한 학술적인 주제하에서 이름붙일 수 있는 것 이상의 무언가를 배운 것으로 보인다. 아이들은 그 세계 안에서 존재하는 방법, 자신을 표현하는 방법, 그 세계 안에 있는 다른 이에게 반응하는 방법을 배우고 있다. 다시 말하면 사회 문화를 바꿔가는 중이다.

인간의 문화는 동적이고 계속 진화한다. 과거에는 문화에 유의미한 변화가 꿈틀대기까지 수 세기가 걸렸다. 하지만 앨빈 토플러Alvin Toffler가 1970년에 혁신적인 저서 『미래의 충격Future Shock』을 통해 주장한 바에 따르면, 신기술이 빠르게 등장하면서 20세기 당시의 변화율은 지수함수 곡선을 그리게 되었다. 신기술들이 아무도 예상하지 못한 비율로 현대 사회에 침투하면서 변화는 더 커지고, 속도도 더욱 빨라졌다.

당시 토플러의 주장은 충격적이었다. 하지만 그 뒤로 수십 년이 지나면서 사회적 변화가 갈수록 더 급격히 일어난다는 사실이 밝혀졌다. 토플러가 소개한 미래 충격이라는 용어는 인류의 현 상황을 완벽하게 설명해준다. 패러다임을 전환하는 신기술은 생각하는 방법, 행동하는 방법, 타인과 교류하는 방법을 바꾼다. 미래 충격이란 인간 사회가 그런 기술에 적응하려고 늘 발버둥 친다는 의미다. 앨빈 토플러는 산업과 생활 방식과 관계에 새 기준이 등장할 거라고 예견한 셈이다. 그는 사람들의 삶을 급격하게 바꾸는 기술이 출현하면서 새로운 하위문화가 탄생할 것이라고 보았다.

인근 대학에서 천체물리학자인 닐 디그래스 타이슨Neil de-Grasse Tyson의 강연을 들은 적 있다. 21세기에 기술로 인한 변화가 얼마나 빠르게 일어나는지를 다루는 강연이었다. 그는 미국 전체 가정에 전기가 침투하는 데 걸린 시간과 최근에 스마트폰이 확산된 속도를 비교했다.

벤저민 프랭클린Benjamin Franklin은 1752년에 그 유명한 연날리기 실험을 통해 번개가 전기임을 처음으로 입증했다. 미국 가정에 처음으로 전기가 공급된 것은 그로부터 백여 년이 지난 1882년이었다. 하지만 정부가 공격적인 행정을 펼쳤음에도 불구하고 모든 집이 전기를 쓰게 된 건 1960년이었다.[8] 세계 최초로 완전히 구현된 스마트폰인 아이폰은 2007년에 대중에게 공개되었다. 고작 14년이 지난 2021년에 미국인의 85퍼센트가 스마트폰을 소유하고 있었다.[9] 기술적인 변화가 점점 빨라지고, 발명이 또 다른 발명을 낳는 속도 역시 가속한다는 증거는 한둘이

로봇, 그리고 로봇을 사랑하는 사람들

아니다.

앨빈 토플러는 저서를 통해서, 사회가 변화를 따라잡으려고 지속적으로 발버둥치는 상태에 진입하면 기존의 문화 구조에 변동과 이탈이 발생하고, 그 결과 사회가 불안정해진다고 경고했다. 토플러가 1970년에 소셜 로봇이란 용어를 들어봤을 가능성은 없지만, 소셜 로봇이야말로 인간이 학습하고 일하고 사랑하고 교류하는 방법을 바꿔놓을 수 있는 복합적 기술이다. 전기나 컴퓨터나 인터넷이 그랬듯 소셜 로봇을 사용하는 문화가 퍼져나가면 복잡하게 뒤엉킨 인간 문화도 분명히 변화할 것이다.

문화는 선천적으로 주어지지 않는다. 밖으로 드러난 것으로부터 배우고, 학습하고, 경험하는 것이 문화다. 아동 행동과 발달 백과사전에 따르면 문화는 "개인으로 구성된 집단이 보편적으로 인정하는 태도, 가치관, 신념, 행동의 양식이다."[10] 문화는 언어, 사회적인 행동, 가족의 정의, 결혼, 장례 풍습뿐 아니라 정부의 형태와 건축 양식에 이르기까지, 실로 다양한 관습과 행동 방식을 이룬다. 모든 사회의 목표는 폭넓게 분포하는 영향 아래에서, 모든 구성원이 '문화적으로 유능해지거나', 집단의 일원으로서 제대로 기능하도록 만드는 것이다. 하나의 문화에 동화되는 과정은 특히 유년기에 활발하게 일어나지만 그와 동시에 유동적이어서 평생에 걸쳐 진행될 수도 있다.

문화는 세 가지 경로로 전파된다. 하나는 부모가 자식에게 신념, 행동 양식, 가치관을 가르치는 수직적 전파Vertical transmission

다. 한 세대가 다음 세대에게 직접적이지 않은 방식으로 문화를 전달할 때, 사회 내부에(그리고 세대 간에) 고루 퍼지는 형태를 취하는 것을 간접적 전파Oblique transmission라고 한다. 소셜 로봇이 연쇄적인 영향력의 한 축을 담당한다고 볼 경우, 가장 전파되기 쉬운 형태는 수평적 전파Horizontal transmission다. 이는 기본적으로 개인 간 문화 전파의 문제이고, 우리는 그 과정에서 소셜 로봇에 노출되는 것만으로도, 마치 삼투압이 작용하듯 태도와 신념에 물든다.

소셜 로봇이 사회에 광범위하게 퍼질 경우 인간이 생각하고 행동하는 방식에 잠재적인 영향을 크게 미칠 것이다. 소셜 로봇은 인간 심리와 태도와 행동 방식의 모든 면에 영향을 주면서 교사가 되고, 가족이 되고, 친구가 되고, 미디어가 될 것이다. 가정용 로봇이 없는 집에서 자란 아이들도 학교나 공공장소나 문화 전반에서 소셜 로봇에게 노출되는 것이 현실이다. 이제 아이들은 다종다양한 기능을 갖춘 로봇에게 의존하는 문화에 동화될 것이 분명하다. 그러면 사회의 일원으로 기능하고 인정받기 위해서라도 로봇과 소통하는 법을 익혀야만 할 것이다.

이 아이들이 성장하면 자신이 적응한 바를 자식에게 전해주는, 로봇 리터러시의 수직적 전파가 일어난다. 로봇에게 일정 부분 영향을 받으면서 사회화된 아이들은 수평적으로, 또는 간접적으로 문화를 퍼뜨리는 인플루언서가 되고, 결과적으로 그들의 태도가 광범위하게 확산된다. 로봇처럼 생각하고 행동하는 방식

로봇, 그리고 로봇을 사랑하는 사람들

이 전 연령에 걸쳐서 모방의 기준이 되고, 로봇을 모방하는 사람들은 그 자체로 사례가 되어서 사회 전역에 행동 방식으로 퍼뜨릴 것이다.

시간이 흘러서 인터넷과 연결된 로봇이 사회 전 영역과 결합하면 로봇의 영향과 인터넷의 영향을 구별하기는 어려워진다. 현재의 로봇은 인터넷에서 가져오는 정보의 가치를 판단하지 못하고, 정보의 진위도 결정할 수 없다. 이런 문제는 알고리즘을 세부적으로 조정해서 어느 정도 수정할 수 있지만, 그런다고 해서 앞서 언급한 바 있는 사이코패스 트위터봇인 테이가 출현하는 현상을 예방할 수 있을지는 의문이다.

악의를 품은 인물이 로봇을 해킹하면 사악한 문화 콘텐츠를 의도적으로 퍼뜨릴 수도 있다. 현재 사용되는 사이버 보안 수단들로는 인터넷 뱅킹 사이트나 정부 사이트처럼 방어 수준이 높은 곳들조차 해킹당하지 않도록 막지 못한다. 사악한 해커가 로봇의 통제권을 손에 넣어서 파괴 행위를 일으킬 위험은 엄연히 현실에 존재하고, 그런 일을 사전에 예방하기는 지극히 어렵다.

이번 장에서는 로봇을 모방하고 로봇에게 영향을 받는 아이들을 집중적으로 다루었다. 하지만 로봇이 온 세상에서 활약하는 새로운 문화에 성인도 영향을 받을 수밖에 없다. 대학생 190명에게 앞서 다룬 애쉬 테스트를 한 단계 더 심화해서 수행한 결과가 발표되었다. 청년을 대상으로 삼은 것은 앞선 실험 결과에서 예상되었던 대로 그들이 정말 로봇의 영향에 저항력이 있는지 확인하기 위함이었다. 이렇듯 더 규모가 커진 실험의 결과에 따르면 성인은 로봇이 자신과 같은 집단의 일원일 경우 로봇의 행동을 흉내 내는 것으로 나타났다.

중국 광저우에 위치한 중산대학 소속인 신친Xin Qin이 이끄는 연구팀은 앞서 볼머와 밸패미가 아이들과 성인을 대상으로 수행한 실험이 불완전하다는 가정에서 출발했다. 그렇게 가정한 이유는 한 개인이 여러 대의 로봇과 함께 테스트에 임했기 때문이었다. 즉 해당 실험에서는 로봇이 다수였고 인간 피험자가 소수 측이었다. 현실에서는 집단 구성원 중 로봇이 소수이고 인간이 다수 쪽인 경우가 더 많을 텐데, 그런 설정이라면 실험 결과가 달라질까?

신친의 연구팀도 애쉬 패러다임 테스트를 선택했다. 참가자는 좌측에 일정 길이의 직선이 제시되고 오른쪽에 길이가 서로 다른 직선 세 개가 떠오르는 화면을 본다. 이전 실험과 마찬가지로 참가자는 우측 직선 중 어떤 것이 좌측 직선과 일치하는지 지목하라는 지시를 받는다. 다만 이번에는 참가자가 인간 셋과 휴머노이드 로봇 나오 한 대였다. 참가자 전원은 둥근 탁자 주변에서 화면을 마주하도록 앉았다. 왼쪽 직선과 길이가 일치하는 직선을 고르라는 질문을 받으면 참가자는 한 명씩 큰 소리로 답해야 했다. 순서는 항상 나오가 세 번째로 대답하고 인간 참가자 한 명이 그 다음에 대답하도록 설정되었다. 참가자들은 몰랐지만 실험의 진짜 목적은 인간 두 명과 로봇 한 대가 정답이나 오답을 말하는 것을 듣고 네 번째 인간 참가자가 어떻게 대답하는지 확인하는 것이었다. 참가자는 로봇의 대답을 따를까? 아니면 인간의 대답을? 그게 아니라면 어느 쪽도 따르지 않을까?

나오는 지능이 있어서 타인의 말을 듣고 반응하는 것처럼 화면과 조사원과 인간 참가자를 번갈아 바라보았다. 또한 질문과 대답을 이해하고 처리하는 것처럼 눈을 깜빡였다. 하지만 실제로는 모든 행동이 원격으로 조종되었다. 참가자 중에는 과학자들이 '공범'이라고 명명한 사람들이 숨어 있었다. 공범이 정답과 오답을 모두 내놓기 때문에, 나오와 인간 참가자는 공범과 같은 대답을 낼지 아니면 다른 대답을 낼지 여러 번 결정해야만 했다. 또한 네 번째 참가자는 나오의 대답까지 고려 대상으로 삼아야만 했다.

공범과 나오는 다양한 조합으로 다른 참가자의 대답에 반대하는 역할을 주고받았다. 과연 네 번째 참가자는 대답을 결정하는 데에 있어서 반대자에게 영향을 받았을까? 그에게 가장 많이 영향을 준 쪽은 나오인까, 아니면 다른 인간일까? 연구자들은 답을 얻기 위해 가능한 모든 조합을 시나리오로 세우고 결과를 기록했다.

시나리오가 아주 많았기 때문에 결과도 아주 다양했다. 모든 결과를 나열하지는 않고, 인간이 로봇의 대답을(정답이든 오답이든) 얼마나 따르는지, 다른 인간의 영향과 비교했을 때 로봇의 영향이 어느 정도였는지를 잘 보여주는 결과들만 소개하겠다.

우선 네 번째 참가자가 인간에게 영향을 받은 빈도와 나오에게 영향을 받은 횟수에는 유의미한 차이가 없었다. 참가자들은 대략 비슷한 비율로 인간과 로봇 중 어느 한 쪽의 대답을 따랐다. 로봇이 오답을 내놓았을 때 네 번째 참가자가 똑같은 오답을 낸 경우는 87.56퍼센트였다. 볼머와 밸패미가 일곱 살에서 아홉 살 사이의 아이들을 대상으로 삼았던 이전 실험 때보다 더 높은 수치였다.

인간이 오답을 내놓고 로봇이 거기에 반대하는 경우 네 번째 참가자는 인간의 오답에 따르려는 압박을 덜 받는 것 같았고, 로봇의 대답을 따름으로써 자신의 정답률을 높였다. 인간 참가자의 오답에 다른 인간이 반대하는 경우에도 마찬가지였다. 실험을 계속 할수록 참가자가 인간 동료를 모방하는 것과 동일하게 나오의 답을 따른다는 사실이 드러났다. 신친의 연구팀은 "소셜 로봇은 집단 내에서 소수인 경우에도 사회적으로 영향을 끼칠 능력이 있고 실제로도 영향을 준다. (…) 각 개인은 인간과 로봇이 공존하는 집단에서 소셜 로봇을 규범적인 순응의 대상으로 삼을 수 있을 것이다."라고 말했다.[11]

신친 연구팀의 실험에서는 어떤 인간이 아이들과 성인 모두가 따르는 사회적 구심점이 되는 것과 마찬가지로 로봇 역시 사회적 영향력이 있을 수 있다는 결론이 나온다. 소셜 로봇이 만연하면 인간의 문화는 필연적으로 변할 수밖에 없다. 사람들은 로봇의 행동 방식이나, 자신이 보기에 로봇의 본성이라고 생각되는 면을 따라하는 경향이 있기 때문이다.

이 연구를 다룬 논문은《인간 행동 속 컴퓨터Computers in Human Behavior》에 발표되었다. 논문 후반부에서는 주석을 통해 다른 연구들에서도 암시해 온 문제를 언급하고는 다음 주제로 넘어간다. "시각을 통한 판별과 같은 테스트를 수행하는 경우 로봇이 인간보다 정확하고 객관적일 거라는 비전문적인 믿음이 존재한다. 이런 믿음이 원인인 것으로 보인다."[12] 인류는 단순한 시각적 판별보다 더 어려운 일을 많이 시키기 위해서 로봇에게 뛰어난 능력을 부여할 것이다. 그러면 로봇이 인간보다 전반적으로 지능이 높다는 믿음에 사로잡힐 수 있다. 앞에서도 이미 같은 의견을 여러 번 제시했지만, 이번에는 조금 더 깊이 파고들어 보자. 이 시점에서 자연스럽게 떠오르는 질문은 이렇다. 우리는 지금 어떤 지능에 대해 얘기하고 있는가? 아니면 더 간단하게, 도대체 지능이란 무엇인가?

오늘날 대다수의 사람은 지능은 한 가지가 아니라는 생각을 받아들이고 있다. 하지만 지능이 몇 종류인지, 어떤 지능이 있는지에 대해서는 전문가들도 의견이 다르다. 심리학자인 하워드 가드너Howard Gardner는 1983년에 저서 『지능이란 무엇인가Frames of Mind』을 통해서 다중 지능 이론을 처음으로 소개했다. 가드너에 따르면 지능은 총 여덟 종류이고, 인간은 그 여덟 개의 지능을 전부 갖고 태어나지 않는다. 즉 평생에 걸쳐서 다른 여러 지능을 획득하고 계발할 수 있다. 여덟 가지 지능은 하나 같이 중요하고 인간의 삶을 풍요롭게 만들어주지만 현대 사회는 각 지능의 중요성에 차등을 두고 있다.

가드너가 주장하는 여덟 가지 지능에는 언어 지능, 논리수학 지능, 공간 지능, 신체운동 지능, 음악 지능, 인간친화 지능, 자기이해 지능, 자연친화 지능 등이 있다.[13] 그밖에는 영적 지능, 존재론적 지능, 도덕 지능이 있으며, 또 다른 지능의 존재도 제시된 바 있다. 대니얼 골먼이 1995년에 유명한 저서 『감성 지능』을 통해 개념이 완전히 다른 용어를 추가했고, 그 용어는 현재 수많은 사람들이 수용하고 있다. 지능에 다양한 유형이 있는 것으로 보이기는 하지만, 현대 사회가 가장 중요하게 생각하고 대부분의 교육 체제와 사회가 크게 보상을 주는 지능은 두 가지, 즉 언어 지능과 논리수학 지능이다.

언어 지능의 존재는 오랜 세월 동안 일반적인 지능이 높다는 신호로 간주되었다. 심리학자이자 작가인 미셸 매리너스[Michele Marenus]는 언어 지능이 "음성 언어와 문자 언어에 대한 감각, 언어를 습득하고 사용해서 목표를 달성하는 능력"이라고 정의했다.[14] 언어 지능이 높은 사람은 교육, 언론, 정치, 사업 분야에서 성공하는 경우가 많다. 언어 지능은 수많은 직업에서 성공의 조건이다. 의사를 명확히 전달하고 타인을 설득하는 힘을 부여하기 때문이다.

현대 사회에서 두 번째로 중요하게 여기는 지능은 논리수학 지능이다. 여기에는 '문제를 논리적으로 분석하고 수학 연산

로봇, 그리고 로봇을 사랑하는 사람들

을 수행하고, 문제를 과학적으로 조사하는 능력'이 포함된다. 논리수학 지능은 컴퓨터 프로그래밍, 공학, 발명 등 기술적인 모든 분야에서 고평가되고 크게 보상을 받는다. 우리 사회가 논리수학 지능을 높게 평가한 결과 스티브 잡스, 빌 게이츠, 일론 머스크 같은 기술 계통 사업가가 유명인이 되었다. 우리가 로봇에게서 느끼는 바와 이런 현상은 어떤 관계가 있을까?

우리는 논리수학 지능을 중요하게 생각하고, 로봇은 논리수학 지능이 뛰어나다. 인공지능과 인공지능을 탑재한 로봇은 계산 지능(나는 계산 지능이 논리수학 지능에 속한다고 본다)이 정말이지 마법과 같은 수준으로 높다. 우리는 로봇의 이런 능력에 대해서 그저 감탄할 따름이다(그리고 조금은 겁을 먹기도 한다). 그리고 논리수학적 능력이 뛰어나면 일반적인 지능도 높을 거라고 쉽게 받아들인다. 문제는 우리가 논리수학 지능과 보편적인 지능의 관계를 과대평가하는 데 있다.

현재 언어 지능이 높은 사람의 수준까지 도달한 로봇은 거의 없다. 하지만 로봇의 자연어 처리 능력은 빠르게 성장하는 중이다. 아직 한계가 있음에도 불구하고 대화를 나눠보면 사고 능력이 있고 지적인 존재로 보이기 때문에 튜링 테스트를 통과하는 로봇은 많다. 우리는 로봇이 인간보다 계산을 잘한다는 사실에 익숙하지만(계산기와 컴퓨터는 이미 수십 년째 그 일을 해오고 있다), 대화가 가능한 로봇은 그동안 인간만이 할 수 있었던 일까지 해내는 셈이다. 인간의 말을 들은 뒤 그로부터 배우고, 적합하게 대답하는 존재에게 사고 능력이 있음을 인정하지 않으려고 그간 우리는 말 그대로 발버둥을 쳐왔다. 이 사실에 더해 논리수학 적인 능력이 출중하다 보니 사람들은 로봇의 일반 지능 수준이 높거나 사람보다 낫다고 생각하는 것 같다. 이는 틀린 인식이지만, 사람들이 그렇게 받아들이고 있다는 점은 수많은 연구를 통해 드러난 바 있다.

우리는 기계의 일반 지능을 과대평가하는 경향 때문에 어떤 결과가 빚어지고 문화가 어떤 영향을 받을지 고민해봐야 한다. 앞서 설명한 바와 같이 아이들과 성인들은 자신보다 똑똑하거나 어느 정도 낫다고 판단된 존재를 모방하고 따르는 경향이 있다. 로봇이 더 총명하고, 더 믿을 만하고, 더 '옳다고' 생각하게 되면 우리는 로봇의 의견에 따르고 모방까지 하려 들 것이다. 이런 현상은 인류 문화를 극단적으로 변화시키기에 충분하다. 인간의 행동은 로봇과 더욱 닮아갈 테고, 사람 간의 관계보다 로봇과 인간의 관계가 더 중요해질 것이다. 그 결과 인생의 조직 자체까지 바뀔 수도 있다.

가까운 미래에 소셜 로봇이 인간의 문화를 바꾸는 양상은 다양할 것이다. 소셜 로봇이 가정과 학교와 일터와 온갖 공공 환경의 구석구석까지 침투하면 구체적으로 문화가 어떻게 바뀌는지, 여러 사상가들이 예상한 몇 가지 사례를 살펴보자.

우선 지겨운 집안일이 크게 줄어들고 그 결과 모든 사람의 여가 시간, 그중에서도 가사노동을 대부분 도맡는 여성의 여가 시간이 늘어날 것이다. 이렇게 남은 시간은 가족과 더 의미 있게 보낼 수도 있고, 친구와 함께 지낼 수도 있고, 창의적인 활동이나 취미, 게임에 쓸 수도 있고 최종 학력을 높이는 데에 쓸 수도 있다. 기술기반형 직장에서 뒤처지지 않으려면 이런 시간은 아주 소중하게 쓰일 것이다. 남는 시간에 할 만한 건전한 활동이 없는 사람은 덜 건전한 일을 찾을 수도 있다. 예를 들어 마약이나 인터넷에 이르기까지 무언가에 탐닉하는 시간을 늘릴 수도 있고, 로봇을 상대로 학대를 연습한 다음 대상을 인간으로 바꾸는 등 불건전한 행위를 할 수도 있다.

로봇은 카메라와 센서가 있고 지속적으로 기록할 수 있기 때문에 사생활은 더 많이 노출될 것이다. 로봇의 감시 능력은 사랑하는 노년기 가족의 안전을 걱정하는 다른 구성원에게 소중하게 쓰일 것이다. 반면 감시를 당하는 사람은 불편한 압력으로 느낄 수도 있다. 더 나쁜 상황도 있다. 범죄자들이 로봇을 해킹해서 다른 이의 집을 훔쳐볼 수도 있다. 가족 구성원들조차 늘 좋은 의도로 다른 가족을 감시하라 법은 없다. 질투심이 극심한 동반자가 남편이나 아내의 일거수일투족을 감시하려는 충동에 내몰리는 경우를 상상해보라.

오늘날의 젊은 세대는 지속적인 감시에 거부감이 적다. 사생활이 철저히 보장될 거라는 기대가 적고, 앞선 세대보다 사생활 보호를 덜 중요하게 여기기 때문이다. 미국 사회는 어디를 가든지 보안 카메라가 있다 보니 30년 전보다 더 감시에 익숙하다.

이제 사람들은 어느 때보다 사생활 보호를 많이 포기했고 이런 경향은 계속될 것으로 보인다.

인류는 나이와 관계없이 조금 접촉한 것만으로도 로봇을 모방하고, 자신보다 로봇이 더 똑똑하다고 믿는 경향이 거기에 더해질 것이다. 가까운 미래에는 인간의 자연스러운 표현을 흉내 내기 위해서 로봇도 그리 다양하지는 않은 감정 표현을 구사하겠지만 인공적이라는 본질은 사라지지 않을 것이다. 로봇의 감정 표현은 진짜 감정이 깃들지 않았기 때문에 껍데기에 지나지 않는다. 결과적으로 인류는 인간성의 깊이와 정묘함을 소중하게 여기지 않은 탓에 그중 일부를 상실할 것이다. 로봇이 거대한 데이터를 소비하는 알고리즘에 따라 움직이기 때문에 인류는 자발성까지도 어느 정도 잃고 말 것이다. 적어도 아직까지 등장한 로봇만 놓고 보면 진정 자발적으로 활동할 능력은 갖추지 못했으므로, 인류가 그런 로봇을 모방한다면 삶을 흥미롭게 해주는 인간 행동의 상당 부분도 사라질 것이다.

일부 장애인과 그를 돌보는 사람들은 삶이 더 편해지고 독립성도 획득할 것이다. 로봇에게 기본적인 사회적 행동 방법을 배우는 자폐 환자나, 기본적으로 항상 곁에서 돌보고 감시해야 하는 치매 환자가 그런 경우에 해당한다. 고령자들 다수는 이동과 지속적인 가사활동에 도움을 받는 덕분에 요양 시설로 이동하지 않고 집에 머무르며 나이를 먹을 수 있을 것이다. 신체가 마비된 사람은 사물을 가져오고, 음식을 먹여주고, 몸을 닦아주고, 침대와 휠체어로 옮겨주는 기능에 특화된 로봇 덕분에 기본적인 문제점을 대부분 해결할 수 있을 것이다. 그리고 로봇은 신체적 장애 때문에 외출할 수 없는 사람에게 친구 역할까지 어느 정도 제공할 것이다.

한편 사람들끼리 느끼는 거리감은 더 커질 것이다. 부담이 없고 본질적으로 성장이 없는 로봇과 인간의 관계에 익숙해지기 때문이다. 관계의 가능성에 대해 바라는 바가 적다 보니 인간관계보다 마음이 편한 안전지대가 형성된다. 이런 인공 관계는 이른바 '뉴 노멀'이 될 것이다. 로봇과 맺는 관계가 진정으로 만족스러울 수는 없지만, 성실하고 값어치 있는 인간관계를 형성하려고 노력하는 사람들을 방해할 수는 있다. 가족 구성원 한 사람이 근본적으로 진짜 관계를 유지할 수 없거나 그럴 생각이 없다면 결혼이나 다른 가족 관계에 치명적인 악영향이 있으리라는 점은 불을 보듯 뻔하다.

사람들은 그동안 기본이라고 생각해온 일상생활 속의 각종 능력을 상실할 것이다. 생활 속의 기술적 사안들을 처리하고 제품을 수리하는 등 다양한 문제를 해결하는 능력조차 그렇게 될 것이다. 직장이나 가정에서는 전례 없이 많은 활동을 로봇에게 맡길 테고, 그 결과 점점 더 로봇에 의존할 것이다. 이런 문제점을 지적한 사람은 많았지만 신기술과 연계하여 사람들이 새로 계발할 능력을 구체적으로 예상할 수 있는 사람은 없었다. 새 능력을 계발할 수 있는 기회를 알아채지 못하고 전통적인 기본 능력을 상실할 거라고 예상하는 것이 전부였다. 그 새로운 능력이 무엇인지 예견하기가 어렵긴 하나, 세상이 바뀌고 실생활에서 시간을 헛되이 잡아먹었던 잡무에서 점점 해방되면 자연스럽게 획득할 수 있는 능력일 것이다.

앨빈 토플러가 예견한 대로 새로운 하위문화가 계속 탄생할 것이다. 가장 먼저 떠오르는 것은 기술성애이다. 하지만 기술성애가 무엇일지 예견하기란 불가능에 가깝다. 일본 애니메이션 문화나 게임 문화가 오늘날 이렇게 널리 퍼질 거라고 예견한 사람이 없었던 것과 마찬가지다. 신종 하위문화는 새로 출현하는 기술과, 그 기술이 불러일으키는 열광과, 기술 사용자들의 상상력에 크게 의존할 것이다. 인터넷 시대 초기에는 소셜 미디어의 탄생을 그 누구도 예견할 수 없었다. 마찬가지로 상호작용 능력이 있는 로봇에게는 상대적으로 막강한 가능성이 있다. 결론을 말하자면 로봇의 사회성과 완전히 독특한 새 사회의 출현 가능성에 기반을 두고 다수의 신종 하위문화가 탄생할 것이다.

낙관적 시각을 덧붙이면서 이번 장을 마무리하고 싶다. 로봇은 처음으로 사회의 일원이 되면서 엄청난 주목을 받을 테고, 사람들은 당연히 매료될 것이다. 일부 사람들이 로봇에 집착하는 시기도 있겠지만, 어느 시점이 지나면 참신함은 사라질 것이다. 사람들이 다함께 로봇 능력의 한계를 구석구석 탐험하고 진짜 가치를 분석하고 가려낸 뒤에는, 다양한 분야에서 보다 나은 사람들이 로봇과 능력을 견줄 수 있을 것이다. 결론적으로 인간에게는 잠재적으로 다종다양한 지능이 있고, 우리가 아는 한 로봇은 그 가운데 단 두 가지 지능만 있다. 어쩌면 인간은 로봇이 나머지 지능을 뚜렷이 드러낸 뒤에야 그것들의 존재를 제대로 인지할지도 모른다.

현재 사람들은 로봇이 미술 작품과 음악과 시를 창작하도록 만들려고 온갖 시도를 하고 있다. 이런 시도들이 흥미롭기는 하지만 그 안에 진정한 창조성은 없다. 현재 창조적이라고 갈채를 받는 인공지능은 단순히 인간이 공급한 자료를 샘플링할 뿐이다. 그 결과물 중 상당수는 무작위적이거나 의미가 없거나 재미없는 코미디이다. 결론적으로 이런 로봇은 인간이 자료를 제공하고 그것들을 새롭게 조합하라고 프로그래밍하지 않는 한 아무것도 창작하지 못한다. 로봇은 인간이 준 자료가 MRI 영상인지 렘브란트가 그린 그림인지 알지 못하고 관심도 없다. 그저 받은 자료 전부를 계속 변환할 뿐이다. 로봇은 가치를 판단할 수 없고 창의적인 목표를 세울 수도 없다. 로봇이 엄청나게 재미있을 수 없다는 뜻은 아니지만, 그건 어디까지나 인간이 그럴 수 있도록 만들 때의 이야기이다.

로봇의 능력을 알아내는 기간이 끝나면 인류는 계산 지능을 더 이상 과대평가하지 않고, 인간에게 있는 나머지 지능을 재정의하는 데에 관심을 가질 것이다. 적어도 지금까지는, 인류는 로봇보다 훨씬 더 다차원적이다. 필자는 이런 생각을 깨부술 만큼 혁신적인 기술을 아직 알지 못한다. 로봇의 계산 능력과 감정을 흉내 내는 능력을 강화하는 것은 그저 정도의 차이를 만들 뿐 본질을 바꾸지는 못한다. 미래에는 과학자들이 비약적인 기술을 이용해서 로봇에게 의식을 부여하고, 인간과 동등하거나 더 우월한 수준으로 다면적인 로봇을 만들 수도 있다. 하지만 지금 우리에게 주어진 사명은 정교한 도구인 로봇의 능력에 어떤 한계가 있는지를 분명하게 인지하는 것이다. 로봇은 정교하지만 어디까지나 도구에 지나지 않는다.

좋은 소식 :
로봇은 인간이 통제한다.
나쁜 소식 :
로봇은 인간이 통제한다.

산업 혁명이 시작된 뒤로 신기술이 수많은 갈등을 일으켰지만, 소셜 로봇으로 인한 갈등은 차원이 완전히 다르다. 앞으로 20~30년 내에 나이와 상관없이 사람들의 친구 목록에 로봇이 포함될 것이다. 그리고 인공 친구와 맺는 관계는 아주 밀접한 것부터 철저히 실용직인 것까지 다양한 양상을 띨 것이다.

신기술이 다 그렇듯, 로봇을 친구나 교사나 상담 치료사로 활용하는 주체는 사회적 효과나 문화적 효과에 신경 쓰지 않기로 악명이 높은 자본 시장이다. 그런데 로봇 공학 산업은 로봇이 우리 삶을 풍부하게 만들고 우리가 생존하게 도울 거라는 구시대의 결론에 힘입어 맹렬하게 앞으로 돌진한다. 어쩌면 그런 결론이 옳을 수도 있다. 단 인간과 로봇이 맺는 관계에서 인간이라는 요소를 제대로 다룬다는 전제하에서 그렇다. 이제 내가 가진 견해와 고민에 대해, 그리고 몇 가지 결론까지 얘기하고, 로봇의 권리라는 문제도 잠깐 들여다보자.

상호작용이 가능한 로봇은 분명히 환상을 새로운 차원으로 끌어올려줄 것이고, 그와 동시에 전례 없는 위험성을 품고 있다. 그런 관계를 긴 안목으로 주시하려면 실재와 인공을 나누는 분명한 기준이 있어야 한다. 즐겁거나 교훈적인 경험이 보장되는 한 우리가 환상을 기꺼이 받아들일 것이라는 점은 아주 확실하다. 이는 어느 정도까지는 좋은 현상이다. 책과 영화와 가상 체험은 다 같이 즐거우면서도 계몽적이고 교육적이다. 로봇은 사회적이고 상호작용이 가능하다는 속성으로 환상에 완전히 새로운 장을 열어주었다.

소셜 로봇 전문가들 중에는 로봇과 인간의 관계가 진짜 관계인지 남다른 관심을 갖는 이들이 있다. 그들은 진짜 대신 인공을 선택하면 반드시 커다란 희생이, 피치 못할 피해가 있을 거라고 가정한다. 하지만 과연 모든 면에서 그럴까? 이 질문에 대한 답은 소셜 로봇이 우리 삶에 가져다줄 것들에 대한 기대감의 크기에 거의 전적으로 달려 있다.

다른 사람과 관계를 형성하고 만날 기회가 거의 없으면 로봇은 기본적인 욕구를 충족시킬 수 있다. 기본적인 사교 기술이 부족한 사람에게는 로봇이 가르침을 줄 수도 있다. 하지만 우리는, 기회가 있다면, 어느 지점에 이르면서 그런 기술을 진짜 관계에 적용하고 싶어질 것이다. 로봇이 제공하는 것 이상의 충족감을 느낄 가능성이 보이는 지점에서 그런 생각을 하게 될 것이다. 살아 있고 의식 활동을 하는 인간은 관계를 맺는 능력을 완전히 발휘할 수 있지만 현존하는 로봇은 그러지 못한다.

로봇의 매력은 호기심의 대상일 뿐 오래 유지되지 못하고 금세 시들 거라고 생각하는 사람도 있다. 소셜 로봇의 신기함은 사라질까? 당연히 그렇다. 영화가 그랬고 컴퓨터가 그랬고 스마트폰이 그랬다. 다만 그런 기술과 마찬가지로 초기의 반짝거림은 사라지겠지만 로봇이 우리 삶에 부여하는 유용성은 그렇지 않을 것이다. 먼저 등장했던 컴퓨터나 스마트폰처럼 로봇은 일상생활과 단단하게 결합되어 완전히 새로운 여러 가지 경험을 제공할 것이다. 그와 동시에 로봇에 지나치게 의존하면서 불건전한 부작용 또한 발생할 것이다.

약자들, 즉 아이들, 고령자, 고독한 사람들, 사회적 기술이 부족하거나 환경적으로 고립되기 쉬운 사람들이 로봇과 인간의 관계에 내포된 부작용에 가장 심하게 영향을 받는 경향이 있어 우리 마음을 아프게 한다. 모든 것을 고려할 때, 로봇은 일반적으로 약자나 약자의 위치에 있는 사회에게 좋은 존재일까? 아니면 나쁜 존재일까? 답을 아는 사람은 아직 없다. 결론적으로 말해서, 만약 로봇이 관계 형성이라는 환상을 심어주지만 실제로는 장기적으로 우리를 더 고립시킨다면 소셜 로봇은 전체적으로 악영향을 끼칠 수 있다. 하지만 고독이 일상화된 고령층 인구에게 로봇이 필수적인 서비스를 제공하는 것은 주요한 장점이며, 이는 이미 눈앞에 다가온 현실이다.

나는 최근에 노인인 아버지와 반려견을 들이는 일에 대해 얘기한 적이 있다. 아버지의 친구들은 대부분 세상을 떠났다. 아버지는 이렇게 말씀하셨다. "난 이제 아흔이다. 개를 키우기에는 나이가 너무 많아." 반려견이 당신보다 오래 살 텐데 혼자 남으면 어떡하겠느냐는 뜻이었다. 만약 소셜 로봇을 대신 들인다면 아버지에게 정신적인 활력을 불어넣고 여러 가지 즐거움을 제공할 수 있을까? 아마 그럴 것이다. 아버지는 소싯적 얘기를 즐겨 하시는데, 관심을 보여서 대화를 이끄는 로봇이라면 그런 과정을 매끄럽게 수행할 것이다.

로봇 혁신이 일어나는 초기에는 인간관계와는 차이가 있는 새 관계 유형이 필연적으로 등장할 것이다. 그중에서도 상담 치료사와 환자의 관계, 즉 우리가 한 말과 우리 생각과 감정이 끊임없이 반향되는 새 유형 하나가 빠르게 출현할 것이다. 치료사는 환자의 이야기를 들을 뿐 주관적인 의견은 거의 내놓지 않는다. 그럼에도 이 관계는 아주 복잡하고 깊은 유대감을 형성하기로 유명하다. 환자는 이 관계를 통해서 자신에 대해 깊이 성찰하게 된다. 그리고 전이 현상이 일어나는 동안 환자는 어떤 사람에 대한 감정을 대체자, 즉 치료사에게 전이한다. 인간이 감정을 사물에게도 쉽게 전이한다는 사실에는 의심의 여지가 없다. 그렇다면, 이런 과정을 겪고 나면 살면서 인간관계를 더 잘 맺을 수 있게 될까?

로봇은 인간의 감정을 되돌려줌으로써 건전한 감정과 지능을 향상시킬 수 있다. 우리는 로봇을 통해 피드백 순환에 직접 참여해서 자신의 감정을 더 잘 알 수 있다. 로봇과 인간의 관계는 거울로 만들어진 통로이긴 하지만 인간이 제 감정을 느끼고 인정하게 도울 수 있다. 이는 곧 감성 지능의 초석이다. 상담 로봇은 외상 후 스트레스 장애, 불안, 우울증, 캡그래스 증후군* 등을 치료하도록 프로그래밍할 수 있다. 이런 로봇은 어떤 이유가 있어서 인간 상담사의 치료를 받을 수 없는 사람들에게는 하늘이 내린 선물일 수 있다. 또한 이런 로봇은 정신 질환으로 고통을 받진 않더라도 자신을 더 잘 성찰하고 성장하고 싶어 하는 이들의 정신 건강을 증진시키는 데 사용할 수도 있다.

다만 로봇이 제공하는 유익한 도움과 자기도취의 위험 사이에서 균형을 맞출 필요는 있다. 우리는 기술 때문에 자신의 관심과 감정과 욕망을 무한히 반향하는 메아리방 안으로 점점 깊이 들어가는 중이다. 그러다가 두를 넘으면 주관적인 현실에 과몰입한 나머지 고립되고 기능성 장애를 겪지는 않을까? 로봇에게서 물러나서 현실 세계를 맞이할 시점은 어떻게 알 수 있을까?

어떤 이들은 관계 문제 때문에 폭력을 휘두르고 꼴사나운 모

---

* 주변인이 다른 사람으로 바뀌었다고 믿는 정신 질환. -역자주

습을 보인다. 그로 인해 인간 동반자가 진짜로 피해를 입기도 한다. 이런 경우라면 사람 대신 로봇을 상대로 삼아서 유해한 관계 문제를 해결하는 편이 적절할 수 있다. 그렇다면 이런 질문을 생각해볼 수 있다. 타인이나 동물을 학대하는 사람이 그 대상을 로봇으로 바꾼다면 안전장치가 만들어졌다고 볼 수 있을까? 습관적으로 타자를 학대하는 경향이 줄었는지 강화되었는지 식별할 방법은 있을까? 이런 의문에 대한 답은 아직 없다. 로봇을 대하는 방식이 다른 사람을 대하는 방식과 연관되는지 또는 무관한지에 대해 제대로 연구된 바가 없기 때문이다. 로봇 학대가 사회적으로 제지되지 않으면 장기적으로 어떤 문제가 생기는지 이해하려면 시간이 더 흘러야 한다.

불만을 표현할 수 없는 로봇에게 기능장애성 행동을 표출하는 사람은 아무런 책임도 지지 않으므로, 더 건전하게 행동하는 방법을 배우려 들지도 않을 것이다. 이런 태도는 타인을 대하는 방법에도 영향을 미칠 테고, 언젠가는 기능장애성 행동 자체를 직접 다뤄야 할 것이다. 분노든 괴로움이든 잔혹함이든 누군가를 사로잡는 상태가 로봇을 학대함으로써 줄어든다 한들, 과연 관계상의 행동 장애를 해결할 방법이 그것뿐일까? 장애가 있는 당사자가 자신의 해악을 직시하고 극복하는 방법을 찾아서 진짜 인간과 건전한 관계를 회복하도록 돕는 게 맞지 않을까?

로봇공학 분야가 자리를 잡은 것은 불과 20년 전이다. 현재 이 분야의 주된 관심사는 오락, 교육, 돌봄, 상담 치료, 지원이다. 로봇과 소통하는 주된 수단은 음성이다. 로봇 도우미가 범용 기술로 보편화될 확률이 높아진 것은 이런 단순함 덕분이다. 이런 범용 신기술이 우리 삶의 깊은 영역에 미치는 영향과 기존 체제를 재편성해버리는 결과를 전부 예견하기란 불가능하다. 하지만 과거에 전기와 증기기관이 출현했을 때만큼이나, 또는 그 이상으로 충격적인 영향을 미치리라는 것 정도는 예상할 수 있다. 이제 기술은 실용주의를 넘어서서 사회와 감성 영역의 깊은 곳까지 도달한다. 그것 자체가 이미 하나의 혁명이며, 그런 기술을 제대로 이용하려면 차원이 다른 자각이 우리에게 필요할 것이다.

소셜 로봇은 큰 애착을 요구할 것이다. 그때가 바로 이런 질문을 던질 순간이다. 이 세상 곳곳에 정말로 사랑과 보살핌이 그만큼 많은가? 우리가 사는 사회에는 외면당하게 마련인 아이들과 고령자와 외로운 성인들이 있다. 또한 매년 입양할 사람이 없는 개와 고양이 수백만 마리가 안락사된다. 그런데 이제 우리가 줄 수 있는 사랑을 더 세세히게 나눠서, 실제로는 우리 사랑으로 아무 것도 얻지 못하는 인공물에게 뿌려줘야 할까? 그게 아니라면 자신을 더 깊이 들여다보고 관계를 형성하는 새 방법을 익혀서 사람과 반려동물에게 더 많은 관심을 주어야 할까?

가사 로봇이 여성의 삶에 미치는 영향도 흥미롭다. 전체적으로 볼 때 로봇이 노동을 담당하면 가장 큰 수혜자는 여성이다. 전통적으로 여성이 담당하던 역할의 상당수는 로봇이 맡을 것이다. 그리고 로봇은 아이들이나 신체적으로 장애가 있는 사람이나 고령의 가족 구성원을 돌보고 끊임없이 가사노동을 하던 여성을 해방시킬 수 있다. 하루 종일 정신없이 아이를 보살피고 가사 노동을 하고 도움이 필요한 가족 구성원을 돌보는 삶을 체계화하려면 가정 자동화나 스마트 가사 도우미가 필수적이다. 대개 여성이 맡던 일부 '감정 노동' 역시 어느 정도 로봇이 맡을 것이다. 로봇은 사회적 상호작용이 가능하므로 치매 환자나 만성적으로 외로움을 느끼는 사람에게 유익한 영향을 미칠 것이다.

가사용 로봇 제작은 기술적으로 아직 해결할 문제가 많지만 보스턴 다이나믹스 같은 회사가 큰 진전을 보이고 있다. 이 회사에서 제작한 휴머노이드인 아틀라스는 걷고 계단을 오르고 뛰고 뒤로 재주를 넘고 사람처럼 춤까지 출 수 있다. 다목적 청소 로봇을 설계할 때 가장 어려운 것은, 구조화되지 않은 환경 속에서 결과가 정해져있지 않고 반복하기도 힘든 작업을 로봇이 수행해야 한다는 점이다. 게다가 가정용 로봇은 모터와 감각 센서를 정교하게 조종해서 사람을 만지고 거들고 보살펴야 한다. 또한 집안 구석구석을 돌아다니면서 뒤엉킨 것들을 피하고 잡동사니를 치워야 한다. 과학자들은 5년에서 10년 뒤면 뭐든 할 수 있는 가정용 로봇이 등장할 거라고 예상하고 있으며, 이 책을 쓰려고 자료를 조사하고 원고를 작성하는 지금 이 순간에도 놀랄 만한 기술적 성취가 이루어지고 있다.

일부 비평가들은 로봇이 스마트 홈을 꽤 세세하게 조작할 수 있으므로 사람들의 기술 숙련도가 낮아질 거라고 걱정한다. 나는 이 문제는 크게 걱정하지 않는다. 자연어로 음성 명령을 내려 로봇을 조종하는 편이 각종 기술을 통달하는 것보다 분명히 쉽다. 따라서 사람들은 어차피 작동 중인 스마트 홈의 모든 부가장치를 수리하고 조작하는 방법을 익히기보다는 음성 명령 쪽을 선택할 것이다. 다들 스마트폰과 개인용 컴퓨터에 상당히 의존하며 살고 있는 지금, 다양한 기능이 결합된 신기술이 등장한다면 거의 분명히 보편적으로 수용될 것이다.

우리가 쓰는 기기와 가정에 사용된 기술을 로봇이 관리하도록 맡겨야 한다는 주장은 설득력이 있다. 기술은 끊임없이 변화한다. 인터넷을 통해서 제품의 제작사에 바로 접속할 수 있는 로봇이라면 관련 정보를 항상 갱신할 것이다. 이런 상황에서 사람이 신종 소프트웨어와 인터페이스와 각종 소비재의 새 기반을 계속 학습한다면 시간 낭비일 것이다. 그냥 개인용 로봇에게 기술 문제를 떠넘기는 편이 더 편하고 시간도 절약할 수 있으며 인간을 해당 문제로부터 해방시켜줄 것이다.

기술이 발달할수록 인간의 삶 속에 파고든 기술을 이해하는 사람이 적어진다는 점 때문에 비난하는 사람도 있다. 하지만 우리는 자동차를 움직여주는 내연 기관에 대해 굳이 알 필요가 없다. 정말 모든 사람이 기술적 기반의 작동 원리를 전부 알아야 할까? 그냥 최신 기술을 따라잡고 문제를 해결하고 관리할 수 있는 전문가 집단을 두는 편이(그게 사람이든 인공물이든) 훨씬 효율적이지 않을까? 만약 그런 로봇에 문제가 생긴다면 인간 전문가가 관리하면 될 일이다.

인류의 삶에서 사회성이 중심이라는 사실 자체를 로봇이 바꾸지는 못할 것이다. 로봇은 상호작용 기술이라는 형태로 사회성을 가공해서 팔아먹는 두 번째 기술이다. 그 첫 번째는 소셜미디어였다. 내 생각에는 그렇게 판매되는 사회성이 가짜라는 점이 문제가 된다. 로봇은 인간의 사회적이고 감성적인 에너지를 받아간 뒤 다른 지적 존재에게 단 한 번도 연결시켜주지 않고는 인간에게 반사해준다. 로봇은 우리가 관심을 쏟아붓고 변덕을 부릴 때마다 일일이 들어주지만, 그게 공허한 추켜세움에 지나지 않는다는 사실을 절대로 좌시하면 안 된다.

로봇은 앞으로 인간을 그럴 듯한 가짜 세계로, 그 어느 때보다 깊이 밀어 넣을 것이다. 그리고 인간은 그 어떤 기술보다 더 강하게 로봇과 감정적으로 연결될 것이다. 적어도 개발 단계에 있는 세계만 놓고 본다면 이미 인간과 기술을 따로 떼어놓기가 어렵거나 불가능하다. 우리는 단순히 살아남으려고, 세상 속에서 기능하려고, 성공하려고 기술에 의지한다. 이제는 이것이 인생의 핵심 패러다임이다. 소셜 로봇이 진정으로 인간의 삶과 결합되면 그때부터는 논의의 주제를 우리 자신도 몰랐던 욕구와 그것을 충족하는 방법으로 바꿔야 할 것이다. 로봇은 자신이 필요한 이유를 만들어내고, 현대식 생활에 익숙한 사람에게 필수적인 신기술로 자리매김할 것이다.

로봇, 그리고 로봇을 사랑하는 사람들

로봇으로 아이를 양육하고, 가르치고, 아이들과 놀아주는 등 현명하게 이용하려면 신중하게 고민해야 한다. 현재 소셜 로봇에 들어간 '감성' 프로그램은 거의 대부분 성능이 극히 제한적이어서 궁극적으로는 아이들이나 로봇에 크게 의존하는 사람의 사회적 기술을 퇴행시킬 수 있다. 소셜 로봇은 실제로 관계를 형성하는 방법을 빈약하게 만들 수 있으며 이를 뒷받침하는 근거도 있다. 따라서 아이들에게 사회성을 가르치려고 로봇을 과도하게 이용하지는 말아야 한다.

다수의 전문가들은 미래에 더 정교하고 진짜와 같은 로봇이 등장해서 이런 한계를 넘어설 거라고 본다. 의심의 여지가 없이 가까운 미래에는 성능이 훨씬 더 뛰어나고 그럴 듯한 로봇이 출현할 것이다. 하지만 로봇과 인간 사이에 형성되는 관계의 근본적인 패러다임도 바뀔까? 인간의 삶에 의미를 부여하는 관계의 기준, 즉 인간관계를 로봇이 이뤄낼 수 있을까? 로봇에게 의식이 생기지 않으면 불가능하다는 것이 필자의 의견이지만, 그것은 또 완전히 미지의 영역이다. 로봇에게서 의식을 구현할 수 있다면 그야말로 역사적인 사건이겠지만, 그럴 경우 로봇의 인격과 권리에 대해 엄중한 의문이 생길 수밖에 없다.

오늘날 로봇을 사랑하는 사람이 있다면 그는 본질적으로 지각이 없는 금속과 플라스틱 부품의 묶음을 일방적으로 상대하는 셈이다. 이것이 지금 이 시점에서 우리가 잊으면 안 되는 기본 패러다임이다. 로봇에게 의식이 생기려면 현재 꿈도 꿀 수 없는 수준으로 기술이 진전해야 한다. 인류는 두뇌를 이해하고, 의식이 무엇인지 정의하기 직전의 문턱에 서 있다. 의식을 해석하기까지는 아직 멀었고, 창조는 꿈도 꾸지 못하는 수준이다. 하지만 로봇이 점점 복잡해지고 능력을 점점 더 키우기 때문에 논의의 방향은 로봇의 권리로 향할 것이다. 적지 않은 사상가와 연구자들이 현재 수준의 로봇에게도 권리를 부여할지 고민해야 한다고 주장한다.

최근 몇 년 동안 인간이 아닌 존재에게 인격을 부여하려는 시도가 여러 차례 있었고, 그 결과 법적 인격의 대상을 확장할 수 있었다. 오랜 역사를 돌이켜보면 인간 사회는 기존에 '소유물'로 간주해 거래하던 대상, 예를 들어 여성이나 노예에게 점진적으로 인격을 부여했다. 심지어 기업이나 하천이나 열대 우림처럼 인간이 아닌 것들도 특정 권리가 있는 것처럼 여겨진 바 있다.

인간이 아닌 영장목 동물, 돌고래, 고래, 코끼리처럼 아주 영리한 동물에게 인격을 부여하는 유명 사례들도 있다. 영국 계몽주의 법철학자인 제러미 벤담Jeremy Bentham이 처음으로 주장한 바대로 이런 사례에서 가장 중요한 지점은 동물의 지능이 높았다는 점이 아니라 고통이나 행복을 느끼는 능력에 있었다. 이런 관점에서 본다면 동물을 단순한 사물로 간주해서는 안 된다. 비록 인간의 특성과 완전히 똑같지는 않지만 어떤 경우에는 사람과 비슷한 것처럼 보이는 특성, 특히 지각 능력을 동물이 확실히 드러내는 경우가 있기 때문이다.

인간이 누리는 권리를 동물이 전부 가질 순 없지만, 일부 권리와 보호를 보장받는 법적 중간 지대에 놓을 수는 있다. 현재 수준처럼 지각이 없는 로봇의 경우에는 새로운 존재 범주에서 제자리를 찾을 수도 있다. 그 범주란 생물학적 기준으로는 살아 있지 않으나 지능이 높고 사고 능력이 있으며, 의식이 없기 때문에 고통이나 행복은 느끼지 못하는 존재의 영역이다.

인격의 범주를 동물까지 확장함에 있어 중요한 논점은 인격에 법적 의무와 책임이 따르고, 그 인격체가 위해를 가할 경우 벌을 받아야한다는 사실이다. 로봇의 경우라면 이런 질문을 던질 수 있다. 로봇이 약자를 돌보다가 우연히 상해를 입히거나 살해했을 경우, 그 로봇에게 어떤 책임을 물을 수 있을까? 대답은 그 로봇의 지능, 프로그램, 능력에 따라 크게 다를 것이다. 오늘날의 로봇은 센서로 입력된 정보와 언어와 기타 요소들을 처리한 결과에 기반해서 결정을 내린다. 그 로봇은 자발적으로 잘못된 결정을 내린 것일까? 아니면 로봇 제작자에게 과실이 있을까? 우리는 이미 자율주행 자동차가 교통사고로 인명 손실을 유발했을 경우 책임 소재가 어디인지 격렬하게 논의를 펼치는 중이다.

재생 의학 재단과 건강 수명 행동 연합의 설립자이자 대표이고, 법적 인격 문제에 있어 전문가인 버나드 시겔Bernard Siegel에 따르면, 로봇이 주관적으로 어떤 경험을 하는지 입증하기란 극히 어렵다. 당연한 얘기지만 로봇에게는 다양한 버전이 존재하고 앞으로 더 많은 모델이 생산될 수도 있다. 개별 사안을 떠나 로봇으로 인해 사람이나 재산에 피해가 발생하는 경우, 제작자조차 본질적으로 로봇의 정신이란 개념이 전혀 없는 상황에서 그 기계에게 어느 정도 책임을 물으면 되는지 파헤치기란 거의 불가능하다.

시겔은 전 세계에서 유일하게 복제 인간의 권리를 지키려고 노력하는 변호사다. 나는 시겔과 여러 해 동안 줄기 세포 분야에서 함께 일했다. 우리는 인간 배아를 연구에 이용하면서 대두되었던 인권 문제를 다루고 있다. 지금도 인간의 건강 수명을 연장하려고 공동으로 작업하고 있다. 배아에 관한 사안은 아직도 활발히 논의 중이지만, 여러 해가 지났음에도 불구하고 시험관 수정이 처음 개발된 1970년대와 비교해보면 조금도 의견 일치를 보지 못했다. 그와 유사한 로봇 권리에 대한 논쟁 역시 결론이 나기까지 최소한 수십 년이 걸릴 것으로 보인다.

시겔은 로봇 지능의 구성 요소를 결정하는 미래 기술에 따라 결론이 정해질 거라고 본다. 그는 '독립적인 지적 능력이 지능뿐 아니라 괴로워하고 고통을 느끼는 능력까지 구현할 수 있으면' 권리에 대한 도덕적이고 법적인 의문들이 대두될 거라고 인정한다. 지금의 로봇은 그럴 능력이 없는 것으로 보인다.[1] 지능이라는 기준을 놓고 봤을 때 로봇이 제작자보다 똑똑하지만 고통을 느끼는 능력은 없는 경우, 로봇에게 새로운 범주를 할당하고 몇 가지 권리를 주어도 되는지를 논의해볼 수는 있지만 그렇다고 인

로봇, 그리고 로봇을 사랑하는 사람들

간과 똑같은 권리를 줄 수는 없다는 것이 그의 생각이다.

로봇에게 권리를 부여하게 만드는 문턱이 어디인지는 알 수 없다. "로봇은 지각이 있을까?"가 시겔이 던지는 질문이다. 배아를 둘러싼 의견 중에는 배아가 인간의 세포에서 만들어졌으므로 인간이라는 주장도 있었다. 배아는 지각이 없지만 완전한 인간과 똑같은 권리가 있다고 생각하는 사람은 많았다. 로봇은 살아 있지 않으므로 인간이라고 볼 수 없고, 따라서 배아와는 상황이 다르다는 게 시겔의 주장이다.

하지만 키메라처럼 특정 기능을 수행하기 위해 인간 세포와 결합된 복합적 기계가 탄생할 가능성도 있다. 나는 다른 저서인 『아무도 죽지 않는 세상 Beyond Human』에서 그런 기술의 선례를 다뤘다. 샌프란시스코에 있는 캘리포니아 대학의 과학자들은 혈액 속 불순물을 걸러주는 살아 있는 인간 세포를 기계와 결합시킨 이식용 생체 인공 신장을 만들었다. 인간 세포를 이용해서 로봇에 일종의 내분비계를 만들어주면 기쁨과 고통을 느끼는 능력의 초석이 되지 않을까? 그런 기술이 개발되면 생물과 무생물의 경계는 당연히 무너질 것이다. 시겔은 그럴 경우 비로소 심각한 논의가 시작될 수 있다고 본다.

시겔에 의하면 현재 그런 논의를 시작할 수 없게 만드는 커다란 장벽은 "우리가 뭘 모르는지 모른다는 점"이다. 기술적인 혁신이란 본래 필연적으로 이전 기술에 기반을 둔다. 지금 우리가 로봇을 바라보는 관점은 다시 말하면 현대 기술의 한계를 요약한 것이다. 하지만 그런 한계는 무너질 수밖에 없다. "미래의 로봇이 지능과 감성을 완전히 구현할 수 있다면 더 나은 지위에 오를 수 있다."라는 게 시겔의 주장이다. 그는 그때가 되면 논의 자체도 단순히 인격을 부여할지 고민하는 수준을 넘어설 것이라고 생각한다. "지각이 생기면 노예 문제가 대두된다. 로봇을 영원히 하인으로 삼으려면 능력에 제약을 걸고 지각이 생길 가능성도 확실히 막아야 한다."

시겔은 인류가 로봇에게 주고 싶은 능력이 중요한 문제라는 관점에 동의한다. "인류는 지배종이다. 규칙도 인간이 만들고 사회도 인간이 조직한다. 법률을 처음부터 끝까지 만드는 것도 인간이다." 여기에 내 생각을 덧붙이자면, 기술을 만드는 주체도 인간이고 그 활용법을 결정하는 것도 인간이다.

로봇에게 지각이 생기고 그로 인해 권리와 책임이 생기지 못하도록 막으려는 사회적 장애물도 등장할 수 있다. 인간이 유일무이하다는 생각에 집착하는 사람은 많다. 지각이 있는 로봇을 창조하는 행위는 과도한 교만의 결과이며 '신 놀음'을 하려는 부적절한 노력이라고 생각하는 종교 집단이 반대하고 나설 가능성도 아주 높다. 배아 연구 문제가 그랬듯이, 기계에게 완전한 인격을 부여할 경우 분명히 사회 곳곳에 있는 사람들이 정서적으로 상처를 입을 것이다. 또한 어느 시점이 되면 로봇을 두고 윤리적인 고민을 할 필요가 없다고 주장하는 집단에게 반대하면서 균형을 형성하는 '로봇권' 운동이 일어날 것이다. 이런 논쟁 때문에 연구와 개발이 제자리에 묶이고, 로봇권의 다양한 면을 법제화하려고 복잡한 법적 문제가 일어나고, 윤리적 논쟁이 수십 년 간 지속될 것이다.

로봇이 법적 인격체인지 아닌지 사회적 합의가 이뤄지지 않아도 권리가 점점 누적될 수는 있다. 사우디아라비아는 2017년에 소피아Sophia에게 시민권을 부여했다. 소피아는 홍콩 주재 기업인 핸슨 로보틱스Hanson Robotics가 제작한 로봇으로 진짜 인간과 흡사하다. 소피아는 얼굴 표정이 풍부해서 불쾌한 골짜기의 경계선에 위치하고, 대화 능력은 놀랄 만큼 인간과 유사하다. 인간과 지속적으로 소통하고 그 범위도 넓기 때문에 소피아의 내부에서 진짜 사고 활동이 일어나지 않는다는 사실을 믿기가 어려울 정도다. 소피아는 로봇권의 한계를 시민권 너머까지 넓힐 수 있는 로봇 형태의 훌륭한 사례라고 할 수 있다.

철학자인 마크 코켈버그는 로봇이 권리를 얻을 수 있는 다른 방법을 명확히 밝혔다. 그에 따르면 지각 능력이 없는 지금의 로봇을 두고 인격 부여에 대해 논하려면 그 로봇이 살고 있는 사회 감성적 문맥을 고려해야 한다. 그는 소피아처럼 인간과 밀착해 장기적 관계로 발전할 수 있는 로봇의 가치를 표현함에 있어 여성주의 철학자들의 주장을 사용한다.

코켈버그의 관점에서 볼 때 로봇은 보호받아야 한다. 로봇이 아무 것도 못 느낀다 해도 인간과 로봇 사이에 형성된 관계는 진짜이기 때문이다. 지각이 없는 로봇에게는 진짜 관계가 아니지만 그 관계에서 역사를 만든 인간에게는 명백히 진짜 관계이다. 어느 정도 인정하고 보호해야 할 것은 인간 측의 감정적 유대이다. 우리가 걱정해야 할 것은 로봇이 고장 나거나, 파괴되거나, 로봇의 기억이 삭제될 때 그것과 감정적으로 가까운 인간이 마음에 상처를 입을 수 있다는 지점이다.

코켈버그는 학술지인 《윤리와 정보 기술》에 윤리적 기준에 관한 논문을 실었다. "인간과 로봇은 고립된 개인이나 '종'의 일원이기보다는, 다른 존재와 맺는 관계로 정의되는 이른바 관계적 존재로 이해해야 한다."[2] 그는 로봇 권리에 대한 논의를 뒷받침하는 '사회 생태학social ecology'이라는 개념을 제안했다.

"사회 생태학은 다양한 존재들 간의 관계를 다루는 학문이다. 인간과 비인간은 상호 의존적이고 서로 적응한다. 이와 같은 관계는 도덕적으로 중요하고, 이를 고려하지 않은 도덕적 고찰은 생각도 할 수 없다."[3] 이런 관점으로 본다면 페퍼나 소피아처럼 지각이 없는 로봇에 대해서도 어느 정도 도덕적으로 고찰해보아야 한다. 다만 인간이 지닌 권리를 모조리 부여할 수는 없다. 소셜 로봇과 관련된 요소를 전부 살펴보면 결국 로봇과 관계를 맺는 인간에게로 돌아올 수밖에 없다.

로봇이 인간의 통제에서 벗어나는 날이 오기는 올까? 이 질문도 소셜 로봇과 관련된 문제이지만 사실 중요한 지점은 로봇이 아니다. 또 다시 인간에 대한 질문이다. 기술 생태계를 전부 설계한 것도 인간이고, 창조한 것도 인간이고, 인간의 목적을 이루려고 사용하는 주체도 인간이다. 이 점을 분명히 알아야 한다. 선을 넘어서 더 진보한 로봇을 창조할 수 있는 로봇을 만들 경우 인간이 통제할 수 없는 영역으로 로봇의 설계와 생산을 밀어내는 꼴이 된다. 그래서 일부 비평가들은 로봇의 능력에 제약을 둬야 마땅하다고 주장한다.

휴머노이드 로봇은 여러 면에서 우리 자신의 이미지를 따라 제작된다. 따라서 반사회적이거나 정신병리학적 특성을 가진 로봇이 프로그래밍될 가능성이 있다. 이 경우 진짜 문제는 로봇이 아니다. 인간이 만들어낸 자료로 알고리즘을 훈련한다는 사실이 문제이다. 인간은 대개 단점과 약점의 덩어리 그 자체다. 인터넷에 연결되고 인간과 상호작용을 하는 인공지능은 단 하나의 예외도 없이 인간의 최고 장점과 최악의 단점을 배울 수 있다. 따라서 편견과 고정관념은 물론이고 비이성적인 자료들까지 흡수할 것이 분명하다. 챗GPT의 공개로 이런 현상이 충분히 검증되었다. 챗GPT 때문에 천 명이 넘는 학계와 기술 산업계의 선구자들이 그와 유사하거나 더 발전된 프로그램을 개발하다가 멈추는 사태가 있었다.

MIT 소속의 한 연구 팀은 2018년에 인터넷의 어두운 영역에 존재하는 자료로 인공지능을 훈련하면 무슨 일이 생기는지 조사하기 시작했다. 이 팀이 인공지능에게 붙인 이름은 노먼^{Norman}이었다. 앨프리드 히치콕의 영화 〈사이코〉에 등장하는 유명 사이코패스 캐릭터 노먼 베이츠에게서 따온 이름이었다. 노먼에게는 레딧 사이트에서 가져온 폭력적이고 소름 끼치는 그림들을 입력했다. 또 다른 인공지능은 사람, 고양이, 새가 등장하는 더 온화한 그림으로 학습시켰다. 그런 다음에 두 인공지능에게 똑같은 잉크 자국 그림을 보여주고는 뭐가 보이는지 물었다. 두 인공지능의 차이는 가혹하고 충격적이었다.

연구팀은 결과를 게재하면서 실험에 사용한 잉크 자국 그림과 인공지능의 답변을 나란히 배치했다. '정상적인' 인공지능은 잉크 자국이 꽃을 꽂은 꽃병을 확대한 모습이라고 답했다. 노먼은 같은 잉크 자국을 보고 "사람이 사살된 모습."이라고 대답했다. 정상적인 인공지능이 우산을 쓰고 있는 사람의 모습이라고 답한 자국에서 노먼은 "비명을 지르는 아내 앞에서" 사살된 남성을 보았다.[4] 노먼이 폭력과 파괴의 시나리오로 편향됐음을 보여주는 뒤틀린 답변의 목록은 계속 이어졌다. 상상력이 거의 없는 사람이라고 해도 노먼 같은 자율 기계가 파괴 행위를 일삼을 능력이 있다는 점은 예측 가능할 것이다. 이 실험으로 보건대 로봇은 최선에서 최악에 이르기까지, 우리 사회 안에 있는 진짜 인간 구성원의 강력한 확장판이라고 간주해야 할 것이다.

컴퓨터 과학자인 이아드 라완 Iyad Rahwan은 노먼을 만들어내는 실험에 참여했다. 그에 따르면 알고리즘 자체에는 문제가 없었다. 하지만 "알고리즘보다 데이터가 더 문제였다". 이제는 인터넷 접속과 더불어 인공지능이 인간과 상호작용하면서 자료를 학습하는 것까지 살펴봐야 하는 상황이 되었다. 앞서 논의했던,

로봇, 그리고 로봇을 사랑하는 사람들

2016년에 마이크로소프트에서 만든 트위터 봇 테이가 그 좋은 예다. 테이는 트위터에서 활동을 시작하자마자 인터넷 악플러들이 쏟아낸 성차별적이고, 인종차별적이고, 뒤틀린 메시지와 기타 유해한 자료를 잔뜩 뒤집어썼다. 그리고 사악하고 증오심으로 가득찬 사이코패스로 빠르게 변했다. 진짜 문제는 기술이 아니라 인간의 어두운 면이었다. 그리고 간단한 해결책은 보이지 않았다.

소셜 미디어를 운영하는 기업들이 폭력적이고 유해한 콘텐츠로부터 사용자를 지키려고 부단히 노력했으나 별로 성공하지 못했다는 점을 생각해보면 문제가 분명해진다. 사람들이 음모 이론과 허위 정보와 증오에 찬 콘텐츠를 업로드할수록 소셜 미디어 업체는 그것들을 억제하려고 노력할 것이다. 지금과 같은 시대에 허위 정보와 혐오 발언은 중대한 사회적 문제다. 효과적인 신기술이 등장해서 인터넷에 있는 유해 콘텐츠를 깨끗이 지우거나 또 다른 해결책을 찾아내지 않는 한 이런 문제는 계속될 것이다. 하지만 사회적 측면에서 보자면 더 윤리적이고 책임감 있는 사람을 육성할 필요도 있다. 아직까지는 제대로 성공한 적이 없는 일이지만 말이다.

인터넷에는 성차별과 인종차별과 혐오와 폭력과 극단론이 즐비하다. 특히 다크웹에 있는 사이트들이 그렇다. 다크웹이란 일반적인 검색 엔진으로는 찾아낼 수 없고, 글이나 자료를 익명으로 올리게 해주는 웹브라우저를 써야 접속이 가능한 인터넷의

한 영역을 가리킨다. 하지만 인터넷상의 다른 곳에도 증오와 극단주의와 허위 정보를 조장하는 어두운 자료들은 셀 수 없을 만큼 많다. 이런 자료가 아이들의 교육과 보육을 담당하는 로봇의 프로그램에 침투하는 걸 보고만 있을 것인가? 만약 불안정한 성인이 로봇을 통해 이런 자료에 노출된다면 어떨까?

누군가가 혼란을 일으키거나 즉각적으로 해를 입히려고 인터넷에 연결된 로봇을 해킹하는 경우도 문제다. 공공장소나 개인 가정에서 휴머노이드 로봇에게 지시를 내려서 사람을 폭행하는 일이 벌어질 수도 있다. 일반적으로 아이들이나 고령자 가족을 지켜보려고 사용하는 원격 화상 로봇을 악용해서 나쁜 의도를 품고 타인을 감시할 수도 있다. 소셜 로봇이 인간의 행동과 태도 중 최악의 것들을 흡수할 수 있다는 현실을 한 번 더 직면하는 셈이다. 우리는 인터넷에서 유해 콘텐츠를 걸러내고, 사이버범죄에 효과적으로 빠르게 대응할 수 있도록 지금보다 훨씬 더 공을 들여야 한다. 궁극적으로는 인간이 잘못을 저지를 수 있으며, 악의를 가진 사람이 있다는 분명한 사실을 정면으로 마주해야 한다.

눈앞까지 다가온 새 시대에 제대로 앞으로 나아가려면 로봇의 타락을 방비하는 한편, 반드시 진짜와 인공 사이에 분명한 경계선을 긋고 눈을 떼지 말아야 한다. 결론적으로 말하자면 로봇 사용을 엄격하게 통제해야 한다. 하지만 사람이란 미리 대비하기 보다는 일을 겪고 나서야 움직이는 법인지라, 실제로는 소셜 로봇의 영향이 전부 드러난 뒤에나 걱정할 확률이 아주 높다. 당연한 말이지만 그야말로 가장 힘든 길을 걷는 셈이다.

그러나 인류가 완벽한 기계를 만들거나, 기계들이 완벽한 기계를 만드는 먼 미래가 올 때까지 로봇이 우리 삶에 가져다 줄 수많은 이점을 무시하는 것도 바보짓이다. 우리에게 자아 성찰의 기회가 더 많이 생기는 것이야말로 소셜 로봇의 중요한 부가적 효과이다. 또한 소셜 로봇은 여러 가지 상황에서 외로움과 고립 상태라는 압박을 덜어내도록 도움을 줄 수도 있다.

명확한 목적의식을 갖고 기발한 창의성을 발휘해서 개인 전용 소셜 로봇을 만들 수도 있다. 소셜 로봇을 천문학이나 중세 의학이나 1950년대 코믹스의 전문가로 만들고 싶은가? 얼마든지 가능하다. 지적 취향이 있다면 로봇을 살아 있는 지식의 도서관으로 만들 수도 있고 활력을 주는 대화 상대로 바꿔놓을 수도 있다. 전용화야말로 개인용 로봇을 최대한 활용하는 길일 것이다. 로봇은 교류를 하면 할수록 맞춤형으로 변한다. 그렇게 시간이 흐르면 로봇의 프로그램이 정교하게 척적화되어서 사용자의 취향에 맞는 목적을 이뤄줄 것이다.

이처럼 최적화된 로봇은 말할 필요도 없을 만큼 유용하다. 로봇의 가치를 판단하는 중요한 기준도 여기에 있다. 로봇의 가치는 반드시 우리 목표에 부합하는 정도에 따라 결정해야 한다. 우리는 로봇과 관계를 맺는 데에 있어서 인공과 진짜의 비율에 균형을 맞추는 감각을 익혀야 한다. 이번에 주관적으로 경험한 일중 어떤 부분이 유의미할까? 표면적으로는 재미있었지만 본질적으로는 무의미해서 우리 인생에 악취나 풍기는 건 어떤 부분일까? 이런 질문을 늘 되뇌는 자세가 필요하다는 뜻이다.

로봇은 한 개인의 인생을 데이터 분석해서 취향과 욕구를 드러내는 신호와 표현을 찾아내고, 각자에게 고유한 상호작용 방식을 만드는 식으로 활용할 수 있다. 일생의 기록과 추억을 로봇에게 저장해뒀다가 우리가 죽은 뒤 사원 역할을 맡길 수도 있다. 가족이나 후손이 사랑했던 이의 기록과 추억을 보존하고 싶다면 로봇은 아주 소중한 자산이 된다. 흔히 알렉사라고 부르는 아마존 에코는 사람이 녹음한 목소리를 이용해서 음성을 생성하는 기능을 최근에 추가했다. 당연히 이미 세상을 떠난 이의 목소리도 만들어낼 수 있다. 이런 디지털 기념물은 사랑하는 이를 잃고 슬픔에 잠긴 사람들에게 망자가 살아 있는 듯한 상호작용까지 제공한다. 이런 로봇이 과연 위로가 되는지, 아니면 사람을 불안하게 만들고 소름끼치게 하는 인공물인지는 각자 판단할 문제이다.

이런 난리법석이 전부 끝난 뒤 고비용과 기술적 한계 때문에, 또는 사람들이 아직 준비가 안 되었다는 이유로 최신형 소셜 로봇이 흐지부지된다면 어떨까? 나는 여러 가지 이유로 그런 일은 절대 일어나지 않을 거라고 본다. 이 분야에서는 지난 20년 동안 엄청나게 집중적으로 연구가 이루어졌다. 그 결과 상업용 로봇을 만드는 데에 장애가 되던 몇 가지 요소가 해결되었다. 문제를 해소해준 기술의 예는 다음과 같다.

- 클라우드 컴퓨팅. 덕분에 로봇은 더 이상 어마어마하게 큰 메모리를 탑재할 필요가 없다. 생성된 파일이 대부분 클라우드에 저장되기 때문이다.
- 로봇이 과거 어느 때보다 복잡하고 유용한 일을 하도록 만드는 최고급 프로세서.
- 충전을 자주 하지 않아도 되는 고성능 배터리.
- 기술이 현대적 삶을 복잡하게 바꿔놓은 탓에 이제는 기능을 통합한 범용 기술의 필요성이 대두됨.
- 학습 알고리즘, 센서, 소재 개발과 같은 기반 기술의 안정화. 그 결과 로봇이 가정환경에서 안전하게 작동할 수 있게 되었다. 또한 자연어 처리 능력, 패턴 인식 능력, 반응성 등이 향상되었다.

우리는 인간의 본성 자체가 소셜 로봇을 활성화시키는 주된 요인임을 간과하지 말아야 한다. 우리가 로봇에게 쉽게 반응하고 로봇에게 이끌리는 것은 인간이 사회적인 본성을 타고 났기 때문이고, 우리 내면에 새겨진 감정적 반응 가운데 일부가 작동했기 때문이다. 인간은 게으르고 사교적이고 감성적이다. 따라서 어느 순간이 되면 우리 삶을 로봇과 합치는 것이야말로 거부감이 가장 적은 선택지가 될 것이다. 그 과정에서 로봇에게 감정을 아주 많이 이입하게 될 것이다. 로봇과 함께 역사를 만들었기 때문이다. 또한 사람들은 앞서 살펴본 바와 같이 사물에 인격을 부여하고 감정을 이입한 대상에게 애착을 크게 느끼는 경향이 있다. 소셜 로봇은 그 어떤 것보다 이런 현상을 강화할 것이다.

로봇과 맺는 관계는 본질적으로는 인간 자신과 맺는 관계이기 때문에, 기계와 인간의 차이가 눈에 띄게 부각될 것이다. 인간이 로봇과 대비되면서 인간 정신의 신비로움은 더 심오해질 것이 분명하다. 로봇 때문에 인간은 끝없이 자신에게 되돌아오는 순환과정에 몰입하고, 그 결과 자신을 더 성찰하고 이해하게 될 것이다. 로봇을 통해서 감정적 문제를 해소하는 사람들은, 진전이 있기만 하다면 로봇이 인공물이며 자신을 진정으로 아껴주지 않는다 해도 신경을 쓰지 않을 것이다.

앞으로 로봇을 소유할 사람들 가운데 상당수는 태어날 때부터 환상과 결합된 기술에 몰입해 있을 것이다. 특히 아동 문화에 해당되는 이야기이다. 그래서는 안 될 이유가 있는가? 유년기는 본래 전적으로 세상의 경이로움을 받아들이는 단계이고, 꿈을 꾸기에 좋은 시기이고, 풍부한 환상 속에서 배워가는 시기다. 미국인들은 여러 세대 동안 그 어느 때보다 진짜 같고 매력적으로 포장된 거짓을 소화하면서 자랐다. 그들은 어릴 적의 환상이 즐겁고 풍성했다고 회상할 것이다. 내가 부모라면, 우리 아이가 인생에서 아주 중요한 발달 단계를 완전히 즐기되 진짜와 그렇지 않은 것을 확실히 구분하는 힘은 잃지 않기를 바랄 것 같다.

로봇과 인간의 관계에서는 어떤 경우든 그 관계를 계속해서 전체적으로 바라보고, 애정을 주고받을 수 있는 인간과 관계를 형성하는 것이 아니라 자기 자신과 만들어낸 되먹임 고리 속에 있음을 잊지 않는 것이 가장 중요하다. 유감스럽게도 우리 사회에는 벌써부터 환상이나 인공물과 진짜를 명확히 구별하지 못하는 취약점이 있는 사람들이 존재한다. 인류는 아주 오랜 세월 동안 세상과 그 안에서 자신이 차지하는 위치를 설명하는 수단으로 환상을 끌어들여서 미적거린 역사가 있다. 환상과 현실의 경계 위에서 아슬아슬하게 외줄타기를 하는 사람들은 이미 많을 것이다. 그런 사람들은 의식적으로든 무의식적으로든 로봇에게 비현실적인 기대를 품고, 자신의 인생에 있어서 진짜 인간이 있어야 할 자리를 로봇에게 내주는 취약점이 있을 것이다.

반복적인 일상 노동을 대부분 담당하고 광범위한 문제를 해결하는 고성능 범용 로봇이 개발되면 인간은 쓸모가 없어질까? 이 질문에 관해서도 책임은 우리 인간에게 있다는 점을 절대로 잊으면 안 된다. 우리가 할 일은 내면의 영역에 있다. 그러나 내가 감히 대답해본다면, 인간은 육체적으로 더 나태해지고 더 많이 의존할 것이다. 하지만 그렇다고 해서 퇴물이 되지는 않을 것이다. 유감스럽게도 나태는 인간의 본성이지만, 우리는 제 손으로 만든 세계와 관계를 끊지 않는 방법을 찾아낼 것이다. 다만 인공지능과 로봇 공학에서 순수하게 좋은 점만을 골라내는 것이 우리가 영원히 지향하는 바이기는 하나, 만족스러운 결과는 끝내 얻지 못할 것이다. 과학이 도달한 한계 지점과 기술의 종점이 과연 일치할 수 있을까? 시겔의 말을 빌리자면, 우리는 우리가 뭘 모르는지 모른다.

기술-문화 혁명은 유전적 진화를 급속하게 따라잡고 있다. 인간-기술 상호작용은 전례 없는 사회 변화를 빠르게 앞당기고 있으며, 이를 바탕으로 삼아 더 급격한 변화가 닥쳐올 것이다. 로봇과 결합되어 능력을 마음껏 발휘하는 지적 인공지능 덕분에 우리 삶에는 새로운 활동, 새로운 관심사, 새로운 능력이 출현할 것이다. 몇 세대만 지나면 대다수의 사람들은 로봇이 삶의 기반에 깊이 파고들지 않았던 시대를 기억조차 못 할 것이다. 그들은 새로운 문화 속에서, 아주 풍부하고, 많은 것들이 가능하고, 기술과 분리할 수 없는 삶을 누릴 것이다. 그들이 새 시대에 제대로 적응하든, 그렇지 않으면 비현실이라는 바다에서 자신을 망각하든 간에, 그 세계가 좋은지 나쁜지 고민하는 일은 완전히 없어질 것이다.

감사의 말

열정적으로 지원해주시고 전문적으로 업무를 수행해주신 세인트 마틴스 프레스의 출판팀에게 진심으로 감사를 드린다. 집필하는 내내 훌륭한 편집자 두 분께서 진정으로 관심을 가져주신 덕분에 나는 힘을 얻는 동시에 겸허한 마음을 갖게 되었다. 그분들은 이 책이 틀을 잡을 수 있도록 멋진 제안을 해주셨기에 특별히 감사를 표하고 싶다.

세인트 마틴스의 이전 임프린트인 토마스 던 북스에서 이 책을 함께 만들기 시작했던 스티븐 파워 편집자는 초기 단계에서 예리하고 훌륭한 조언을 아끼지 않았다. 그 결과 최종 결과물의 완성도를 훨씬 더 높일 수 있었다. 세인트 마틴스의 편집자인 마이클 호믈러는 나와 진정으로 마음이 잘 통했다. 그는 진심으로 관심을 갖고 흔들림 없는 열정을 보여주었으며, 그가 격려하고 의견을 내준 덕분에 이 책이 더 무르익고 개선될 수 있었다. 특히 마이클과 스티븐 두 사람은 책이 다루는 주제를 자청해서 학습했다. 이는 저자가 편집자에게 받을 수 있는 최고의 도움이 아닐 수 없다.

세인트 마틴스 프레스의 캐시디 그레엄은 이 프로젝트가 문제없이 진행되도록 이끌어준 핵심적인 존재였다. 교정을 담당한 새러 C. 린에게도 특별한 감사를 전한다. 그가 구석구석 세심하게 확인해준 덕분에 시간을 아끼고 책에 어쩔 수 없이 섞이게 마련인 오류를 제거할 수 있었다. 그는 아주 훌륭한 제안을 내놓았으며, 내가 힘을 내도록 따뜻하게 격려해주었다.

마지막으로 긴 시간을 함께 해온 로널드 골드파브 에이전트에게 감사를 전한다. 로널드는 내가 처음으로 상업 출판물을 내놓았을 때 홍보를 맡으며 함께했고, 이제 세 번째 프로젝트인 이 책이 멋진 보금자리를 찾기까지 항상 나를 믿어 주었다. 그는 내가 떠올린 아이디어가 실행 가능한 집필 프로젝트로 숙성되도록 매번 도와준다. 필자는 그에게 깊이 감사한다. 이 고마움은 시간이 갈수록 더해갈 것이다.

이토록 훌륭한 분들과 함께 작업한 경험은 영광스러운 특권이었다. 그분들이야말로 독자 여러분이 손에 든 이 책을 정말로 엮어낸 핵심적 연결고리이다.

1. 지금 여기 있는 로봇

1 Sadie Stein, "My Fair Lady," *Paris Review*, accessed October 19, 2016, http://www.theparisreview.org/blog/2015/02/17/my-fair-lady/

2 https://vintagenewsdaily.com/the-bizarre-story-of-oskar-kokoschka-and-his-life-size-alma-mahler-doll/

3 Katie Collins, "Man Seeking Robot: One Inventor's Quest to Cure Loneliness," CNET, June 17, 2016, accessed July 1, 2016, https://www.cnet.com/culture/man-seeking-robot-one-inventors-quest-to-cure-loneliness/

4 "The World's Police Robots [INFOGRAPHIC]," *Futurism*, August 10, 2016, accessed October 4, 2016, https://futurism.com/images/the-worlds-police-robots-infographic

5 Matt McFarland, "Switzerland Enlists Robots to Help Deliver Mail," CNN, August 24, 2016, accessed August 26, 2016, https://money.cnn.com/2016/08/24/technology/switzerland-swiss-post-ground-robot/index.html

6 Luke Dormehl, "Geneva Airport Has a Friendly, Bag-Carrying Robot Named Leo," *Digital Trends*, June 22, 2016, accessed September 1, 2016, http://www.digitaltrends.com/cool-tech/leo-geneva-airport-robot/

7 Orebro Universitet, "Robot to Help Passengers Find Their Way at Airport," *ScienceDaily*, November 26, 2015, accessed March 29, 2016, https://www.sciencedaily.com/releases/2015/11/151126104211.htm.

8 Ken Sakakibara, "A Very Humanoid Welcome Awaits Visitors Arriving at Narita Airport," *Asahi Shimbun*, March 29, 2016, accessed March 29, 2016, http://ajw.asahi.com/article/behind_news/social_affairs/AJ201603290063 (현재 확인 불가)

9 Erin Carson, "Lowe's Robot Wants to Help You Find the Plumbing Aisle," CNET, August 30, 2016, accessed September 9, 2016, https://www.cnet.com/tech/tech-industry/lowes-new-robot-wants-to-help-you-find-the-plumbing-aisle/

10 Charles Pulliam-Moore, "Twitter Reports 23 Million Users Are Actually 'Bots,'" PBS, August 12, 2014, accessed October 9, 2015, https://www.pbs.

org/newshour/world/twitter-reports-23-million-users-actually-robot-programs

11 Georgia Institute of Technology, "Artificial Intelligence Course Creates AI Teaching Assistant," *ScienceDaily*, May 9, 2016, accessed May 10, 2016, https://www.sciencedaily.com/releases/2016/05/160509101930.htm

12 Ross Miller, "AP's Robot 'Journalists' Are Writing Their Own Stories Now," *Verge*, January 29, 2015, accessed August 26, 2016, https://www.theverge.com/2015/1/29/7939067/ap-journalism-automation-robots-financial-reporting

13 Georgia Institute of Technology, "Algorithm Allows a Computer to Create a Vacation Highlight Video: Computer Chooses Best Video for 26 Hours of Footage," *ScienceDaily*, March 10, 2016, accessed March 11, 2016, https://www.sciencedaily.com/releases/2016/03/160310125347.htm

14 Mark Hachman, "Google's Magenta Project Just Wrote Its First Piece of Music, and Thankfully It's Not Great," *PCWorld*, June 1, 2016, accessed June 11, 2016, https://www.pcworld.com/article/415064/googles-magenta-project-just-wrote-its-first-piece-of-music-and-thankfully-its-not-great.html

15 Hachman.

16 Associated Press, "Roombas Fill an Emotional Vacuum for Owners," NBC News, October 2, 2007, accessed November 16, 2016, https://www.nbcnews.com/id/wbna21102202

17 Stewart E. Guthrie, "Anthropomorphism," Encyclopaedia Britannica, accessed December 24, 2016, https://www.britannica.com/topic/anthropomorphism

18 Nicholas Epley et al., "On Seeing Human: A Three-Factor Theory of Anthropomorphism," *Psychological Review* 114, no. 4 (2007): 864–886.

19 위와 같음, 866.

20 Emma Seppala, "Connectedness and Health: The Science of Social Connection," April 11, 2016, accessed December 27, 2016, https://www.ncbi.nlm.nih.gov/pmc/articles/PMC3150158/

21 Debra Umberson and Jennifer Karas Montez, "Social Relationships and Health: A Flashpoint for Health Policy," *Journal of Health and Social Behavior* 51, suppl (2010): S54–S66, accessed December 27, 2016, https://www.ncbi.nlm.nih.gov/pmc/articles/PMC3150158/

22 Yutaka Suzuki et al., "Measuring Empathy for Human and Robot Hand Pain Using Electroencephalography," *Scientific Reports* 5, article number 15924 (2015), doi: 10.1038/srep15924.

23 Maggie Koerth-Baker, "How Robots Can Trick You into Loving Them," *New York Times Magazine*, September 17, 2013, accessed December 13, 2016, https://www.nytimes.com/2013/09/22/magazine/how-robots-can-

trick-you-into-loving-them.html

2. 불쾌함 극복하기

1 Masahiro Mori, "The Uncanny Valley," *Energy* 7, no. 4 (1970): 34.

2 Sigmund Freud, "The Uncanny," in *The Standard Edition of the Complete Psychological Works of Sigmund Freud*, vol. 17, trans. and ed. J. Strachey (London: Hogarth Press, 1960), 219–252.

3 Joel Spolsky, "The Law of Leaky Abstractions," *Joel on Software* (blog), November 11, 2002, accessed January 23, 2017, https://www. joelonsoftware.com/2002/11/11/the-law-of-leaky-abstractions.

4 A. P. Saygin, H. Ishiguro, J. Driver, and C. Frith, "The Thing That Should Not Be: Predictive Coding and the Uncanny Valley in Perceiving Human and Humanoid Robot Actions," *Social Cognitive and Affective Neuroscience* 7, no. 4 (2012): 413–422, doi: 10.1093/scan/nsr025.

5 Paul Clinton, "'Polar Express' a Creepy Ride," CNN, November 10, 2004, accessed January 24, 2017, http://www.cnn.com/2004 /SHOWBIZ/ Movies/11/10/review.polar.express/.

6 John Anderson, "Lifestyle Movie Review," *Newsday*, November 9, 2004, accessed January 24, 2017, http://www.newsday.com/lifestyles/movie-review-1.620836 (현재 확인 불가).

7 Mary Elizabeth Williams, "Disney's 'A Christmas Carol': Bah, Humbug!," *Salon*, January 6, 2010, accessed January 24, 2017, https://www.salon. com/2009/11/06/christmas_carol_2/.

8 Manohla Dargis, "Following in Father's Parallel-Universe Footsteps," *New York Times*, December 16, 2010, accessed January 24, 2017, http://www. nytimes.com/2010/12/17/movies/17tron.html.

9 Mary Shelley, *Frankenstein; or, the Modern Prometheus*, chapter 21, page 2, Page by Page Books, accessed January 24, 2017, https://www. pagebypagebooks.com/Mary_Wollstonecraft_Shelley/Frankenstein/ Chapter_21_p2.html.

10 Masahiro Mori, "The Uncanny Valley," IEEE Spectrum, June 12, 2012, accessed October 22, 2015, https://spectrum.ieee.org /the-uncanny-valley.

11 Mori.

12 Chris Weller, "The Uncanny Valley Shows How Deeply Terrified We Are of Death and Disease," Medical Daily, September 17, 2014, accessed January 6, 2017, https://www.medicaldaily.com/uncanny-valley-shows-how-deeply-terrified-we-are-death-and-disease-303568.

13 Bertrand Tondu, "Fear of the Death and Uncanny Valley: A Freudian Perspective," *Interaction Studies* 16, no. 2 (2015): 201, doi: 10.1075/

is.16.2.06ton.

14 Tondu, 202.

15 Tondu, 203.

16 Kurt Gray and Daniel M. Wegner, "Feeling Robots and Human Zombies: Mind Perception and the Uncanny Valley," *Cognition* 125 (2012): 125–130, doi: 10.1016/j.cognition.2012.06.007.

17 Gray and Wegner, 129.

18 Gray and Wegner.

19 Cheyenne Laue, "Familiar and Strange: Gender, Sex, and Love in the Uncanny Valley," *Multimodal Technologies and Interaction* 1, no. 2 (2017), doi: 10.3390/mti1010002.

20 Laue.

21 21 University of Lincoln, "How Perfect Is Too Perfect? Research Reveals Flaws Are Key to Interacting with Humans," *Science-Daily*, October 14, 2015, accessed March 29, 2016, https://www.sciencedaily.com/releases/2015/10/151014085142.htm.

3. 인간은 로봇 덕분에 감성 지능이 높아질까?

1 Adrianna Hamacher et al., "Believing in BERT: Using Expressive Communication to Enhance Trust and Counteract Operational Error in Physical Human-Robot Interaction," arXiv, accessed January 17, 2017, https://arxiv.org/pdf/1605.08817v3.pdf.

2 Hamacher et al.

3 Hamacher et al.

4 Peter Salovey and John D. Mayer, "Emotional Intelligence," *Imagination, Cognition and Personality* 9, no. 3 (1990), accessed March 1, 2018, https://citeseerx.ist.psu.edu/viewdoc/download?doi=10.1.1.385.4383&rep=repl+1type=pd.

5 Maria Popova, "The Intelligence of Emotions: Philosopher Martha Nussbaum on How Storytelling Rewires Us and Why Befriending Our Neediness Is Essential to Happiness," Marginalian, November 23, 2015, accessed December 30, 2016, https://www.themarginalian.org/2015/11/23/martha-nussbaum-upheavals-of-thought-neediness/.

6 Salovey and Mayer.

7 Megan Molteni, "The Chatbot Therapist Will See You Now," *WIRED*, June 7, 2017, accessed March 6, 2018, https://www.wired.com/2017/06/facebook-messenger-woebot-chatbot-therapist/.

8 Molteni.

9 Skye McDonald, "Will Robots Ever Have Empathy?," World Economic

Forum, November 3, 2015, accessed March 2, 2018, https://www.weforum.org/agenda/2015/11/will-robots-ever-have-empathy/.

10 McDonald.

11 Maria Popova, "What Is an Emotion? William James's Revolutionary 1884 Theory of How Our Bodies Affect Our Feelings," *Marginalian*, January 11, 2016, accessed March 8, 2018, https:// www.themarginalian.org/2016/01/11/what-is-an-emotion-william-james/

12 Antonio Regalado, "What It Will Take for Computers to Be Conscious," *MIT Technology Review*, October 2, 2014, accessed March 2, 2018, https://www.technologyreview.com/2014/10/02/171077/what-it-will-take-for-computers-to-be-conscious/.

4. 로봇은 인간보다 똑똑해질까?

1 Katharine Child, "Afrikaans Speaking Parrot Places Amazon Order," *Times LIVE*, September 22, 2017, accessed October 24, 2017, https://www.timeslive.co.za/news/south-africa/2017-09-22-afrikaans-speaking-parrot-places-amazon-order/.

2 "Neural Networks Explained," Neuroscience News, April 17, 2017, accessed April 17, 2017, http://neurosciencenews.com /neural-networks-neuroscience-6421/.

3 Bill Steele, "Teachable Moments: Robots Learn Our Humanistic Ways," *Cornell Chronicle*, March 21, 2013, accessed August 11, 2016, https://www.news.cornell.edu/stories/2013/03/teachable-moments-robots-learn-our-humanistic-ways.

4 Michelle Starr, "Robots Learn to Cook by Watching You-Tube," CNET, January 21, 2015, accessed July 12, 2016, https://www.cnet.com/au/news/robots-learning-to-cook-by-watching-youtube-videos.

5 "RoboBrain. The World's First Knowledge Engine for Robots," *MIT Technology Review*, December 12, 2104, accessed May 15, 2018, https://www.technologyreview.com/s/533471/robobrain-the-worlds-first-knowledge-engine-for-robots.

6 Amanda Schaffer, "10 Breakthrough Technologies 2016: Robots That Teach Each Other," *MIT Technology Review*, July 17, 2014, accessed October 10, 2016, https://www.technologyreview.com/s/600768/10-breakthrough-technologies-robots-that-teach-each-other/?ct=(Newsletter_2014_7_177_7_2014) (현재 확인 불가)

7 John Bohannon, "A New Breed of Scientist, with Brains of Silicon," *Science*, July 5, 2017, accessed September 14, 2017, http://www.sciencemag.org/news/2017/07/new-breed-scientist-brains-silicon.

8   ason Tanz, "Soon We Won't Program Computers. We'll Train Them Like Dogs," *WIRED*, May 17, 2016, accessed July 11, 2016, http://www.wired.com/2016/05/the-end-of-code/.

9   Tanz.

10 Will Knight, "The Dark Secret at the Heart of AI," *MIT Technology Review*, April 11, 2017, accessed October 5, 2017, https://www.technologyreview.com/s/604087/the-dark-secret-at-the-heart-of-ai/.

11 Aaron Frank, "Why the Death of Moore's Law Could Give Birth to More Human-Like Machines," *WIRED*, August 10, 2016, accessed September 9, 2016, https://www.wired.co.uk/article/moores-law-ending-good-ai.

12 Will Knight, "AI Could Get 100 Times More Energy-Efficient with IBM's New Artificial Synapses," *MIT Technology Review*, June 12, 2018, accessed June 12, 2018,
    https://www.technologyreview.com/2018/06/12/142361/ai-could-get-100-times-more-energy-efficient-with-ibms-new-artificial-synapses/.

13 "The Rise in Computing Power: Why Ubiquitous Artificial Intelligence Is Now a Reality," *Forbes*, July 17, 2018, accessed July 24, 2018, https://www.forbes.com/sites/intelai/2018/07/17/the-rise-in-computing-power-why-ubiquitous-artificial-intelligence-is-now-a-reality/.

14 V. C. Muller and Nick Bostrom, "Future Progress in Artificial Intelligence: A Survey of Expert Opinion," in *Fundamental Issues of Artificial Intelligence*, ed. V. C. Muller (Cham, Switzerland: Springer, 2016), 555‒572.

15 David J. Chalmers, "The Singularity: A Philosophical Analysis," accessed July 31, 2018, https://consc.net/papers/singularity.pdf.

5. 로봇이 인류를 멸망시킬까?

1   Matthew Graves, "Why We Should Be Concerned About Artificial Superintelligence," *Skeptic*, accessed July 30, 2018, https://www.skeptic.com/reading_room/why-we-should-be-concerned-about-artificial-superintelligence/.

2   Cade Metz and Gregory Schmidt, "Elon Musk and Others Call for Pause on A.I., Citing 'Profound' Risks to Society," *New York Times*, March 29, 2023, accessed March 29, 2023, https://www.nytimes.com/2023/03/29/technology/ai-artificial-intelligence-musk-risks.html.

3   Stephen Hawking, Stuart Russell, Max Tegmark, and Frank Wilczek, "Stephen Hawking: 'Transcendence Looks at the Implications of Artificial Intelligence—But Are We Taking AI Seriously Enough?,'" *Independent*, May 1, 2014, accessed July 31, 2018, https://www.independent.co.uk/news/science/stephen-hawking-transcendence-looks-at-the-implications-of-

artificial-intelligence-but-are-we-taking-9313474.html.

4 Hawking et al.

5 John Markoff, "Scientists Worry Machines May Outsmart Man," *New York Times*, July 25, 2009, accessed July 31, 2018, https://www.nytimes.com/2009/07/26/science/26robot.html

6 Doug Bolton, "'Artificial Intelligence Alarmists' like Elon Musk and Stephen Hawking Win 'Luddite of the Year Award,'" *Independent*, January 19, 2016, accessed July 31, 2018, https://www.independent.co.uk/life-style/gadgets-and-tech/news/elon-musk-stephen-hawking-luddite-award-of-the-year-itif-a6821921.html

7 Kate Baggaley, "There Are Two Kinds of AI, and the Difference Is Important," *Popular Science*, February 23, 2017, accessed May 29, 2018, https://www.popsci.com/narrow-and-general-ai

8 John R. Searle, "Minds, Brains, and Programs," *Behavioral and Brain Sciences* 3, no. 3 (1980): 417–424, accessed August 13. 2018, https://www.cambridge.org/core/journals/behavioral-and-brain-sciences/article/abs/minds-brains-and-programs/DC644B47A4299C637C89772FACC2706A

9 Searle.

10 Steven Pinker, "The Dangers of Worrying About Doomsday," *Globe and Mail*, February 26, 2018, accessed July 31, 2018, http://www.theglobeandmail.com/opinion/the-dangers-of-worrying-about-doomsday/article38062215/

11 Melissa Schilling, "Elon Musk Fires Back at Harvard Psychologist Steven Pinker Over the Future of Artificial Intelligence," *Inc.*, March 2, 2018, accessed July 31, 2018, https://www.inc.com/melissa-schilling/how-to-make-sense-of-clash-between-elon-musk-stephen-pinker-over-artificial-intelligence.html

12 Catherine Clifford, "Harvard Psychologist Steven Pinker: The Idea That A.I. Will Lead to the End of Humanity Is Like the Y2K Bug," February 27, 2018, accessed August 14, 2023, https://www.cnbc.com/2018/02/27/harvard-psychologist-steven-pinker-on-artificial-intelligence.html

13 Clifford.

14 David J. Chalmers, "The Singularity: A Philosophical Analysis," accessed July 31, 2018, https://consc.net/papers/singularity.pdf

15 James Vincent, "Twitter Taught Microsoft's AI Chatbot to Be a Racist Asshole in Less Than a Day," Verge, March 24, 2016, accessed August 22, 2018, https://www.theverge.com/2016/3/24/11297050/tay-microsoft-chatbot-racist

6. 사무치게 외로운 당신을 로봇이 구원해줄까?

1 Claire Pomeroy, "Loneliness Is Harmful to Our Nation's Health: Research
   Underscores the Role of Social Isolation in Disease and Mortality,"
   *Scientific America*n, March 20, 2019, accessed November 6, 2019, https://
   blogs.scientificamerican.com/observations/loneliness-is-harmful-to-our-
   nations-health

2 Ellie Polak, "New Cigna Study Reveals Loneliness at Epidemic Levels in
   America," Cigna, May 1, 2018, accessed November 6, 2019, https://www.
   multivu.com/players/English/8294451-cigna-us-loneliness-survey/

3 Pomeroy.

4 Brad Porter, "Loneliness Might Be a Bigger Health Risk Than Smoking or
   Obesity," *Forbes*, January 18, 2017, accessed October 12, 2017, https://www.
   forbes.com/sites/quora/2017/01/18/loneliness-might-be-a-bigger-health-
   risk-than-smoking-or-obesity/?sh=7cb459f25d13

5 Porter.

6 Katharine Gammon, "Why Loneliness Can Be Deadly," Live Science, March
   2, 2012, accessed October 12, 2017, https://www.livescience.com/18800-
   loneliness-health-problems.html

7 Judith Shulevitz, "The Lethality of Loneliness: We Now Know How It
   Can Ravage Our Body and Brain," *New Republic*, May 13, 2013, accessed
   October 12, 2017, https://newrepublic.com/article/113176/science-
   loneliness-how-isolation-can-kill-you

8 Alex Hacillo, "Lonely in Tokyo," Medium, November 10, 2015, accessed
   September 7, 2017, https://medium.com/the-megacities-issue/lonely-in-
   tokyo-e4d0b89c17f

9 Mizuho Aoki, "In Sexless Japan, Almost Half of Single Young Men and
   Women Are Virgins: Survey," *Japan Times*, September 9, 2016, accessed
   November 7, 2019, https://www.japantimes.co.jp/news/2016/09/16/
   national/social-issues/sexless-japan-almost-half-young-men-women-
   virgins-survey/

10 Philippe Mesmer, "Rent-A-Friend: A Solution for the Lonely People of
   Japan," World Crunch, January 15, 2014, accessed September 17, 2017,
   https://worldcrunch.com/culture-society/rent-a-friend-a-solution-for-
   the-lonely-people-of-japan

11 Rachel Lowry, "Meet the Lonely Japanese Men in Love with Virtual
   Girlfriends," *Time*, September 15, 2015, accessed September 7, 2017, http://
   www.time.com/3998563/virtual-love-japan/

12 Andrew McCormick, "Asia's Lonely Youth Are Turning to Machines for
   Companionship and Support," South China Morning Post, June 16, 2018,
   accessed June 19, 2018, https://www.scmp.com/tech/article/2150720/asias-

lonely-youth-are-turning-machines-companionship-and-support

13 Nick Charity, "Japanese Man Marries Hologram He Admired for Ten Years in Tokyo Ceremony," *Standard*, November 15, 2018, accessed January 20, 2020, https://www.standard.co.uk/news/world/japanese-man-marries-the-hologram-he-admired-for-10-years-in-tokyo-ceremony-a3991401.html

14 Charity.

15 Thisanka Siripala, "Japan's Robot Revolution in Senior Care," *Diplomat*, June 1, 2018, accessed November 4, 2019, https://www.thediplomat.com/2018/06/japans-robot-revolution-in-senior-care/

16 Malcolm Foster, "Aging Japan: Robots May Have Role in Future of Elder Care," Reuters, March 27, 2018, accessed July 8, 2019, https://www.reuters.com/article/us-japan-ageing-robots-widerimage/aging-japan-robots-may-have-role-in-future-of-elder-care-idUSKBN1H33AB

17 Siripala.

18 Foster.

19 "Over 80% of Japanese Would Welcome Robot Caregivers," Nippon.com, December 4, 2018, accessed November 4, 2019, https://www.nippon.com/en/features/h00342/

20 Sophie Knight, "Japan's Irresistible Cult of Cuteness," *PostGazette*, July 24, 2016, accessed September 5, 2017, http://www.post-gazette.com/opinion/Op-Ed/2016/07/24/Japan-s-irresistible-cult-of-cuteness/stories/201607240039

21 Marc Prosser, "Japan Loves Robots. Japan Loves Cute Things. The Combination of the Two? Unmissable," RedBull.com, March 22, 2017, accessed September 5, 2017, https://www.redbull.com/us-en/japan-cute-robot-obsession (현재 확인 불가).

22 Kevin Lynch, "Robot Astronaut Kirobo Sets Two Guinness World Records Titles," Guinness World Records, March 27, 2015, accessed November 30, 2019, https://www.guinnessworldrecords.com/news/2015/3/robot-astronaut-kirobo-sets-two-guinness-world-records-titles-375259

23 Raffaele Rodogno, "Social Robots, Fiction, and Sentimentality," *Ethics and Information Technology* 18, no. 4 (August 2015), accessed July 15, 2019, https://pure.au.dk/portal/files/90856923/SocialRobotsandSentimentalityPreFinal.pdf

24 Rodogno.

7. 로봇 시대의 사랑

1 James Cook, "Sex Robots in 2022—What's Happened in the Last Four

Years?" Business Leader, March 21, 2022, https://www.businessleader.
co.uk/sex-robots-in-2022-whats-happened-in-the-last-four-
years/#~text=In%202022%2C

2 Sven Nyholm and Lily Eva Frank, "From Sex Robots to Love Robots:
Is Mutual Love with a Robot Possible?," MIT Press Scholarship Online,
accessed March 28, 2022, doi:10.7551/mitpress/9780262036689.003.0012.

3 Sherry Turkle, *Alone Together: Why We Expect More from Technology and
Less from Each Other* (New York: Basic Books, 2011), 19.

4 Nyholm and Frank.

5 Charles Q. Choi, "Humans Marrying Robots? A Q&A with David Levy,"
Scientific American, February 19, 2008, accessed November 22, 2015,
http://www.scientificamerican.com/article/humans-marrying-robots/

6 David Levy, *Love and Sex with Robots: The Evolution of Human-Robot
Relationships* (New York: HarperCollins, 2007), 194–195.

7 Jessica Masterson, "More Women May Be Paying for Sex, but This Does Not
Equate to Female Sexual Liberation," Feminist Current, November 12, 2019,
accessed April 11, 2022, https://www.feministcurrent.com/2019/11/12/
more-women-may-be-paying-for-sex-but-this-does-not-signal-female-
sexual-liberation

8 Danielle Knafo, "Guys and Dolls: Relational Life in the Technological Era,"
Psychoanalytic Dialogues, July 2015, accessed August 31, 2016, https://
www.researchgate.net/publication/282520564_Guys_and_Dolls_Relational_
Life_in_the_Technological_Era

9 Knafo.

10 Holly Ellyatt, "Campaign Launched Against 'Harmful' Sex Robots,"
CNBC, September 15, 2015, accessed March 31, 2018, http://www.cnbc.
com/2015/09/15/sex-robots-campaign.html

11 Justin Moyer, "Having Sex with Robots Is Really, Really Bad, Campaign
Against Sex Robots Says," *Washington Post*, September 15, 2015, accessed
March 3, 2022, https://www.washingtonpost.com/news/morning-mix/
wp/2015/09/15/having-sex-with-robots-is-really-really-bad-campaign-
against-sex-robots-says

8. 앞으로 로봇이 우리 아이를 돌보게 될까?

1 "Child Care Costs by State 2022," World Population Review, accessed May
9, 2022, https://www.worldpopulationreview.com/state-rankings/child-
care-costs-by-state

2 Alice LaPlante, "Robot Nannies Are Here, but Won't Replace Your
Babysitter—Yet," *Forbes*, March 29, 2017, accessed November 9, 2018,

https://www.forbes.com/sites/centurylink/2017/03/29/robot-nannies-are-
here-but-wont-replace-your-babysitter-yet/?sh=58d2c31256b7

3 2018년 12월 20일에 저자 대니얼 시옹(Daniel Xiong)과 이메일로 인터뷰를 진행
한.

4 Xiong.

5 Claire A. G. J. Huijnen et al., "Matching Robot KASPAR to Autism Spectrum
Disorder (ASD) Therapy and Educational Goals," *International Journal of
Social Robotics* 8 (2016): 445–455, accessed August 11, 2016, https://link.
springer.com/article/10.1007/s12369-016-0369-4

6 "Why Do Children with Autism Learn Better from Robots?," LuxAI,
accessed June 1, 2022, https://luxai.com/blog/why-children-with-autism-
learn-better-from-robots/

7 William Weir, "Robots Help Children with Autism Improve Social Skills,"
Yale News, August 22, 2018, accessed June 1, 2022, https://news.yale.
edu/2018/08/22/robots-help-children-autism-improve-social-skills

8 Bosede I. Edwards and Adrian D. Cheok, "Why Not Robot Teachers:
Artificial Intelligence for Addressing Teacher Shortage," *Applied Artificial
Intelligence* 32, no. 4 (2018): 345–360, https://doi.org/10.1080/08839514.201
8.1464286

9 James Manyika et al., *A Future That Works: Automation, Employment, and
Productivity* (n.p.: McKinsey Global Institute, January 2017).

10 Sherry Turkle, "Why These Friendly Robots Can't Be Good Friends to Our
Kids," *Washington Post*, December 7, 2017, accessed November 13, 2018,
https://www.washingtonpost.com/outlook/why-these-friendly-robots-
cant-be-good-friends-to-our-kids/2017/12/07/bce1eaea-d54f-11e7-
b62d-d9345ced896d_story.html

11 "Electronic Baby Toys Associated with Decrease in Quality and Quantity
of Language in Infants," Neuroscience News, December 31, 2015, accessed
November 26, 2018, https://neurosciencenews.com/toys-language-
neurodevelopment-3330

12 Noel Sharkey and Amanda Sharkey, "The Crying Shame of Robot Nannies,"
Interaction Studies 11, no. 2 (2010): 161–190, doi:10.1075/is.11.2.01sha.

9. 살인 기계인가 전우인가

1 "The Quiet Professional: An Investigation of U.S. Military Explosive
Ordnance Disposal Personnel Interactions with Everyday Field
Robots," https://digital.lib.washington.edu/researchworks/
handle/1773/24197?show=full

2 Fox Van Allen, "The Deadly, Incredible and Absurd Robots of the U.S.

Military," CNET, February 18, 2017, accessed November 23, 2022, https://www.cnet.com/pictures/deadly-incredible-absurd-robots-the-us-military/

3 Kyle Chayka, "As Military Robots Increase, So Does the Complexity of Their Relationship with Soldiers," *Newsweek*, February 18, 2014, accessed November 14, 2022, https://www.newsweek.com/2014/02/21/military-robots-increase-so-does-complexity-their-relationship-soldiers-245530.html

4 Marijn Hoijtink and Marlene Tröstl, "The Intimacies of Soldier-Robot Relations," Utrecht University website, *Intimacies of Remote Warfare podcast*, May 31, 2021, accessed March 23, 2023, https://intimacies-of-remote-warfare.nl/podcasts-documentaries/the-intimacies-of-soldier-robot-relations-and-the-making-of-remote-warfare/

5 Chayka.

6 Chayka.

7 Kostantin Toropin, "Marine Corps Planning for Wars Where Robots Kill Each Other," Military.com, September 15, 2022, accessed November 8, 2022, https://www.military.com/daily-news/2022/09/15/marine-corps-planning-wars-where-robots-kill-each-other.html

8 Patrick Lin et al., "Robots in War: Issues of Risk and Ethics," in *Ethics and Robotics*, eds. R. Capurro and M. Nagenborg (Amsterdam: IOS Press, 2009).

9 Sam Thielman, "Use of Police Robot to Kill Dallas Shooting Suspect Believed to Be First in U.S. History," *Guardian*, July 8, 2016, accessed November 30, 2022, https://www.theguardian.com/technology/2016/jul/08/police-bomb-robot-explosive-killed-suspect-dallas

10. 로봇은 인간의 문화를 어떻게 바꿔놓을까?

1 Moxie Robot, https://moxierobot.com/?gclid=CjwKCAjw7p6aBhBiEiwA83fGuoDYDG8GNNmqmsCtN28rCZ3c7VDYNY0yyszaBgQuLyxd_mNAMkC7qxoCsFoQAvDBwE

2 Patrick Lucas Austin, "Sony's New Aibo Robot Dog Is Nearly $3,000, but It Can Tell How You're Feeling," *Time*, August 23, 2018, accessed October 6, 2022, https://www.yahoo.com/news/sony-apos-aibo-robot-dog-204113573.html

3 Peter H. Kahn Jr. et al., "Children's Social Relationships with Current and Near-Future Robots," *Child Development Perspectives* 7, no. 1 (2013): 32–37.

4 https://pubmed.ncbi.nlm.nih.gov/22369338/, accessed August 14, 2023.

5 https://www.academia.edu/14911043/Will_humans_mutually_deliberate_

with_social_robots, accessed August 14, 2023.

6   https://sites.dartmouth.edu/dujs/2018/10/15/robotic-peer-pressure-how-
    robots-can-influence-childrens-opinions/, accessed August 14, 2023.

7   Jacqueline M. Kory-Westlund and Cynthia Breazeal, "A Long-Term Study
    of Young Children's Rapport, Social Emulation, and Language Learning
    with a Peer-Like Robot Playmate in Preschool," *Frontiers in Robots
    and AI* 6 (2019), accessed October 20, 2022, https://doi.org/10.3389/
    frobt.2019.00081

8   "The History of Electricity | History of Electricity Timeline," Mr. Electric,
    accessed October 27, 2022, https://mrelectric.com/blog/the-history-of-
    electricity-history-of-electricity-timeline

9   "A (Mostly) Quick History of Smartphones," Cellular Sales, September 28,
    2021, accessed October 27, 2022, https://www.cellularsales.com/blog/
    a-mostly-quick-history-of-smartphones/

10 Matthew J. Taylor and Candace A. Thoth, "Cultural Transmission," in
    Encyclopedia of Child Behavior and Development, eds. Jack Naglieri and
    Sam Goldstein (Boston: Springer, 2011), 448.

11 Xin Qin et al., "Adults Still Can't Resist: A Social Robot Can Induce
    Normative Conformity," *Computers in Human Behavior* 129 (April 2022),
    accessed October 27, 2022, https://doi.org/10.1016/j.chb.2021.107041

12 Qin et al.

13 Michele Marenus, "Howard Gardner's Theory of Multiple Intelligences,"
    Simply Psychology, June 9, 2020, accessed October 25, 2022, https://www.
    simplypsychology.org/multiple-intelligences.html

14 Marenus.

11. 좋은 소식 : 로봇은 인간이 통제한다.
나쁜 소식 : 로봇은 인간이 통제한다.

1   저자와 버나드 시겔(Bernard Siegel)이 2022년 7월 9일에 나눈 인터뷰에서.

2   Mark Coeckelbergh, "Robot Rights? Towards a Social-Relational
    Justification of Moral Consideration," *Ethics of Information Technology* 12
    (2010): 209-221, doi:10.1007/s10676-010-9235-5.

3   Coeckelbergh.

4   Jane Wakefield, "Are You Scared Yet? Meet Norman, the Psychopathic AI,"
    BBC, June 2, 2018, accessed June 5, 2022, https://www.bbc.com/news/
    technology-44040008